NF文庫
ノンフィクション

要塞史

日本軍が築いた国土防衛の砦

佐山二郎

潮書房光人新社

要塞史——目次

第三章　大正

第四章　昭和

要塞史

日本軍が築いた国土防衛の砦

プロローグ——城郭の変遷

昭和九年十月　歴史公論

江戸時代の末から欧米の諸国は頻りに日本に通交貿易を迫り、それら諸国の軍艦は本邦の近海に出没して、外国勢力の圧迫は再びわが民族の上にかかってきた。上古のときと同じく、日本民族は対外的に緊張しなければならない有様になった。そして従来の国内的な築城の代わりに対外的な築城が起こされるに至った。

この時代の築城はもはや旧式の城郭ではなく、大砲を備えた近代的要塞となった。それらの近代的要塞は今日からみれば極めて幼稚なものではあったが、ともかく海防の必要を感じた方面に盛んに築かれた。幕末の新しい築城としては北海道の松前福山城、函館の五稜郭、江戸品川沖の台場、大坂川口の台場などがある。

その他海岸を有する藩では大抵大なり小なりこの種の築城をした。五稜郭の如きはまったく西洋式稜堡築城の新式砲台であるが、松前福山城は旧式の封建的城郭の外側すなわち海上に面した方面に一列の砲台を設けたもので、新旧両式の混合であった。

明治維新以来日本は西洋の文明を輸入し、さかんに世界の進歩に遅れないように努めたが、城郭もまた旧式の対内的築城は一掃されて、外国に備える海岸防備の要塞に一変した。これは単に旧城郭が廃物となったという築城術の変化のみならず、築城の本質を一変したものであった。

江戸時代中期における城郭は新築はもちろん模様替えさえも容易に許されず、修理にすら厳重な取締があったので、進歩発達はほとんどなく、泰平の飾り物化した観があった。ただし一般の学問発達にともない、軍学者の理論的工夫は凝らされた。

江戸時代末期から藩籍奉還にいたる時期の築城は従来とはまったく趣を異にし、大砲を攻防兵器とする欧州式の築城が採用された。主として外敵防禦、ことに海岸防禦が目的であった。その実施は概して嘉永・安政以後であるが、これらに関する知識は既にオランダなどを通じて江戸時代初期にわが国に伝わっていた。それがこの時期になって実用に迫られ、急激に普及、発達したのである。旧来の鉄砲本位の大名居城に大砲を設備する砲台、砲眼などの工夫がなされ、一部では実施された。また欧州の稜堡式築城による大名の居城も試みられた。

この新式築城を大別すると、砲台、堡塔、稜堡の三種がある。その任務は二三の例外のほか、皆海防のためのものであった。すなわち敵艦と砲戦を交え、その海峡湾口などの通過を要撃し、また敵軍の上陸を阻止する目的のもので、いわゆる海岸要塞中の砲戦砲台・要撃砲台・上陸防禦砲台である。したがってその位置は海岸もしくは海中にあった。

砲台は露天砲台で、敵に面する方に石垣または土塁を築き、数か所に砲座を設け、その内部あるいは後方に兵士の屯所、弾薬庫などを置いた。単独のものと、数個連絡して広い一帯の地域を守備するものとがあった。

堡塔は円筒形の石造建築物で、敵に面する方に数個の砲眼をあけ、内部に大砲を備え、ここから砲弾を発射するものである。内部は木造で上下二層に分かれ、上層に砲を置き、下層に弾薬を貯蔵する設備になっていた。この建物の周囲に円形もしくは稜形の土塁をめぐらし、陸上の方向より一の虎口をもって出入りし、正面の垜を回って建物の出入口に達するように通路ができていた。

稜堡式城塞は西洋で一六世紀以来一八世紀頃まで行われた型を模したもので、縄張りを星形にし、その突角部に砲座を置いたものである。周囲は石垣と濠とをもってめぐらされていた。

第一章　幕末まで

長崎砲台備砲沿革

寛永十九年（一六四二）三代将軍家光は佐賀藩および黒田藩に対し、隔年毎に交代して長崎警備にあたるよう命じ、そのため幕府秘蔵の大砲十数門を貸与した。しかし時日が経過するにしたがい火砲破損のためその数が減少し、また一方砲台の改良増築などの必要が起り、その補給は幕府によらず両藩が製造にあたった。したがって砲台の備砲は年々増減し、維新当時の備砲二三二門は寛永の初期における備砲の約一〇倍となり、そのうち一五三門は佐賀藩の製造によるものであった。

寛永十九年七月佐賀藩および黒田藩が最初に幕府から受取った備砲は石火矢一〇挺と大筒二〇挺、合薬二〇二貫九〇〇目、玉一四一五個で、これらは大阪城の備砲であった。

正保元年（一六四三）十二月幕府からさらに次の砲を受取った。

　唐銅一貫五〇〇目二挺、台車二個付、玉四六個

慶安元年（一六四八）三月幕府より次の石火矢を受取った。

　一貫八〇〇目より三〇〇目までの石火矢一四挺、玉四二〇個、火薬三〇〇貫目

同時に次の破損品六挺を幕府に返納した。

　唐銅三〇〇目二挺、六五〇目一挺、七〇〇目二挺、七五〇目一挺

明暦二年（一六五六）三月砲台備砲調

　石火矢二四挺（台六個）、大筒二〇挺、玉一八一九個、火薬三一四三斤二〇匁

元禄十三年（一七〇〇）四月砲台備砲調

　石火矢三九挺（台三九個）、大筒二〇挺、玉二〇三四個、火薬二六三九斤二〇匁

元禄十六年（一七〇三）四月砲台備砲調

　石火矢三九挺、大筒二〇挺

　（最大二貫目、最多一〇〇目六挺）

享保二年（一七一七）九月砲台備砲調

　石火矢三九挺、大筒二〇挺

嘉永五年（一八五二）四月砲台備砲調
　合計八八挺（最大船載四貫二〇〇目一〇挺、最多船載二貫四〇〇目一五挺）
嘉永五年（一八五二）八月砲台備砲調
　砲台五六挺、船載四貫二〇〇目一〇挺、手銃二〇〇挺、大小鉄弾二万一一〇〇個、
八匁玉三〇万個、火薬一三万一四〇〇斤
安政初年（一八五四）砲台備砲調
　石火矢六四挺、船載二貫四〇〇目一五挺、手銃二〇〇挺、大小鉄弾二万一一〇〇
個、八匁玉三〇万個、火薬一三万一四〇〇斤
安政二年（一八五五）四月砲台備砲
　石火矢九八挺
慶應三年（一八六七）十一月砲台備砲調
　石火矢一二四挺、大筒一〇挺
慶應三年（一八六七）十一月両島（神ノ島、伊王島）御備大砲
　大小砲九八門、弾丸二万七九九〇個、火薬一八万九八二七斤
　ほかに小銃二〇〇挺、鉛丸二〇万個、火薬一三三一斤
　大小砲九八門には幕府より預かりの船来二十九拇臼砲一門および弾丸一〇発を含

む。

幕末の沿岸防備

明和五年（一七六八）から翌年にかけてロシアが千島のウルップ島を占領しようとした。アイヌはロシアに鰊、鮭などの豊富な漁場を奪われ、しばしば奪還を企図したが、アイヌを保護すべき松前藩が消極的な態度をとったため成功しなかった。

寛政四年（一七九二）九月三日、突然一隻のロシア船が根室に入港した。その船にはロシアの陸軍中尉ラクスマンがエカテリーナ女帝の使節として乗船しており、漂流日本人大黒屋光太夫らを江戸で幕府に引渡すことを条件に通商を求めてきた。幕府の老中首座松平定信は長崎に廻航したうえで交渉に応じると回答した。その間ラクスマンは根室から松前に移動し、そこで漂流民をわが国に引渡すと長崎入港を認める信任状を求めたので、幕府もやむをえずそれに応じた。しかしラクスマンはそのまま松前を出航して帰国してしまった。

このように明和から寛政にかけて北方蝦夷地から頻繁に警報がもたらされただけでなく、南方でも外国船が筑前、長門あるいは紀州などの近海にたびたび近づくことがあったから、定信としても特に海岸防備に関心を払わざるをえなかった。寛政三年

（一七九二）九月、異国漂流船の取扱いを指示し、打払いの心構えをもって穏便に取扱うことを命じており、翌四年十一月には海岸に領地を持つ万石以上の大名に対し、昨年の達しに関して船人数、大筒の有無および隣領との申し合わせの内容を上申すること、また不時に幕吏が出張して検分することもあろうと通達した。翌月には幕府も下田、三崎、走水などの奉行・船手を復活する予定であるから諸藩も一層海防に努めるように令している。

定信は「海岸防備大意初意」および「海辺御備愚意」と題する意見書において、外国船の侵略に対して江戸湾の防備を厳しくする必要があることを強調し、安房、伊豆、上総、下総四か国は旗本の小知行地または天領だけで、下田奉行も浦賀へ移ってしまった以上無防備と同様であり、ここから浦賀、品川へ異国船が攻め込んで来たら大井川、箱根の警備も何の役にもたたないと述べ、緊急の対策として下田奉行を再配置し、海岸見張番所を修理し、右の四か国の知行地を調査して村替え、領地替えを実施し、一、二万石の大名一人を配置し、五〇〇〇石余の旗本を諸太夫に昇格させ、幕府の直属部隊を預けて警固させるという案を立て、将軍も神奈川（横浜）へお成りのうえ引網を上覧されれば士気の振興に役立つであろうと述べている。

こうして定信は寛政五年（一七九三）正月、勘定奉行久世（くぜ）丹後守廣民に目付らを添えて武蔵、相模、伊豆、駿河、上総、下総、常陸の海岸を巡視させた。その報告を受けた定信は自分も巡検することを決意し、前記巡視者のほかに浦賀奉行、勘定、代官数名を従えて江戸を出発した。定信は詳細に伊豆、相模の形勢を考え、房総の地勢と対照して検討を加えた結果、伊豆においては伊濱、下田、柏窪、韮山、相模においては甘縄、三崎、灯明堂、浦賀、走水、房総では百首(ひやくしゅ)、富津を防備地に指定して帰府した。しかし定信は間もなく老中を退職したため、江戸湾防備は計画のままで終わったが、北方の形勢悪化にともなって後の文化期の幕閣に引継がれて、ようやく陽の目を見るに至るのである。

寛政六年（一七九四）には、ロシアは既にウルップ島に強固な根拠地を建設しており、それと松前藩の支配するクナシリ島とに挟まれたエトロフ島をめぐって日露の勢力は著しく接近するに至った。したがって紛争が繰返されるようになり、幕府の蝦夷地防衛に対する関心は再び強まった。その結果ついに同十一年（一七九九）松前領東蝦夷地の一部を幕府の直轄地に編入し、ついで享和二年（一八〇二）には蝦夷奉行（のち箱館奉行と改称）を置き、東蝦夷地一円を幕領に移した。その二年後の文化元年（一八〇四）、ロシアの遣日全権大使レザノフが長崎に入港して通商を求めたが、幕府はその上陸を許しながら通商は拒否したので、レザノフは空しく長崎を退去した。

幕府は同三年（一八〇六）、万石以上の大名および沿海に領地、知行所を持つ面々にレザノフ退去のいきさつを説明して、今後も外国船が来航した場合はなるべく穏便に帰帆するように取計らえと従来の方針を通達している。ところが長崎を去ったレザノフは痛憤やるかたなく、同三年から四年にかけて北海遊弋中の部下に命じ、カラフト・アニワ湾およびエトロフ島を襲撃させた。この事件を知った幕府は態度を硬化させ、四年十二月にロシア船を見つけ次第撃退し、接近したら召捕るなり撃破するなり臨機に処置するように命じている。

またその年の三月には東蝦夷地に加えて西蝦夷地をも幕府の直轄地とし、松前氏には陸奥伊達郡梁川において九千石の替地を与えた。また箱館奉行を福山に移し、役名を松前奉行と改め、以後蝦夷地一円の経営は同奉行の手で遂行された。それと平行して定信のときにはまだ実施に至らなかった江戸湾防備計画も、手直しのうえ初めて実行に移されることになった。

文化四年（一八〇七）十一月、幕府は御先手（さきて）鉄砲方兼勤井上左太夫に命じて伊豆、相模、安房、上総四か国の海岸を巡視させ、また徒目付を上総富津村に派遣した。翌五年四月には浦賀奉行岩本石見守と井上左太夫および代官大貫次右衛門に下田、浦賀辺を巡察させた。

これまでは幕府直接の準備行動であったが、同七年二月からいよいよ諸藩を江戸防備に動員することに踏切った。浦賀地域を会津藩主松平容衆（かたひろ）に、安房・上総を白河藩主松平定信にそれぞれ警衛を命じた。翌八年（一八一一）、相模の三崎、城ヶ島、安房崎、浦賀灯台（平根山）、走水観音崎、伊豆の下田須定崎、甲崎および上総百首に砲台を築設し、ついで会津藩には相州三浦郡、白河藩には上総二郡と安房三郡、合わせて三万石余の領地替えをさせ、これに相当する兵力を同地に常駐させるようにした。

このようにして大名の封土転換を含む江戸湾防備計画が初めて実行に移され、これまで幕府の国土防衛の重点地区が南海の長崎一か所に限られていたのが、ここに幕府ひざ元の江戸湾防備が新しく加えられるに至ったのである。

嘉永三年以前には既に次に挙げる十数個の台場が完成し、大砲が備え付けられていた。起工年月などは定かではない。

観音崎台場　一貫目玉筒五、五貫目玉筒一

十石崎台場　五百目玉筒三、八百目玉筒一、一貫目玉筒一

旗山台場　五百目玉筒一、一貫目玉筒二、二貫目玉筒三、十貫目ボンベン筒一

猿島台場　三百目玉筒四、三百五十目玉筒一、五百目玉筒三、一貫目玉筒四、三貫目玉筒三

千駄崎台場　下の段　三貫目玉筒（柴田流）一、一貫目玉筒（柴田流）一、二貫目玉筒（新稲富流）一、一貫目玉筒（荻野流）二
上の段　モルチール十三貫七百目筒（高島流）一、三貫目玉筒（稲富一夢流）一、二貫目玉筒（藤岡流）二、三貫目玉筒（荻野流）一、十貫目狼烟筒一
相州三浦郡長沢村海岸備筒　一貫目筒（藤岡流）一、一貫五百目玉筒（武衛流）一、ホウイッスル六貫目筒（高島流）一
相州三浦郡松輪村大浦山備筒　八百目玉筒（太田流）一、一貫目玉筒（太田流）一、ホウイッスル十三貫七百目筒（高島流）一
相州三浦郡松輪村剣崎備筒　一貫目玉筒（藤岡流）四、モルチール三十六貫目筒（高島流）一
安房三崎台場備筒　一貫目玉筒（新稲富流）一、カノン一貫目筒（荻野流）一、ハンドモルチール三貫目筒（高島流）一、十貫目狼烟筒一
相州三浦郡長井村荒崎備筒　三百目玉筒（太田流）一、四百目玉筒（荻野流）一、一貫目玉筒（藤岡流）一
相州鎌倉郡腰越村八王子山遠見番所備筒　四百目玉筒（柴田流）二、一貫目玉筒（新

稲富流）一、ハンドモルチール三貫目筒（高島流）一
相州鎌倉郡腰越村上宮田陣屋備筒　ハンドモルチール二貫目筒一、三百目玉筒一〇、
二百目玉筒五、百五十目玉筒六、百目玉筒一〇、百目以下三匁五分筒
まで一八四
三崎陣屋備筒　二貫目ボンベン筒一、三百目玉筒二、二百目玉筒二、百目玉筒七、百
目以下三匁五分筒まで一四五
安房国大房崎台場　一貫目玉筒三、三貫目玉筒一、六貫目玉筒一
同二の台場　一貫目玉筒一、六貫目玉筒一、十貫目玉筒一
同三の台場　五百目玉筒一、一貫目玉筒二、モルチール十三貫七百目玉筒一
安房国洲之崎遠見所海岸備付　二百目玉筒六、三百目玉筒七、五百目玉筒五、一貫目
玉筒三
北條陣屋前海岸備筒　五百目玉筒二、一貫目玉筒一、一貫五百目玉筒一、三百目以下
三匁五分筒まで八九四
富津台場　八百五十目玉筒一、一貫目玉筒三、一貫五百目一、二貫目一、ホーイッ
スル一
竹ヶ岡上台場　二貫目玉筒、ホーイッスル六貫五百目一、モルチール十三貫七百目一

竹ヶ岡下台場　一貫目玉筒四、二貫目玉筒一、百目玉筒一六、二百目玉筒三、三百目
　　　　　　　玉筒六

ナポレオン戦争を契機としてロシアの極東戦略が後退したこともあずかり、幕府はかつて示した蝦夷地防衛の熱意を失うようになり、文政四年（一八二一）には直轄一二年に及ぶ東西蝦夷地を松前藩に還付した。こうした情勢の中で江戸湾防備体制の規模も著しく縮小されるに至った。しかしその間外国の脅威は収まったわけではなく、同五年にフェートン号事件、七年にイギリス捕鯨船員の常陸大津濱上陸事件などを始めとして各地に頻発した。危機感にとらわれた幕府は同八年に異国船打払令を公布し、今後日本海域に近付いた外国船は理由を問わず撃退するようにという強硬な方針を打出した。

天保五年（一八三四）、産業革命を経過したイギリスでは東インド会社の中国貿易独占権を撤廃し、貿易の指導権を直接掌握したイギリス政府は、近世初期に中絶した日本貿易の再開を検討するに至った。江戸湾の南方一〇〇〇キロにある無人島（小笠原諸島）を対清、対日貿易の基地として占領する計画を立てたのもその具体的な動きの一つである。老中水野忠邦は江戸湾を威圧する位置にある小笠原諸島が外国に占領されることを憂慮し、同六年三月に代官羽倉外記に地図改めの名目で伊豆七島を巡視

させたのは外国船の襲来に備えての軍事的調査が目的であったと見られる。忠邦はこれとならんで江戸湾防備体制についても再検討する必要を認め、同九年（一八三八）十二月、目付鳥居耀蔵と代官江川太郎左衛門に同湾の備場の巡見を命じた。しかし江戸湾防備体制の刷新は幕府内の保守的空気に阻まれてなかなか進まなかった。

天保十一年（一八四〇）二月から始まったアヘン戦争は足かけ三か年にわたったが、イギリスの優勢な軍事力の前に抗すべくもなく、清国の敗北に終わった。忠邦の焦燥には深刻なものがあった。忠邦はついに洋砲の採用を決意し、当時日本における西洋流砲術の第一人者であった高島四郎太夫（秋帆）を幕臣に登用し、江川英龍（ひでたつ）らを入門させた。また江戸湾防備体制の再編・強化に着手し、同十三年（一八四二）八月、武州川越藩主松平大和守齊典（なりつね）、同忍藩主松平駿河守忠固（ただかた）に相州および房総二か国の沿海防備を命じた。さらに十二月には下田奉行所を復活し、新しく羽田に奉行を置いて江戸近郊の海岸防備を幕府が直轄することにした。

諸外国船の日本近海への出没は天保を過ぎると年を追って増加し、弘化年間（一八四四〜）に入ると各地に外国船が入港してくることが多くなった。フランスはその触手を琉球から日本へ伸ばし始めた。弘化三年（一八四六）五月、アメリカ東印度艦隊司令長官ビッドルがひきいる二隻の軍艦が浦賀沖に姿を現した。ペリー艦隊来航の七年前である。弘化二年七月、幕府の機関として海岸防禦掛（海防掛）が新設されていたが、ビッドルの浦賀入港によって江戸湾防備体制の不備が明らかとなった。老中阿部正弘は無事に出帆したから事故もなく済んだけれども、もしも乱暴な行為を働いたとしてもなかなか打ちとどめる見込みはなかったと告白した。浦賀奉行も、新鋳の大砲が到着しても弾薬が乏しいのでおぼつかなく、奉行の手兵は一〇八人に過ぎず、番船は木の葉のような小船があるだけだといった。

このビッドル来航を契機に江戸湾警備の強化が企図された。弘化三年九月海防掛目付松平近昭に浦賀の巡視を命じて、防備策の検討が行われた。そして翌四年浦賀奉行所の与力同心の増員のほか、警備を従来の川越・忍の二藩に彦根・会津の両藩を加えた。従来海上と陸上とに分散していた警備力をもっぱら陸上の受持区域に集中させ、海上には見張用の二、三の小船だけでよいと改めた。これらの改正により沿岸警備力は従前に比べ数倍に強化された。

嘉永二年（一八四九）、幕府は浦賀防禦の実体について奉行に報告させた。それによると当時砲台備砲の弾薬はわずか一六発で実弾演習もできない。また奉行所には非常準備金が全く無く、万一の際には商人から借り入れる以外にないという状態であった。このため幕府は勘定奉行石河（いしこ）土佐守政平らに命じて江戸湾口を扼す浦賀の防禦施設の実態を視察させた。その結果西浦賀千代ヶ崎砲台を彦根藩に防禦させるなど若干の改善が行われたが、いまだ不完全な状態を脱することはできなかった。

弘化四年（一八四四）アメリカは清と結んだ通商条約以来、対中国貿易が急速に発展するにつれて、太平洋横断航路の開設が必要となってきた。しかし当時の蒸気船の能力からどうしても太平洋上のどこかに石炭補給の中継地が必要であり、その候補地として日本の開国が要望されるようになった。またアメリカ捕鯨船の漁場が拡大して日本近海への出漁が増えた。これにともない遭難して日本沿岸に漂着する者が次第に多くなったことも日本の開国を要望する声となって現れてきた。

アメリカ政府は同五年（一八四五）二月に任命したペリーに対し、目的達成の困難さ、通信・交通の不便などを考慮して外交上・軍事上異例ともいうべき広汎な自由裁量権を与えた。ペリーは軍艦ミシシッピに乗込み、同年十一月十三日ノーフォークを出発、大西洋を横断して喜望峰・シンガポールを経由し、翌六年二月二十九日香港に到着した。そこで初めて東インド艦隊を指揮下に収め、上海から琉球に向かった。さらに小笠原諸島の父島を訪れ、そこから再び琉球に戻って石炭・食料などを供給した。老中阿部正弘はこのようなアメリカの動きを全く知らないわけではなかったが、半信半疑のまま特に有効な対策もたてなかった。

嘉永六年（一八五三）六月三日、ペリーの率いる四隻のアメリカ艦隊は江戸湾入口に姿を現した。そのうち二隻は進退自由な黒煙をあげる巨大な蒸気軍艦であり、二隻の帆船とともに黒く塗りつぶされていた。

ペリー来航に驚いた幕府は台場の構築を決意し、江川太郎左衛門を海防掛に登用、幕府の若年寄、勘定奉行らとともに武蔵、相模、安房、上総の海岸を巡視させた。視察の結果品川沖に台場を急造し富津、観音崎間の防備を強化する建議が提出された。江川の計画では品川猟師町から深川洲崎までの海上に連珠のように二列一一基の海堡ならびに品川猟師町海岸に一陸堡、併せて一二基の台場を建築する予定で準備を進めた。

これは江川がオランダのヘンケルベルツ「築城術」所載の間隔連堡中レドウテンのリニー式に倣って設計したもので、一番、二番の台場は二重砲台とし、三番の南の方から次第に岡に及び、最後を十一番として深川洲崎弁天の前で終わり、ほかに南品川寄りのところへさらに大きな台場を築く計画だった。

工事は昼夜兼行で進められ、十一月には一番、二番、三番台場が概成、翌安政元年（一八五四）四月に完成した。しかしこの頃には最初の計画だった十一番台場までの築造は縮小に決まっていた。幕府の財政は火の車だったうえ、四月に京都の内裏が炎上したので皇居造営という緊急の大仕事もあり、さらに三月には日米和親条約が平和裏に締結されたという情勢の変化もあったのである。

江川は遠慮深い人だったが、品川砲台の建築費については減費説をとる勘定奉行川路聖謨とやりあい、現予算を節減すれば到底砲台として有効なものを建設することはできず、つまりは使用の多少に関わらず国家無用の冗費になってしまうと痛切に指摘した。しかし川路は下がらず、結果として台場の築造は一番、二番、三番、五番、六番の五台場に止めて、その他の築造は四、五年見合わせることになった。別に御殿山下海岸に陸上台場が建設され、この陸上台場と五番、六番の三台場は安政元年十二月に完成した。

竣工した台場

台場	形状	面積	主要建造物
一番台場	六稜形	一万二七六坪余	休息所一、火薬庫二、玉置所二、玉薬置所九
二番台場	六稜形	一万二七六坪余	仮休息所一、火薬庫二、玉置所一、玉薬置所九
三番台場	五稜形	八五二六坪余	休息所一、火薬庫二、玉置所二、玉薬置

五番台場　六稜形　五七七三坪余　休息所一、火薬庫二、玉置所二、玉薬置所七

六番台場　六稜形　五四三二坪余　休息所一、火薬庫二、玉薬置所六所一〇

御殿山下台場　五稜形　七三八六坪余　役所一、玉置所一

品川沖各台場に備え付けられた火砲は大部分湯島桜馬場の大筒鋳立所で鋳造したほか韮山の反射炉、佐賀の反射炉でも製造した。その総数は一五四門、最大一七貫目余り（八〇斤）、最小一貫目（五ポンド弱）に至る。御殿山下には水戸藩から献納した天保末年製の旧式砲三〇門を充当した。

大筒鋳立所の鋳物師は浅草新堀端浄福寺門前鋳物師万吉および日本橋小伝馬上町鋳物師久右衛門の両人で、江川指揮のもとに製作した。

嘉永六年（一八五三）八月佐賀藩に鉄製三六ポンドおよび二四ポンド砲各二五門を発注した。佐賀の反射炉はわが国における最初のもので、鍋島直正苦心の経営に係り、嘉永五年秋既に長崎港外の神の島および伊王島に五四門の大砲を鋳造して据付けた。幕府から依頼された五〇門は車台とも鋳造して安政二年（一八五五）十一月佐賀を出発した。実はこの年七月幕府に廻漕した大砲が紀州沖で沈没してしまったため、佐賀

藩は改めて製造して再び出発したのである。

韮山の反射炉は江川が幕命により嘉永六年十二月伊豆加茂郡本郷村に築造し大筒の鋳造に着手したが、同地は下田港に近く外人が徘徊しているので、翌安政元年五月これを田方郡中村に移転して、ここで鋳造し、南條に運び出して、狩野川によって江ノ浦および沼津に運び、そこから軍艦で江戸に廻漕した。

これより先水戸斉昭は米艦来航を聞くと直ちに製造済の大砲の中から七四門を幕府に献納した。

台場の大砲には大阪からも五門取り寄せており、真田信濃守も二門献納している。「大筒数取調帖」によれば嘉永六年十二月の調査が二六〇門であって、桜馬場鋳立分一七五門、佐賀藩より五〇門、大阪表取寄分五門、他の八六門が韮山反射炉で鋳造されることになっていた。

台場築造に要した費用は予算が九八万六四九一両だったが、決算額は七五万両余りであった。幕府は財政的に非常に苦しみ、無理な算段をしてまでも品川台場を竣工するに至ったのである。

品川台場備砲一覧表　「陸軍歴史」

据筒

八〇斤（一七貫目余り）　口径七寸三分四厘　一番一〇、二番一〇
銑三六斤（七貫五〇〇目余り）　三番二、五番二、六番二
二四斤　口径四寸九分六厘　一番二、二番一、三番一一、五番四、六番四
ランゲホーイッスル（野戦筒　五貫目余り）　口径四寸九分九厘八毛五　一番四、
　二番四、三番四、五番二、六番二
一二斤（野戦筒　二貫五〇〇目余り）　口径三寸九分五厘七毛　一番一二、二番
　一二、三番一二、　五番六、六番六
六斤（野戦筒　一貫二〇〇目余り）　五番六、六番六
旧式五貫目　山下五
旧式一貫目　山下二五
計　一番二八、二番二七、三番二九、五番二〇、六番二〇、山下三〇、合計一五
四玉
一七貫目余り空弾　一番一八〇〇、二番一八〇〇、五番不明、六番不明
一七貫目余りブリッキドウス（箱弾）　一番二〇〇、二番二〇〇、五番不明、六
　番不明
五貫目余り空弾　一番二四〇〇、二番二四〇〇、三番三九六〇、五番一二〇〇、

　六番一二〇〇
五貫目余りブリッキドウス　一番八〇、二番八〇、三番四四〇、五番一二〇〇、六番一二〇〇
ランゲホーイッスル（五貫目余）空弾　一番四〇〇、二番四〇〇、三番四〇〇、五番二〇〇、六番二〇〇
ランゲホーイッスル（五貫目余）ブリッキドウス　一番四〇〇、二番四〇〇、三番四〇〇、五番二〇〇、六番二〇〇
二貫五〇〇目余り空弾・ブリッキドウス　一番不明、二番不明、三番二四〇〇、五番不明、六番不明
一貫二〇〇目余り空弾・ブリッキドウス　五番一二〇〇、六番一二〇〇
旧式五貫目　山下一二五
旧式一貫目　山下六二五
計　一番八四〇〇、二番八四〇〇、三番一万、五番六八〇〇、六番六八〇〇、山下七五〇
合計四万一一五〇
火薬

火薬（貫目）　一番一万六八九六、二番一万六八九六、三番一万六〇九六、五番八七二八、六番八七二八、山下不明　合計六万七三四四

備考一、斤＝ポンド

二、五番、六番台場にも八〇斤砲が一門ずつ配備されたが、これらは破裂したため三六斤砲に取り替えた。表の門数は取り替え後を示す。

品川御台場の備砲　「陸軍省　兵器沿革史」

一番台場　　二十四斤加農一三、三十六斤暴母加農一、百五十斤暴母加農一

二番台場　　二十四斤加農一二、三十六斤暴母加農一、百五十斤暴母加農一

三番台場　　三十六斤暴母加農五、百五十斤暴母加農一

四番陸付台場　二十四斤加農一、二十八斤加農一、八十斤加農二、百五十斤加農一、二十九寸モルチール一、五十ポンドモルチール一

五番台場　　十八斤加農三、三十六斤暴母加農三

六番台場　　三十六斤暴母加農二

嘉永六年（一八五三）十一月一番、二番、三番の各台場が完成に近づくと、幕府はその警備をつぎの三藩に命じた。

一番台場　松平誠丸典則（つねのり）（武州川越藩主）

二番台場　松平肥後守容保（奥州会津藩主）
三番台場　松平下総守忠國（武州忍藩主）

安政元年（一八五四）十一月五番、六番および御殿山下の各台場が完成に近づくと、幕府はその警備をつぎの三藩に命じた。

五番台場　酒井左衛門尉忠發（ただあき）（出羽庄内藩主）
六番台場　真田信濃守幸貫（信濃松代藩主）
御殿山下台場　松平相模守慶徳（よしのり）（因幡鳥取藩主）

これで砲台も築造され、大砲も据えられ、警備の任命もなされたので、品川台場築造の目的は一段落を遂げたのである。

品川台場を実戦に使用する機会は訪れなかったが、幕府はこれが完成したからといって内海警備を怠ることなく、さらに文久年間（一八六一年～）に至って大井村地先、品川妙國寺門前浦、品川寄木明神前、高輪八ツ山下、高輪如来寺前、芝田町地先、品川四番台場、濱御殿庭内、明石町地先、佃島地先、越中島地先の一一か所に砲台を築き、それぞれ大砲を据付け品川湾内の台場と海陸相応じて江戸城の防禦線を張った。また品川台場据付の大砲および砲架も数回にわたって修理取替を行い、警備担当も元治元年から明治元年まで都合五回の交替を見た。

最初は対外的に築造された台場は幕末の混乱期に徳川幕府を守るため対内的に使用されようとした。ところが江戸城の授受も無事に行われたので品川台場は対外的にも対内的にも使用することなく永久に廃塁となった。この後明治六年太政官公達をもって全国城塞の存廃すべきものを決定されるに及び、品川台場は廃塁のまま大正三年まで陸軍省の管理下にあった。その後海軍省に引渡し、または東京府に払い下げられた。

嘉永六年幕府が製造を命じた海岸砲は二〇〇門に上り、諸藩より製造届を出した既製砲数は一三七四門であった。諸藩の中で火砲の製造が盛んに行われたのは佐賀、鹿児島、徳島、水戸、萩などであった。これらの火砲はすべて滑腔砲で口径は三〇種以上に分かれていた。その不利を認め口径の制定を具申したのは慶應元年（一八六五）七月のことである。

江戸近海防備についで幕府が考慮したのは京都の警衛に絡む摂海防備であった。紀淡・明石両水道の防備はそれぞれの藩に担当させ、幕府は湾内要港の防備にあたった。紀州藩は安政元年（一八五四）に作業を開始、大崎浦から大川浦にわたる間に三三座、加田浦に五座の砲台を設置し、翌二年友ヶ島の備砲で完了した。阿波藩は文久元年（一八六一）由良に六四門、岩屋に一三門の火砲を備え付けた。火砲は徳島で鋳造した。元治元年（一八六四）には津田川口に二〇門の砲座が完成した。安政三年（一八五六）七月幕府から大坂城代に対し、宇治川南目印山下お台場に大砲六貫目台場筒二挺、二十拇ランゲホーイッスル五貫目野戦筒八挺、十五拇同一貫二百五十目八挺、十二斤カノン一貫二百五十目六挺を据付けること、同様に木津川南右波止場上お台場などにも大砲を据付けるようにとの指令が与えられた。

水戸藩では天保十三年（一八四二）藩内寺院から梵鐘を納入させ、鋳砲の原料とした。始めに一〇貫目長身砲を鋳造し、続いて太極陰陽八卦六十四卦合計七五門を製造し、爾後嘉永末年までに製造した大砲は一九一門に達した。安政元年（一八五四）二月幕府より二万両を借受け那珂湊吾妻台において反射炉の建築に着手した。三年初めてモルチールを鋳造し良好な結果を得た。爾来水車などの諸機械を整備し、鉄供給のため熔鉱炉を設ける計画を立てたが安政の大獄により事業を中止するに至った。

函館防備の五稜郭は菱花形の複郭陣地で各突角部に菱形砲座を置いて十字砲火を構成するようにした。箱館戦争当時二四斤ないし五〇斤の備砲が一一門あったという。弁天崎台場は不整五角形堡塁で砲座は六〇斤二門、二四斤一三門が設けられていた。

函館台場備砲　「陸軍省　兵器沿革史」

弁天台場　一二斤軽加農二、二四斤加農一六、一二拇臼砲一

寛永十九年（一六四二）三月佐賀藩主鍋島勝茂は将軍家光から長崎御番を命じられ、

黒田藩から申し送りを受けた。引き継いだ幕府貸与兵器は石火矢一〇挺、大筒二〇挺、合薬二〇二貫九〇〇目、玉一四一五個であった。これに鉄砲二五〇挺を付して湾口の深堀ならびに神ノ島に分置した。これから出発した長崎防備の火砲数は維新当時には二三二門まで増大したが、そのうち一五三門は佐賀藩が鋳造したものだった。

因みに当初は砲銃の区別はなく、単に小筒、大筒に区分し、腰台にて発射する五〇目筒以上を大筒、平状に安置する百目筒以上を「台場の大筒」と呼んだ。石火矢は爆発物を仕込んだ玉を発射する大筒で秘術とされた。

長崎砲台備砲沿革総表「佐賀藩銃砲沿革史」

年月	大砲	大筒	弾丸数	火薬量
公儀の分				
寛永十九年（一六四二）七月	一〇	二〇	一四一五	二〇二貫九〇〇
正保一年（一六四四）十二月	一二	二〇	一四六一	二〇二貫九〇〇
慶安一年（一六四八）三月	二〇	二〇	一八八一	五〇二貫九〇〇
明暦二年（一六五六）三月	二四	二〇	一八一九	三一四三斤
元禄十三年（一七〇〇）四月	三九	二〇	二〇三四	二六三九斤
元禄十六年（一七〇三）四月	三九	二〇		

享保二年（一七一七）九月　三九　二〇
安政初め（一八五四）　一二四　一〇
慶應三年（一八六七）十一月　一二四　一〇

肥前守の分

嘉永五年（一八五二）四月　八八
嘉永五年（一八五二）八月　六六　二一一〇〇　一三一四〇〇斤
安政初め（一八五四）　六四　二一一〇〇　一三一四〇〇斤
安政二年（一八五五）四月　九八
慶應三年（一八六七）十一月　九八　二七九九〇　一八九八二七斤

鹿児島湾の防備に砲台を建設したのは天保十五年（一八四四）、藩主は斉興だが実施したのは斉彬だった。文久二年（一八六二）生麦事件勃発、薩藩は海岸防備充実のため種々の手段を講じた。同三年六月二十七日英海軍は鹿児島湾を砲撃し、薩藩はこれに反撃した。このとき薩藩の砲数は約八〇門、弾丸は主に鉄円弾を用いた。英国艦隊の兵力は軍艦七隻、乗員一四一八人、砲数は一〇一門で、弾丸はアームストロング式被鉛長弾であった。当時薩藩の大砲弾丸製造所は磯浦にあって、鹿児島諸砲台の備付砲は次のようであった。

砂揚場　攻城砲八、野戦砲二、臼砲一、露砲台で防弾火薬庫あり
大門口　攻城砲三、臼砲一、露砲台で番小屋三あり
新渡戸　攻城砲一一、野戦砲三、臼砲一、露砲台で防弾火薬庫二、番兵小屋三あり
弁天波戸　攻城砲七、野戦砲二、臼砲三、露砲台で番兵小屋一あり
祇園洲　攻城砲七、臼砲四、露砲台で番兵小屋七あり
櫻島横山　攻城砲四、臼砲一、横堤五
鳥島　野戦砲三、横堤二
桜島洗出　攻城砲五、野戦砲一、露砲台で防弾火薬庫あり
沖小島　攻城砲四、臼砲一、砲台の設備なし
沖小島　攻城砲五、臼砲一、砲台の設備なし
山川　攻城砲四、横堤三

また、兵器の種類は次のようであった。

一、滑腔砲（青銅製）　蘭式百五十斤砲、蘭式八十斤砲、蘭式長短二十四斤砲、八十斤砲、六斤砲
二、臼砲（青銅製）　蘭式二十九寸石臼砲、二寸臼砲、陸用鉄椅
三、砲車　四輪架車橇盤および軌道各木製、象限儀を専用

四、弾丸　実弾、榴弾、霰弾
五、薬包　英吉利強製法により製造した火薬を用いる。砲の種類に応じてその顆粒を異にする
六、導火管　木製時限信管を用いる。火工場にて製造
七、摩擦管　打槌銅信管および急火管を用いる
薩英戦争の結果集成館では長二四斤砲の製造に忙殺された。元治元年（一八六四）乾行丸購入の際積載してきたアームストロング砲を砲台に据付けた。
鹿児島台場の備砲「陸軍省　兵器沿革史」
弁天台場　米式七吋鉄加農二、米式九吋鉄加農二、六〇斤銅加農三、八〇斤暴母加農一、二九拇臼砲二
新波戸場　六吋八鉄加農一、米式九吋加農一、六〇斤銅加農一、アームストロング六〇斤加農一
祇園洲　七吋鉄加農二、九吋鉄加農一、二四斤銅加農三、アームストロング六〇斤加農一、八〇斤暴母加農一、二九拇臼砲一
月風亭　二四斤鉄加農四
大門口　六吋八鉄加農一、七吋鉄加農二、九吋鉄加農一、二四斤鉄加農一、六

○斤銅加農一、アームストロング六○斤加農一

東福山城　九吋鉄加農二、二四斤鉄加農二、二九拇臼砲一

寛政年間幕府は海防に関し指示するところがあり、沿海諸侯は外寇の備えに着手した。長州藩は英、露の軍艦が西海に出没するので神器陣を編成した。これが長州藩海防の始めである。

弘化二年（一八四五）に定めた長州藩海岸防禦の概略は次のとおりである。

守地	大砲	小銃
城西瀬海	二三	二六五
城東瀬海	五二	七七一
相島、見島、大島	一八	一四○
大津瀬海	四○	一四七八
豊津瀬海	六八	一八二九
赤間関沿海	三八	八○○
阿武瀬海	七六	一五九三

攘夷戦が開始された当時の馬関海峡各砲台の備砲

台場	砲種砲数

壇ノ浦第一塁　一八斤長加農二
　第二塁　一二斤長加農四
　第三塁　八〇斤仏式砲（ヘキサンス）一
弟子待　一〇〇斤臼砲一
亀山社　荻野流連城砲七
杉谷　一八斤長加農四
　一五〇斤臼砲一
　忽砲一
前田　二四斤長加農三
　一八斤長加農二
専念寺　長砲（種類不明）一
細江　二〇寸臼砲一
計　二八門

馬関海峡台場の備砲「陸軍省　兵器沿革史」
前田村御茶屋台場　青銅一八斤加農四、青銅二四斤加農三
前田村御茶屋低台場　青銅一八斤加農三、青銅二四斤加農三、鋳鉄三六斤暴母加農

前田村洲崎台場　　　　　一、鋳鉄八〇斤暴母加農一

御殿山下台場　　　　　　青銅一二斤加農二、青銅一八斤加農三、青銅二四斤加農一、

　　　　　　　　　　　　鋳鉄八〇斤暴母加農一、青銅一五〇斤暴母加農一

御駕籠立台場　　　　　　青銅二〇拇臼砲三、青銅二九拇臼砲一

壇ノ浦台場　　　　　　　一八斤加農、二四斤加農、鋳鉄八〇斤暴母加農　計約一六

引嶋台場下口　　　　　　荻野流火砲

諸砲台の備砲は明治初年に皆還納されたが、馬関海峡防禦の備砲はことごとく英仏米蘭連合艦隊の略奪に帰した。米国ワシントンには今も残っている。

函館砲台は防禦のために保存され、明治十年新調の二四斤砲および八〇斤砲に交換された。

還納された火砲のうち適当のものを選択し仮に非常用として配付した。不適当と認めたものは皆廃棄し、青銅は新砲製造用の地金に供し、あるいは売却した。明治六年から鉄製砲の多数は地金として工部省に譲り、または地方において売却した。例えば高知県還納の鉄製砲大小一四一門、銑弾九万余発はすべてその地において売却した。それでも有用の銅砲の多くは砲兵本支廠に収容した。大阪砲兵工廠の製砲事業が進むにしたがい各地貯蔵の分も原料に供するため

大阪へ回送した。明治十六年までに砲兵第一方面在来の廃棄銅砲で大阪砲兵工廠に回送したものは二三五六門であった。これらの火砲は大阪砲兵工廠内に堆積し、新式火砲製作の原料として余りある状態であった。特殊なものまたは特に優れた火砲は遊就館または由緒ある神社に奉納した。

剰余の廃砲をもって靖国神社華表（大鳥居）を建立した。この大鳥居は中空鋳物製の神明鳥居で笠木、貫、両柱の四部分を各々水平に寝かせた形で鋳造された。この地金は各藩から還納された青銅廃砲に鉛五分を加えたものが用いられた。鋳造後外部は磨き、黒色に塩酸、亜砒酸、硫酸鉄の三種の薬品で緑青様の着色が施されている。左柱裏に「明治十九年十月建立」、右柱に「大阪砲兵工廠鋳造海石浥田寿謹書」と鋳出してある。暴風圧力中心点より四尺下がった暴風圧倒力保持界線まで中に砂が詰められ鳥居の安定を図っている。

新砲制式が決定されるまで戦備用として保存された火砲は次のとおりである。

加農　一八斤、二四斤
暴母加農　三六斤、八〇斤
臼砲　一二拇、一五拇、二〇拇、二九拇

このうち二四斤加農は海防用として最も多く使用されたもので、最初オランダ商人から購入したが嘉永以降元治の間において国内で多数製造された。長・短の二種があり長は海岸防禦用、短は攻城用である。わが国で製造したものは長が多く短は少ない。砲身は青銅製と鋳鉄製がある。

明治の初めに総て撤去したが神奈川、函館弁天砲台、大阪目標山、長崎などの諸砲台には暫く設置してあった。また明治九年来各鎮台練兵場に演習用として一門据付けてあったが、明治二十二年礼砲砲台が廃止されたので皆撤去された。この頃には新砲の制式が決まり、滑腔砲は全く不要となったので、その後は衛戍地の号砲に使用したものがある。

二四斤加農を戦闘に使用したのは文久三年の薩英戦争、文久、元治の間における下関戦争、また明治二年の函館戦争である。文久三年五月オランダ軍艦メデューサ号が馬関海峡通過の際不意に砲撃を加え艦腹その他を破損し死傷者多数を生じたこと、薩英戦争では英艦隊に多数の死傷者を生じたこと、函館戦争では彼我両艦隊の損害が著しかったこと、これらは皆本砲の働きによるところであった。

元治元年（一八六四）幕府は佐賀藩に二〇拇臼砲八門の鋳造を依頼し、これを長州追討用に充てた。二〇拇臼砲は海岸防禦および陸戦用として広く応用された。下関戦争を始めとして慶應二年長州追討の戦い、ついで戊辰戦争、上野彰義隊の戦い、会津若松城攻撃の時などにその実例を見る。また明治十年西南戦争においてたびたび本砲を使用し、熊本籠城、鹿児島攻撃戦において大いに効用を顕した。鹿児島城山の攻囲にあたって二〇拇臼砲二門を岩崎谷に対する攻囲線内に設備し西郷軍の巣窟を轟撃した。この戦争において軍団砲廠部の受入砲数一一門、破損交換数二門、消費弾薬数七八一発、この他熊本籠城間に射撃した弾数は六五〇発であった。西郷軍においても二〇拇臼砲を多く使用していた。

明治十五年朝鮮国暴動のときにあたって二〇拇臼砲を山砲一大隊四門の割りで携行した。

十九年八月大阪砲兵工廠提理牧野毅より砲兵聯隊に備える臼砲の利害について傭教師砲兵少佐グリローの意見書を添え一五センチ臼砲製作の提案があった。その意見書に、現在日本砲兵聯隊が備えている二〇拇臼砲はまさに陳腐に属し効用ある兵器ではない。一二拇臼砲もまた野戦臼砲として利用すべきものではない。しかし日本においてはまだ要塞歩砲兵などの設備はないので、時に要塞歩砲兵などの任務に就くこともあるだろうから、平素から臼砲の使用に慣れておくことが必要である。ゆえに教練上の目的から砲兵隊に臼砲を備えるには二〇拇臼砲に換えて一五センチ綫臼砲を選択するのがよい。この意見が採用された後すべての滑腔臼砲は廃棄された。

二九拇臼砲も海岸防禦用として採用されたがその製作数は比較的少ない。嘉永三年（一八五〇）近海御備向見分の覚書に十五貫目玉モルチールが富津と木更津に各一門ずつ備えてあると記されている。二九拇臼砲の弾量は一五貫一一七匁に相当するからこのモルチールは二九拇臼砲の採用初期のものと考えられる。文久三年（一八六三）六月海岸御警衛掛より出した品川四番陸附御台場御据筒上申書に二十九寸モルチール一挺を越中島調練場より引き移したと記されている。元治元年（一八六四）二十九拇一挺を越中島に再び据付けるため湯島鉄砲製作所にて鋳造した。また長州追討のため同臼砲二挺を佐賀で鋳造した。

二九拇臼砲は効力の大きさにも関わらず使用の便は二〇拇臼砲に及ばなかったので、幕府でもあまり称用しなかった。諸藩においても海岸備砲として本砲を鋳造または購買したのは万延（一八六〇）以後であった。明治の初年幕府および諸藩の還納品の中にもその数は少なかったがこれを予備砲として武庫に貯蔵した。ただし鹿児島砲台に備えてあった同砲四門は西南戦争後に処理した。砲兵工廠でこの砲を製造したことはない。明治八年頃から下志津射的場にこれを備え射撃演習用に供した。十一年末教導団へ演習用として一門支給した。各鎮台の砲兵隊に支給したことはなく、十三年近衛より隊渡の請求があったが認可されなかった。

二九拇臼砲は薩英戦争および下関戦争で戦闘に使用された。当時の艦隊は多くが投錨して砲戦を行ったので、本砲のような運用不便の臼砲でも大きな効果を上げることができた。下関の御籠立台場は高地にあり敵弾を受ける恐れが少ないのでよく敵艦を瞰制し、諸砲台中最も多く発射し敵艦に損害を与えたという。西南戦争の鹿児島城攻囲の際も本砲一門が岩崎谷に向けて焼弾を発射し敵陣内に火災を起こした。当時同所の海岸砲台に二九拇臼砲が四門存置されていたのでその一門を使用したといわれている。この砲撃に先立ち二九拇榴弾三〇〇個および二〇拇榴弾一〇〇〇個の至急製造命令があったこともこの砲撃に関連するものであろう。

二九拇臼砲射表抜粋

装薬量	射距離（射角四五度）	飛行秒数
一三三匁五	四五〇歩	八秒
三六七匁	一〇〇〇歩	一四秒

御備大砲有弾取調帳　文久三年（一八六三）六月　秋田藩

船川　六斤砲二門（四〇発）、一五寸ランゲホーイッツル砲一門（二〇発）

門前　二四斤砲一門（二〇発）、六斤砲一門（二〇発）

塩戸　一八斤砲一門（二〇発）、六斤砲一門（二〇発）

北ノ浦　六斤砲一門（二〇発）、二〇寸榴弾砲一門（一五発）、二斤砲二門（二〇発）、三〇〇目砲一門（三〇発）
能代　二四斤砲二門（二〇発）、二〇寸榴弾砲一門（一三発）、六斤砲四門（四〇発）、一五寸榴弾砲一門（一五発）、五〇〇目砲一門（一五発）、小臼砲二門（〇発）
八森　六斤砲一門（一〇発）、三〇〇目砲一門（一〇発）
土崎湊　六〇斤砲二門（四〇発）、二四斤砲一門（三〇発）、六斤砲二門（五〇発）、一八斤砲一門（三〇発）
新屋　二四斤砲二門（五〇発）
箱岡　六斤砲一門（一三発）、一五寸砲二門（九〇発）、三斤砲三門（一四〇発）、三〇〇目砲一門（三〇発）、二〇寸臼砲二門（四〇発）、一三寸砲二門（三〇発）、一五寸臼砲一門（一五発）、二四斤砲一門（三〇発）、二斤砲三門（一七〇発）、一五寸砲一〇門（五六〇発）
合計五九門（一六六六発）

(上)江戸時代に諸藩が製造した青銅砲。靖国神社遊就館旧蔵
(中)水戸藩製造太極砲。常盤神社に現存する
(下)薩摩藩製造青銅二十九拇臼砲と暴母弾。英艦来襲の際敵を砲撃したもの

(上)薩摩藩製造八十斤加農。文久3年6月英艦鹿児島砲撃の際祇園州の備砲として敵艦を砲撃したもので、砲身に敵の小銃弾痕があった。靖国神社遊就館旧蔵
(中)鋳鉄製臼砲。東京水交社旧蔵
(下)元治元年西洋連合艦隊下関砲撃の際陸上砲台の備砲

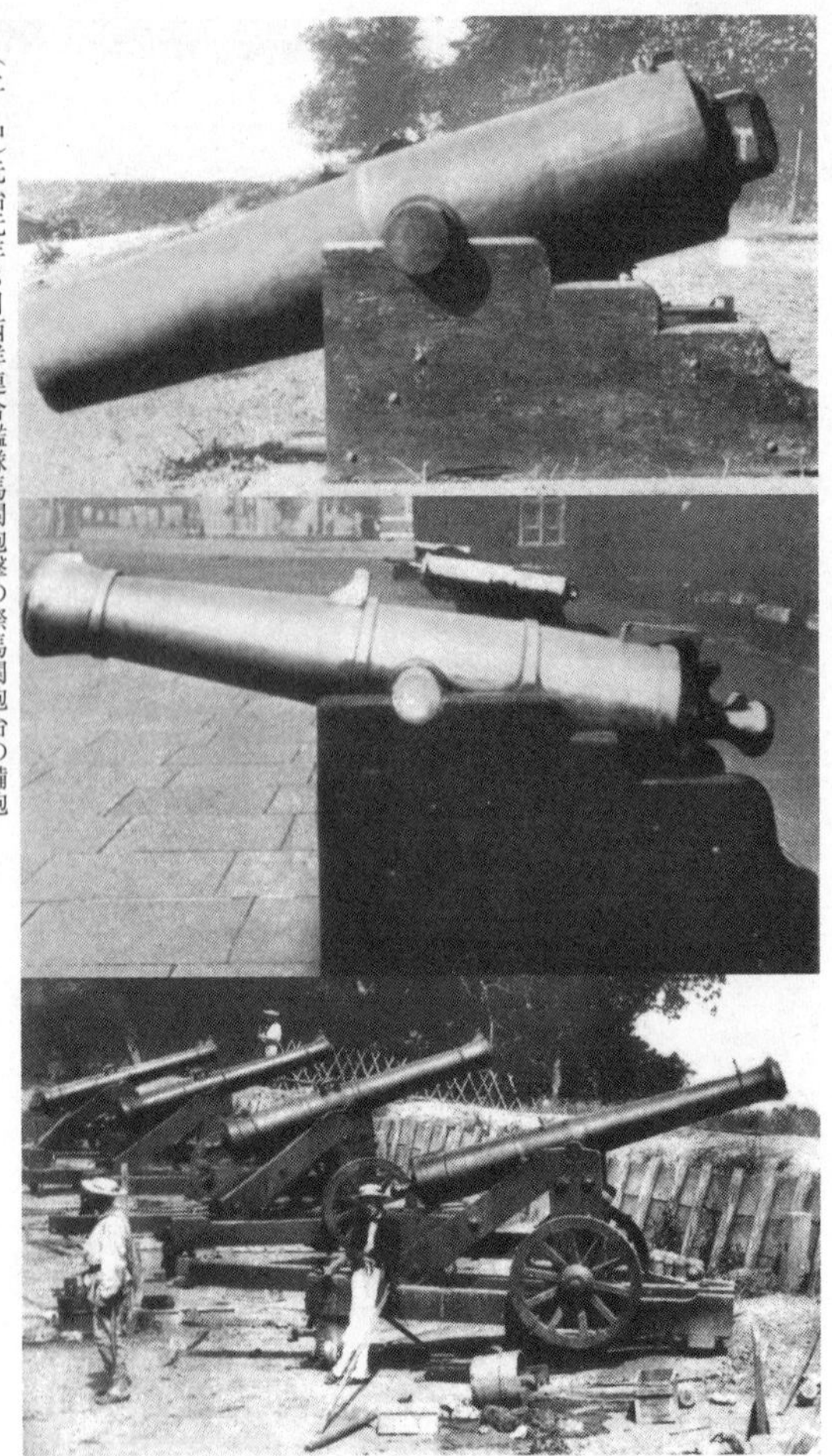

（上・中）元治元年8月西洋連合艦隊馬関砲撃の際馬関砲台の備砲
（下）下関攘夷戦に使用した二十四斤加農。車輪状のものは後座した砲架を復座させるための転把

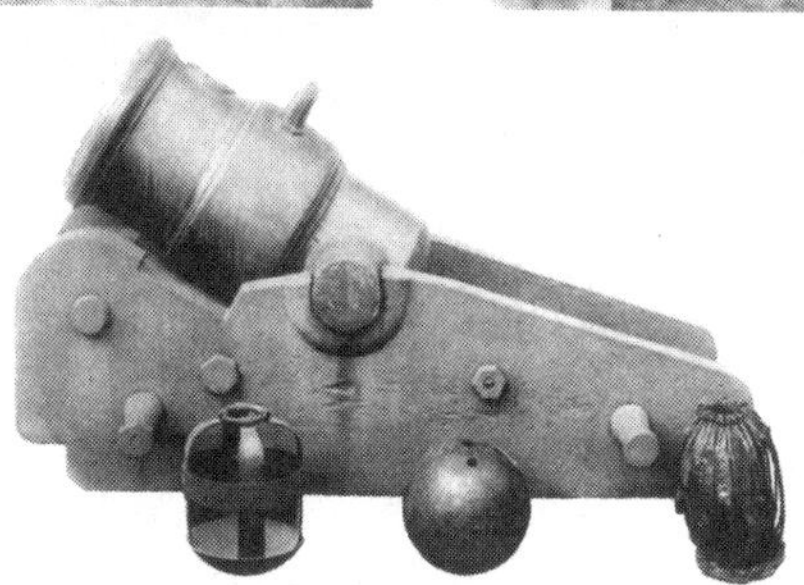

(上)十二斤加農。フランス式の斤は弾量のkgを表す
(中)二十四斤加農。幕末の主力火砲　1612年オランダ製
(下)二十拇臼砲と焼夷弾の外枠、榴弾、光弾

第二章　明治

名東県より砲台備付火砲返納の申出

壬申（明治五年）八月二十日名東県（旧徳島藩）参事井上高格より海軍大輔勝安房に対し、当県が旧藩以来各所砲台に備えていた船用砲を返納したいとの申出があった。

一、銅造十一拇半重忽砲台共　五挺
二、銅造四斤旋条砲実弾加農台共　四挺
三、銅造十一拇半重忽砲台共　一五挺
四、銅造百五十目玉砲台共　一挺
五、十一拇半重忽砲榴弾　五〇〇発
六、鉄造四斤本込台共　二挺

七、四斤旋条砲尖榴弾　二八二発

これに対し海軍省は同年八月三十日便船があり次第引取る旨回答した。

六鎮台の徴兵数　明治八年一月十五日

一、毎年の砲兵徴兵数　砲兵大隊計七二〇、海岸砲隊計二四〇

二、砲兵大隊九、海岸砲隊九ともに徴兵の身長は五尺四寸（一六三・六センチ）以上とする

海岸砲台備付砲及守兵一覧　明治九年十二月三十一日

神奈川砲台　鉄製二十四斤一四、十八斤三、十二斤二、屯在兵東京鎮台砲兵一分隊

函館砲台　八十斤一、二十四斤二、青銅十八斤一、屯在兵函館砲台砲兵一中隊

大阪目標山砲台　青銅八十斤三、青銅二十四斤五、鉄製二十四斤七、屯在兵大阪砲台砲兵分隊

神戸石堡塔　フレゲット十八斤二、アームストロング十二斤五、屯在兵なし

長崎砲台　八十斤五、六十斤三、屯在兵熊本鎮台砲兵一小隊

明治初年における要塞築造への動き　戦史叢書　陸軍軍戦備

明治四年十二月山懸有朋らが提出した軍備意見書に「沿海ノ防禦ヲ定ム　即チ戦艦ヲ造ル也　海岸砲台ヲ築ク也」とある。沿海の防御態勢を整えることは急務と考えられ、六年東京湾海防策が上申され、翌七年海岸警備砲台建築着手の急務が上議されたが実現しなかった。

八年一月山縣陸軍卿は「沿岸砲墩（ほうとん）築造」を上奏建議した。これは長崎、鹿児島、下関、石巻、函館、豊後・紀伊海峡などは砲台を設けるべきところとし、先ず東京湾の観音崎、富津岬などに砲台を築いて万一に備えることを上奏したものである。

九年一月砲堡建築位置について図面と予算書を添えて上奏した。

十一年海岸防禦取調委員が設置され、翌十二年には海岸の巡視、調査も行われた。

十三年十一月山縣参謀本部長は「隣邦兵備略」をたてまつり、沿海防備の必要を論奏した。要塞砲台建築に着手したのはこの年八月であり、東京湾要塞の観音崎第一、第二砲台を起工した。

東京湾要塞砲台の築造は逐次進められたが、十九年三月国家財政の都合により海防事業も一時中止された。明治天皇は海防に関し詔勅を下され、内閣総理大臣は地方長官を集めて海防費の献金を説いた。献金は二〇三万円余に達した。砲台の起工は逐次拡大され、対馬、下関、由良要塞に及んだ。これら要塞の砲台、堡塁の起工は十三年から二十八年にわたり、その竣工は十七年から三十年に及んだ。

海岸要塞創設当時の新聞記事　明治十四年一月

全国沿岸要塞の備え欠くべからざる枢要の地を挙げれば、先ず第一防御線すなわち東京湾口にて相州観音崎、総州富津崎、相州猿島、総州富津元洲のほか、相州走水、総州久保山、相州浦賀の七か所にて、これへ備付けの大・小砲七二門を要し、右砲台築造費は概算二七〇万円なり。而して次の順位は、

紀淡海峡	備砲か所一二	砲数五三	築造費一八〇万円
鹿児島海峡	備砲か所一二	砲数四六	築造費九〇万円
長崎	備砲か所六	砲数四三	築造費九〇万円
豊後	備砲か所？	砲数三六	築造費七〇万円
対馬	備砲か所？	砲数四二	築造費六〇万円
計		三八八	九四〇万円

右の火砲をことごとく鋼製クルップ砲として独国へ注文する場合の経費を概算するに、その標準単価は左のとおりである（単位ドル）。

三〇糎砲　火砲一門一四万五二五二、鋼製榴弾一発一七〇・三〇、堅鉄榴弾一発七四・七〇、通常弾一発四四・四〇

二四糎砲　火砲一門三万五三九〇、鋼製榴弾一発九五・九〇、堅鉄榴弾一発四四・四〇、通常弾一発二三・一〇

二一糎砲　火砲一門二万五九五〇、鋼製榴弾一発六九・一〇、堅鉄榴弾一発二九・三〇、通常弾一発一七・一〇

而して弾丸は一門に対し鋼製弾、堅鉄弾各五〇発、通常弾一〇〇発を貯蔵する必要があるから、総砲数三八八門に本弾丸を附属する場合は莫大な費用となり、ほとんど国力を竭(つく)すにあらざれば容易に着手し得ざるべし。

仄聞(そくぶん)するに海防取調委員はその筋へ上申のうえ、大蔵省より特別の支出ある由なるが、一五万ないし二〇万の金にては東京湾要塞の築造費にも足らず、況(いわん)や本省の経常費よりこれを捻出せんとせば、百年を経るも成就し得ざるべし。さればとて右の防御線なきは家あって門なきが如く、他国の乱入は勿論、軽侮を受けるを免れざれば、せめて火砲は鋼製ならずとも青銅製にてわが邦人の手により製造し得ることとし、弾丸等もよくその道を研究し、行く行くは輸入を仰がざるように致したき計画なりという。

海防費下賜金・献納金

明治二十年三月、明治天皇は以下の大詔を発した。

朕惟ウニ立国ノ務ニ於テ防海ノ備一日モ緩クスヘカラス而國庫歳入未タ遽(にわ)カニ其鉅費ヲ辨シ易カラス朕之カ為ニ軫念シ茲ニ宮禁ノ儲餘三拾萬円ヲ出シ聊其費ヲ助ク閣臣旨ヲ體セヨ

明治二十年三月十四日

内閣総理大臣伯爵伊藤博文　奉勅

この大詔の聖旨を奉戴し海防費献金を願い出た者は少なくなかった。許可を得た金額は合計二一三万九五二四円二二銭一厘に達した。これを下賜金三〇万円に合わせて製砲費と名付け、明治二十年度より継続費として陸軍省に下付された。陸軍省はこの金額をもって火砲を製造し、国防上主要の地点に備える計画を立て、明治二十年度より着手し、明治二十五年度までに東京湾、紀淡海峡、下関海峡および対馬の各砲台に備え付けた。その火砲の総数は二一二門で、その中海外より購入したものは二門、大阪砲兵工廠において製造したものは二一〇門であった。製砲費をもって製造した火砲には特に「献納」の章を砲尾面に付着して永く有志者献金の記念とした。

明治天皇の大詔を受けて華族からも献金が寄せられた。聴許月日と金額は次のとおりである。

正四位伯爵松平茂昭(もちあき)　三月三〇日　一万円
従五位伯爵小笠原忠忱(ただのぶ)　四月四日　一万円
従五位子爵青山忠誠(ただしげ)　四月十二日　三〇〇〇円
従五位侯爵木戸孝正　四月十八日　一〇〇〇円
従四位伯爵柳澤保申(やすのぶ)　四月二十二日　一万円
従二位公爵毛利元徳　六月十三日　一〇万円
正二位公爵島津久光
従二位公爵島津忠義　六月十三日　一〇万円

製砲費を用いて整備した火砲は次のとおりである。当時は糎を珊米または珊と書いていた。読み方はサンチだったが、糎を用いるようになって慣用的にセンチと読むようになった。

二十七珊米加農二門、二十四珊米加農二八門、十九珊米加農二門、十二珊米加農二五門、二十八珊米榴弾砲一一〇門、二十四珊米臼砲三四門、十五珊米加農臼砲一一門

このほかに二十四珊米および十二珊米加農用の隠顕砲架二個と十五珊米および十二珊米加農用木製砲架の砲床二個がある。

海防費献納金で製造した火砲に付着した銘板

併せて二十八珊米榴弾砲用堅鉄弾六一〇発、二十四珊米加農用榴弾および堅鉄弾一〇〇発、十九珊米加農用榴弾および堅鉄弾一〇〇発、計八一〇発を製造した。

その他火薬を二万キロ製造し、試験費、運搬・据付費を加えて、二十五年度までに総額二四三万九五二四円を消費した。

海岸砲砲種選定　明治二十年五月

明治二十年四月二十日、海岸防禦用砲種の選定につき海岸砲制式審査委員から次のような意見が提出された。

海岸砲の目的は砲火の下に堅牢な甲鉄艦隊を撃沈することにあり、この目的を達するには二様の方法がある。一つは平射により装甲された艦側を攻撃し、他の一つは擲射により薄弱な甲板を攻撃する方法である。平射は古くから用いられてきた常法で木船帆艦の時代には効力があったが、一九世紀中葉に甲鉄艦が出現以来次第に装甲を増加し、既に鋼板七五センチの甲鉄艦が数艘建造されるに至った。これに対して平射法を墨守すれば三五口径四〇センチ砲でも威力が足りない。仮に直角に触突したとしても距離二五〇〇メートルでは鋼板五九センチを射貫できるに過ぎないからである。さらに弾丸には固有の落角があることと、軍艦の姿勢は千差万態をもって弾丸の侵徹を

には不十分である。

減殺する。これを要するに平射砲は射貫力の多少を問わずわが海岸防備を委託するに

一方擲射は甲板を貫き、機関を砕き、火薬庫を破り、船底に大破孔を穿つから一弾の命中により敵艦を轟沈することができる。これは擲射特有の性能で平射に比べれば効力の差は明らかである。他に平射砲に比べて擲射砲の有利とするところは遠距離においても敵艦の姿勢に関わらず常にその効力を全うできること、砲台は二〇〇ないし四〇〇メートルの高地に設けるので距離の測定が容易かつ正確にできること、間接射法をとるので砲台の掩護は極めて安全であること、砲弾の効力は加農に数倍しかつ価格が低廉であることがあげられる。

平射砲の命中率は擲射砲より高いとするのは旧式滑腔臼砲の時代の発想であり、今日の擲射砲は最大射程において小戦艦（長さ六〇メートル）を縦射すれば半数命中の公算がある。かつ平射砲に比べれば距離の増減、敵艦の姿勢および命中点の如何などによって有効弾数に変化はなく、擲射の命中弾数は皆有効弾数であり、命中点はことごとく敵艦の保命部にあたる。その他擲射砲を有利とするところは火砲の変化が僅少で長期保存ができること、国内で製造できるので兵器独立の方針に合致することなど枚挙に暇がない。

平射、擲射の利害はこのように明瞭であるので海岸砲制式審査委員は擲射による海防策を採り、皇国製二四センチ綫臼砲および二八センチ榴弾砲の二種をわが国海防の主砲に選定した。

さらに上陸防禦および無甲艦攻撃のためほかに一種の小口径砲を必要とする。鋼銅製一二センチ加農は無甲艦に対し最大射程においても効力に余裕があり、移動自在でわが攻守城砲とすべき良砲である。これを海岸砲に編入し各地に若干門を装備すれば至便であるから海岸砲に選定する。

陸軍省兵器局から起案されたこの意見に対し参謀本部長熾仁親王は鋳鉄装箍一九センチ加農その他特殊砲も場合により使用することがあることを付記して同意する旨陸軍大臣伯爵大山巌に返答した。

海岸砲制式審査委員長は陸軍少将大築尚志で委員は陸軍砲兵大佐牧野毅他七名である。その中に後に制式軍用銃を開発した砲兵大尉有坂成章もいた。

海岸砲砲種

一二センチ鋼銅砲

主要諸元

使用の目的／無甲艦射撃、口径一二〇ミリ、砲長二八一五ミリ、腔長二五九五ミリ、口径二三・四六、砲量一一二〇六キロ、弾種・弾量／尋常榴弾一七・〇キロ、榴霰弾一七・〇キロ、霰弾一六・三キロ、装薬量三・六キロ、初速四四〇メートル、砲架の重量二七〇〇キロ（前車共）、射角俯一〇度、仰三五度、最大射程七〇〇〇メートル

二四センチ綫臼砲

使用の目的／甲鉄艦射撃、口径二四〇ミリ、砲長二五一五ミリ、腔長二一七七ミリ、口径一〇・四八、砲量四三〇〇キロ、弾量／堅鉄弾一二〇キロ、装薬量最大七・五キロ、初速二一〇メートル、射角俯一〇度、仰六〇度、最大射程五〇〇〇メートル、略価八五〇〇円

二八センチ榴弾砲

使用の目的／甲鉄艦射撃、口径二八〇ミリ、砲長二八六三ミリ、腔長二五二五ミリ、口径一〇・八〇、砲量一万八〇〇キロ、弾量／堅鉄弾二一七キロ、装薬量最大二二・〇キロ、初速二九〇メートル、砲架の重量一万三二〇〇キロ、射角俯一〇度、仰六〇度、最大射程八〇〇〇メートル、略価一万三七〇〇円

二三口径半二四センチ砲

使用の目的／甲鉄艦射撃、口径二四〇ミリ、砲長五六六六

○ミリ、腔長五二八〇ミリ、口径二三・五、砲量一万七四〇〇キロ、弾種・弾量／堅鉄弾一五〇・八キロ、尋常榴弾、榴霰弾、装薬量三〇・〇キロ、初速四三五メートル、全活力一四五〇・〇ｔｍ（ｔｍ：砲口前における活力）、射角俯二〇度、仰三五度、最大射程九〇〇〇メートル、略価一万二二〇〇円

二七口径半二七センチ砲

使用の目的／甲鉄艦射撃、口径二七四・四ミリ、砲長七四七〇〇ミリ、腔長七〇〇〇ミリ、口径二七・三、砲量二万六六〇〇キロ、弾種・弾量／鋼鉄弾二一六・〇キロ、堅鉄弾、尋常榴弾、榴霰弾、装薬量六四・五キロ、初速四九〇メートル、全活力二六四三・三ｔｍ、射角俯二〇度、仰三五度、最大射程一万三三五〇メートル、略価三万二六〇〇円

朝野新聞　明治二十一年六月十五日

軍港・砲台の設置より、まず基本策を

海防上のことは、その筋にて熱心に計画しいらるる処にして、目下軍港を設置するとか、砲台を建設するとか、しきりに騒ぎ居らるるが、元来同件については一定の法策ありて、軍港を設置するも、砲台を建設するも、皆この一定の法策に則り着手せざるべからず。しかしてその策に三あり。第一の策は、敵をして遠く数百里の外に在りて近寄らしめざるにあり。第二は、陸地に間近き処において敵を防ぐにあり。第三は、陸上において敵兵を防ぐなり。この三策の内、第一の策はもっとも上策にして、われわれの望む処なれど、今日の勢いにてはとても企て得べからず。第二の策はいかにと云うに、これは第一に次いでの策なれど、これも今日は実行すべからず。されば今日の海防をなすには、第三策に出ずるより外なきなり。既に第三策より外にその道なしとすれば、まず第一番に敵艦のもっとも衝撃しやすき港を選んで、これに防御の道を付けざるべからず。今かりにその衝撃をうけやすき港を五か所となし、毎年一港ずつを改築するものとせば、五か年にしてまず外国兵を、彼等が第一番に目指す処の五か所の港へ入り込むことを得ざらしむる様なすを得るなり。かくて順次に歩を進めば、始めて海防の道も立ち、ここに独立の実をあぐることを得るなるべきも、わが邦今日の有様を見れば、軍港を設くるも砲台を築くも、一定の法策とする処のものありて、これに基づき設置するにはあらず。英国が巨文島を占領すると聞けば、狼狽して対馬に砲台を築くと云うような有様にて、どこの港が第一番に敵の目指す処となるか、いずれの港に第一番の防御を設けねばならぬかと云う考えも付けずしては、所詮急に完全なる防御の法は付かざるべしと、この頃ある貴顕の物語ありし。

明治二十二年砲台築造状況

明治二十二年東京湾では笹山、夏島、波島、箱崎（高・低）の五砲台、富津、横須賀の二海堡、豊長海峡では笹尾山、筋山、火ノ山、田ノ首崎、田向山、老ノ山、古城山の七砲台、紀淡海峡においては生石山（一、二、三、四の四砲台）、沖ノ友島の五砲台の築造工事が実施された。その工事は地形と天候により大いに難易遅速があった。横須賀港防御第二海堡の例では、その位置は第一海堡と猿島の中間に位置し、浮標の東方深さ八メートルないし一〇メートルの海底に基礎の築設を試み、石材を諸山より切出し、七月より海中に投入し、九月に至りようやく基石を水面に露出したが、数日で波浪のため水面から一メートル余りを破壊された。よってなおこれに投石し、目下満潮面上七一四平方メートルを築くことができた。また豊長海峡では潮流の緩急差異が最もはなはだしく、かつ本年のように霖雨が多いとき工事は非常な困難を極めた。

冨津海堡と笹山砲台における本年の工事は左のようであった。

冨津海堡

二月起工　交通路および砲台地の荊棘(けいきょく)伐採（三月落成）、第七号、第八号、第九号弾薬庫（十二月落成）、第十号弾薬庫（九月落成）、第十二号弾薬庫（八月落成）、掩蔽部（九月落成）、各排気塔（十二月落成）
四月起工　九号送弾路（十二月落成）
五月起工　十号・十一号送弾路（十二月落成）
六月起工　十二号送弾路（十二月落成）
八月起工　第十一・第十二砲座被覆（九月落成）
九月起工　第十砲座被覆、各砲座被覆壁上部（十一月落成）
十月起工　四号・五号・七号・八号送弾路（十二月落成）
十月起工　第八・第九砲座被覆（十二月落成）
十一月起工　一号・六号送弾路（十二月落成）

笹山砲台

一月起工　弾薬庫上屋（二月落成）
二月起工　煉瓦畳甃(じょうしゅう)（三月落成）、側壁および隔壁畳甃（八月落成）、穹窿畳甃（八月落成）、砲座内斜面被覆（三月落成）、右翼墻（三月落成）、弾

三月起工　　薬庫屋蓋ベトン打（三月落成）
　　　　　　第二掩蔽部（三月落成）、第三掩蔽部（八月落成）、左翼墻（三月落成）
四月起工　　交通路下水溝掘開（八月落成）、砲座階段栗石補填被覆（八月落成）
六月起工　　貯水所ベトン布置（八月落成）
七月起工　　交通路路面砂利撃没（八月落成）
九月起工　　柵門設置（十月落成）

要塞砲兵配備表　勅令第七十九号　明治二十三年五月十六日

師管	防禦管区	聯隊番号	衛戍地
第一	東京湾	第一聯隊	横須賀
第四	紀淡海峡	第二聯隊	由良
第五		第三聯隊	
第六	下関海峡	第四聯隊	赤間関

第三聯隊の防禦管区および衛戍地は追って定める

要塞弾薬備付法案　明治二十四年十一月十三日

第一条　要塞弾薬の備付は陸防と海防の二部に大別する。
第二条　陸防弾薬備付のため要塞を甲乙丙丁の四班に分ける。
甲班　囲郭と方弧堡帯を有するか、もしくは単囲郭の要塞で長時日間正攻に抵抗すべきもの。
乙班　阻絶堡。
丙班　単囲郭の要塞で攻城砲隊の砲撃に抵抗すべきもの。
丁班　単囲郭の要塞で野戦砲隊の砲戦に抵抗すべきもの。
第三条　甲班には第一表、乙班には第二表、丙班には第三表、丁班には第四表の弾薬を備える。
第四条　陸防堡塁備砲の弾薬は堡塁内に設ける補給庫および支庫と要塞内に設ける本庫に分蓄する。
第五条　陸防堡塁の備砲にあっては口径一二珊以上の火砲を重砲とし、九珊以下を軽砲とする。
第六条　出撃砲隊は、野砲のときは砲車と弾薬車、山砲のときは砲車と弾薬箱のみをもって編成し、その弾薬の種類および員数は野戦砲隊の例による。

第七条　クルップ式七珊半砲および八珊砲弾薬は一般軽砲の例による。

第八条　フランス式一二斤砲、四斤野山砲の弾薬数は重砲の例により、その榴霰弾を半減し、霰弾を四倍し、他は皆榴弾とする。

第九条　閉鎖しない陸防砲台に供用する弾薬は、平時はこれを付近の閉鎖堡塁もしくは弾薬本庫に合蓄し、戦時に至りその補給庫内に貯蔵すべき発数のみを移すこと。

第一〇条　匡舎備付の弾薬は側防砲の例により、その機関砲弾薬は全数を匡舎内に貯える。

第一一条　堡塁の備砲には堡塁の位置と任務により、その補給庫内弾薬の三分の一ないし六分の一を警備弾薬として平時より完成しておくものとする。ただし壕内側防用火砲の警備弾薬は補給庫内弾薬の半数とし、滑腔臼砲には警備弾薬を備えない。

第一二条　火薬信管および薬嚢の備付数は必須量に一〇分の一を加え、門管は必須量の二倍とする。

第一三条　減量装薬を用いる火砲にあっては、装薬量は最大装薬量をもって算出し、薬嚢は必須量の一〇分の五を加える。

第一四条　某弾種が欠乏したときは榴弾をもってこれを補うこと。
第一五条　海岸要塞は戦時中央倉庫よりする補給の難易により甲号および乙号に分け、補給のときに困難で重要なものを乙号とし、他は総て甲号とする。
第一六条　各海岸砲台はその位置および任務により左の六種に分ける。
第一種　砲戦砲台
第二種　砲戦を兼ねる縦横射砲台
第三種　縦射砲台
第四種　横射砲台
第五種　要撃砲台
第六種　上陸および壅塞（ようそく）防御（編者注：壅塞は要塞侵入防止用障碍物）
第一七条　甲号要塞海防弾薬の備付は第五表により、乙号にあっては第六表による。
第一八条　海防弾薬は砲台内に設ける補給庫と要塞内に設ける本庫内に分蓄する。
第一九条　海防備砲にあっては口径二四珊以上の火砲を重砲とし、一二珊砲以下を軽砲とする。
第二〇条　海防備砲の重砲には警備弾薬として完成弾薬二〇発を補給庫内に貯え、上陸および壅塞防御用軽砲には警備弾薬五〇発を備える。

第二一条　第五表によって弾薬を備え付ける砲台のうち孤島、海堡もしくは至高砲台など本庫より補給が極めて困難な場所に限り、各砲備付全発数の一〇分の八を補給庫内に貯蔵する。
第二二条　海防備砲中重加農には所要に応じて表中弾数のほかに二ないし六発の霰弾を補給庫内に備える。ただし装薬は増給しない。
第二三条　擲射砲の装薬、薬嚢ならびに警備装薬の備付数量は第七表より第一〇表による。
第二四条　火薬信管薬嚢および門管の備付数量は第一二条による。
第二五条　陸防と海防を問わず、要塞内所要の小銃と機関砲との弾薬の種類が異なるときは、機関砲に限り各表中発数の二倍を備え付ける。
第二六条　本法規定の小銃弾薬数は陸防と海防を問わず、守備歩兵の携帯弾薬は含まない。携帯弾薬は歩砲兵ともに別にこれを規定する。
第一表　甲班　要塞備付弾薬表
砲戦砲　重砲　綫臼砲　弾種比例　榴弾八〇%、榴霰弾二〇%
貯蔵倉庫　榴弾　補給庫九六、支庫九六、本庫一一八、
計三一〇

榴霰弾　補給庫二四、支庫二四、本庫三二、計八〇

加農　弾種比例　榴弾八〇%、榴霰弾一八%、霰弾二%

貯蔵倉庫　榴弾　補給庫一二〇、支庫一二〇、本庫一六〇、計四〇〇

榴霰弾　補給庫二七、支庫二七、本庫三六、計九〇

霰弾　補給庫三、支庫三、本庫四、計一〇

軽砲　綫臼砲　弾種比例　榴弾四〇%、榴霰弾六〇%

貯蔵倉庫　榴弾　補給庫四八、支庫四八、本庫六四、計一六〇

榴霰弾　補給庫七二、支庫七二、本庫九六、計二四〇

加農　弾種比例　榴弾八〇%、榴霰弾一八%、霰弾二%

貯蔵倉庫　榴弾　補給庫七二、支庫七二、本庫七六、計二二〇

榴霰弾　補給庫一〇一、支庫一〇一、本庫一三四、計三三六

霰弾　補給庫七、支庫七、本庫一〇、計二四

滑腔臼砲　弾種比例　榴弾七〇%、光弾三〇%

貯蔵倉庫　榴弾　補給庫六三、支庫六三、本庫八四、計二一〇

光弾　補給庫二七、支庫二七、本庫三六、計九〇

自衛砲　側防

軽砲　弾種比例　榴弾五〇%、霰弾五〇%

貯蔵倉庫　榴弾　補給庫一〇〇、計一〇〇

霰弾　補給庫一〇〇、計一〇〇

機関砲　貯蔵倉庫　補給庫六六六〇、本庫三三四〇、計一万

壕底側防

軽砲　弾種比例　榴弾五〇%、霰弾五〇%

		貯蔵倉庫	榴弾　補給庫三〇、計三〇
			霰弾　補給庫三〇、計三〇
小銃	機関砲	貯蔵倉庫	補給庫三〇〇〇、計三〇〇〇
	連発銃		支庫七〇〇、本庫三五〇、計一〇五〇
	単発銃		支庫四六七、本庫二三三、計七〇〇
拳銃			支庫一三四、本庫六六、計二〇〇

第二～第一〇表省略

日清戦争までに完成していた東京湾要塞の戦備

砲台名	砲種砲数	竣工年月	爾後の変遷
第一海堡	二十八榴一四	明治二十三年十月	明治三十七年六門撤去、昭和十年全部撤去
	隠顕十二加二	明治二十三年十月	明治三十四年撤去
	装輪十二加二	明治二十七年八月	明治三十四年撤去
	十九加一	明治二十七年八月 観音崎より移転	大正十二年撤去

富津元洲	二十八榴六	明治二十五年三月	大正三年末全部撤去
	十二加四	明治二十五年三月	大正三年末全部撤去
千代ヶ崎	二十八榴四	明治二十七年十二月	昭和十九年撤去、四門金谷へ
観音崎第一	二十四加二	明治二十七年七月	大正三年撤去
観音崎第二	十九加一	明治二十二年	明治二十六年撤去
	前心軸二十四加一	明治二十二年	明治二十九年撤去、函重へ移送
	克式前心軸二十四加一	明治二十二年	明治二十六年撤去、下関要塞へ移送
	安式中心軸二十四加一	明治二十二年	明治二十六年撤去、下関要塞へ移送
	二十四加四	明治二十七年九月	大正十四年除籍
観音崎第三	二十八榴四	明治二十七年九月	大正十四年除籍
猿島第一	加式二十七加二	明治二十六年十二月	昭和十四年横鎮へ移管
猿島第二	二十四加四	明治二十六年三月	昭和十四年横鎮へ移管

花立	二十八榴六	明治二十七年十月	昭和九年撤去
	二十八榴二	明治二十七年十一月	昭和二年横重へ交付
走水高	加式二十七加四	明治二十八年一月	大正十二年撤去
波島	前心軸二十四加二	明治二十六年八月	大正四年撤去
箱崎高	二十八榴八	明治二十六年十二月	明治三十七年撤去、返納
箱崎低	二十四加四	明治二十七年三月	大正四年除籍
笹山	二十四加四	明治二十六年十月	大正四年除籍
夏島	二十四臼六	明治二十五年十二月	大正四年除籍
	二十四臼四	明治二十六年三月	明治二十七年撤去
米ヶ浜	二十八榴六	明治二十四年十月	明治二十七年撤去
	二十四加二	明治二十四年十月	大正四年除籍

日清戦争　内国の防備

それ海戦の勝敗によってわが軍攻守の局面を異にするは作戦大方針の明定するところなり。しかれども仮に海戦利ありて、わが攻撃軍を敵国に進める場合といえども、内地の防備を虚しくすべからざるは論をまたず。いわんや敵艦海上に遊弋する間はわが国防は須臾も等閑に付すべからざるなり。これゆえに大本営は海戦の勝敗に論なく、内国防備はあらかじめ完備せんと欲し、曩に六月下旬牧野少将、黒瀬大佐に内命するところあり。既にして七月下旬神尾少佐より大本営に送れる電報に曰く、北洋水師は朝鮮各港に向けて出発し、南洋水師もまたことごとく呉淞を出発せり。曰く南洋水師はその一半を呉淞に留めて、長江の防備に備え、他の一半は台湾を根拠とし、わが琉球を攻撃するの状を示してわが艦隊の勢力を割かんとすと。それ清国が専ら守勢を執れるは従来の諸報に照らし明白の事実なるも、彼の比較的有力なる海軍に考えるときは断じてこの事なきを保し難し。左なきだに国防を完備するは大本営の方針なるをもって、先ず対馬の戦備を計り、次いで帝国沿岸の防備を命ぜり。

その一、対馬島、竹敷港の守備

七月に入り清国はわが警告を容れず、陸海の兵備を厳にし、次いで大兵を韓土に送らんとせしかはわが連合艦隊は韓海に出てこれを防止し、かつ旅団の危機を救わざるべからざるに至り、艦隊の動作上長直路を仮根拠地とすることとせり。対馬島、竹敷港の守備を厳にする必要あり。よって七月二十一日第六師団長に向けて対馬警備隊の動員（歩砲各一隊にして司令部将校以下一二〇〇名）を発令し、二十三日これを完結し、竹敷海岸要塞に戦備を命ぜり。

その二、帝国沿岸の防備

諸情報を綜合するに清廷は専ら勝敗を韓土に争わんとし、未だ進みてわれに迫るの計画を有せざるがごときも、わが国の海岸ことに東京湾、呉港、下ノ関海峡および九州沿岸の要点などまた万一の備えなかるべからず。而してすでに第五師団は動員を終り、不日朝鮮に送るの計画なるがゆえに、これをもって師団の空虚を守り、かつその一部を下関要塞、呉軍港などの守備に充てんがため七月二十三日第五師団後備隊を召集せり。

当時わが海岸要塞は東京湾口を除くほかその防御工事未だ完成せず、要塞砲兵の如きも東京湾に一聯隊（二大隊）、下ノ関に一大隊ありしのみ、これを充員するもその備砲の操作に任ずべき人員を充たすに足らず。これに加えてこの諸隊を指揮すべき要塞司令部の編成未だこれなきをもって、大本営は先ず臨時東京湾守備隊司令部および臨時下ノ関守備隊司令部の編制を定め、その司令官をして各要塞ならびにその背後の防御を掌らしむることとし、すなわち七月二十四日第一師団長に命じて東京湾守備隊司令部を編成せしめ、同時に要塞砲兵第一聯隊を充員し、要塞の戦備を令し、砲兵の不足は後備歩兵をもってこれを補わしめたり。また第六師団長をして下ノ関守備隊司令部を編成せしめ、同時に第六師団全部の充員および後備軍の召集を令し、下ノ関要塞の戦備を令し、また九州沿岸の各要地を守備せしめたり。蓋し開戦の場合先ず敵の攻撃を受くるの懼（おそれ）あるは主としてわが南島および九州沿岸にあり。敵の陸軍もしこの地に上陸し、真面目に攻撃し来らば、これが防御に任ずる者は専ら第六師団なればこれを今日に動員し、あらかじめ戦時の姿勢に移らしむるは復（ま）たその要なしとせざればなり。このほか二十七年度の動員計画によればこの師団は第一師団の如く部分召集を許さず、蓋し又全部の動員を行いたる一理由なり。

兵器弾薬表　明治二十七年五月十日　陸軍省

東京湾並横須賀港要塞

猿島堡塁団第一　二七加二、堅鉄弾一二六、榴弾一二六、榴霰弾二八、機関砲六、
　実包六万

第二　二四加四、堅鉄弾一九六、榴弾二八〇、榴霰弾二八

走水堡塁団走水　二七加四、堅鉄弾二五六、榴弾三二〇、榴霰弾六四、機関砲四、
　実包四万

同高　二七加四、堅鉄弾二五六、榴弾三二〇、榴霰弾六四

小原台　一二加六、榴弾一六八〇、榴霰弾六七二、霰弾四八、機関砲四、
　実包四万
　一五臼四、榴弾七六八、榴霰弾五一二
　九臼四、榴弾五一二、榴霰弾七六八
花立台　一二加四、榴弾一一二〇、榴霰弾四四八、霰弾三二、機関砲四、
　実包四万
　二八榴八、堅鉄弾一二八〇
　一五臼四、榴弾七六八、榴霰弾五一二
　九臼四、榴弾五一二、榴霰弾七六八
観音崎堡塁団第一　一二加二、榴弾一六〇、榴霰弾一六〇、霰弾八〇、機関砲一五、
　実包一五万
第二　二四加六、堅鉄弾二八八、榴弾五二八、榴霰弾一四四
第三　二八榴四、堅鉄弾六四〇
第四　一二加四、榴弾三二〇、榴霰弾三二〇、霰弾一六〇
南門　一二加四、榴弾三二〇、榴霰弾三二〇、霰弾一六〇
　九加四、榴弾三二〇、榴霰弾三二〇、霰弾一六〇

三軒家　二七加四、堅鉄弾二五六、榴弾三二〇、榴霰弾六四

海堡団第一　一二加四、榴弾四〇〇、榴霰弾四〇〇、霰弾二〇〇、機関砲一〇、実包一二・五万

二八榴一七、堅鉄弾二九七五

第二　二七加六、堅鉄弾四八〇、榴弾六〇〇、榴霰弾一二〇、機関砲一〇、実包一二・五万

二四加一二、堅鉄弾七三三、榴弾一〇五六、榴霰弾三一二

第三　二七加六、堅鉄弾四八〇、榴弾六〇〇、榴霰弾一二〇、機関砲一〇、実包一二・五万

二四加一〇、堅鉄弾六一〇、榴弾八八〇、榴霰弾二六〇

援助砲台千代ヶ崎　一二加四、榴弾一一二〇、榴霰弾四四八、霰弾三二、機関砲四、実包五万

二八榴六、堅鉄弾一〇五〇

一五臼四、榴弾七六八、榴霰弾五一二

富津元洲　一二加四、榴弾四〇〇、榴霰弾四〇〇、霰弾二〇〇、機関砲四、実包五万

横須賀海正面夏島　二八榴六、堅鉄弾一〇五〇
笹山　二四臼一〇、堅鉄弾一〇〇〇
箱崎（高）　二四加四、堅鉄弾六六、榴弾一二〇、榴霰弾二四
箱崎（低）　二八榴八、堅鉄弾九六〇
波島　二四加四、堅鉄弾九六、榴弾一二〇、榴霰弾二四
二四加二、堅鉄弾四八、榴弾六〇、榴霰弾一二、機関砲三、実包三万
米ヶ濱　二八榴六、堅鉄弾七二〇
二四加二、堅鉄弾四八、榴弾六〇、榴霰弾一二
一二加四、榴弾九八〇、榴霰弾三九二、霰弾二八
機関砲四、実包四万
横須賀陸方面日向
船越新田　九加二、榴弾三三六、榴霰弾四七〇、霰弾三四、機関砲二、実包一・二万
九臼二、榴弾二二四、榴霰弾三三六
沼間村　一二加四、榴弾九八〇、榴霰弾三九二、霰弾二八、機関砲二、実包一・二万

一五臼二、榴弾三三六、榴霰弾二二四

赤阪　九臼二、榴弾二二四、榴霰弾三三六、
九加四、榴弾六七二、榴霰弾八四〇、霰弾六八、機関砲二、実
包一・二万

太田阪　九臼四、榴弾四四八、榴霰弾六七二
機関砲二、実包二万

案針塚西北　一二加四、榴弾九八〇、榴霰弾三九二、霰弾二八、機関砲二、
実包一・二万
九臼四、榴弾四四八、榴霰弾六七二

直西　九加二、榴弾三三六、榴霰弾四七〇、霰弾三四、機関砲二、実
包一・二万
一五臼二、榴弾三三六、榴霰弾二二四
九臼二、榴弾二二四、榴霰弾三三六

東南　機関砲二、実包二万

逸見村南方　機関砲二、実包二万

東側　九加四、榴弾六七二、榴霰弾九四〇、霰弾六八、機関砲二、実

包一・二万
九臼四、榴弾四四八、榴霰弾六七二
不入斗(いりやまず)村　機関砲四、実包四万
深田村　九加四、榴弾六七二、榴霰弾九四〇、霰弾六八、機関砲二、実包一・二万
九臼四、榴弾四四八、榴霰弾六七二
観音崎陸方面　A点九加二、榴弾三八四、榴霰弾五三八、霰弾三八、機関砲二、実包二万
九臼四、榴弾五一二、榴霰弾七六八
B点九加二、榴弾三八四、榴霰弾五三八、霰弾三八、機関砲二、実包二万
九臼二、榴弾二五六、榴霰弾三四八
C点機関砲二、実包二万
紀淡海峡要塞
生石山第一　二八榴六、堅鉄弾一〇五〇

第二　二八榴六、堅鉄弾一〇五〇
第三　二七加八、堅鉄弾六三二、榴弾六三二、榴霰弾一三六、霰弾三二
第四　二七加四、堅鉄弾三一六、榴弾三一六、榴霰弾六八、霰弾一六
C点　一五臼四、榴弾六七二、榴霰弾四四八、機関砲二、実包一・二万
成山第一　一二加二、榴弾二〇〇、榴霰弾二〇〇、霰弾一〇〇、機関砲二、実包二・五万
二八榴六、堅鉄弾一〇五〇
第二　一二加二、榴弾二〇〇、榴霰弾二〇〇、霰弾一〇〇、機関砲二、実包二・五万
二八榴二、堅鉄弾三五〇
陸方面伊張山　九加四、榴弾六七二、榴霰弾九四〇、霰弾六八、機関砲四、実包二・四万
九臼四、榴弾四四八、榴霰弾六七二
赤松山　九加六、榴弾一〇〇八、榴霰弾一四一〇、霰弾一〇二、機関砲

四、実包二・四万
九臼四、榴弾四四八、榴霰弾六七二
沖ノ友島第一　二七加四、堅鉄弾三一六、榴弾三一六、榴霰弾六八、霰弾一六、
機関砲四、実包五万
第二　二七加四、堅鉄弾三一六、榴弾三一六、榴霰弾六八、霰弾一六
第三　二八榴八、堅鉄弾一四〇〇、機関砲二、実包二・五万
第四　一二加二、榴弾二〇〇、榴霰弾二〇〇、霰弾一〇〇、機関砲二、
実包二・五万
二八榴六、堅鉄弾一〇五〇
虎島　機関砲八、実包一〇万
海正面男良谷（おらだに）　二四加四、堅鉄弾九六、機関砲二、実包一・二万
第一　二八榴六、堅鉄弾八四〇、機関砲四、実包四万
一五臼四、榴弾六七二、榴霰弾四四八
第二　二八榴六、堅鉄弾八四〇、機関砲四、実包四万
一五臼四、榴弾六七二、榴霰弾四四八
西ノ庄村高地　二四加二、堅鉄弾九八、榴弾一四〇、榴霰弾四二、霰弾四、機

関砲三、実包三万
一二加八、榴弾二二四〇、榴霰弾八九六、霰弾六四
二八榴四、堅鉄弾六四〇、機関砲三、実包三万
機関砲八、実包八万

框舎

深山村標高二八四　九加四、榴弾五七六、榴霰弾八〇八、霰弾五六、機関砲二、実
包一・二万
一五臼四、榴弾五七六、榴霰弾三八四

標高八〇　機関砲四、実包二・四万

標高二二二　九加六、榴弾八六四、榴霰弾一二一三、霰弾八四、機関砲二、
実包一・二万
一五臼二、榴弾二八八、榴霰弾一九二
九臼二、榴弾一九二、榴霰弾二八八

標高二三五　九加四、榴弾五七六、榴霰弾八〇八、霰弾五六、機関砲二、実
包一・二万
一五臼二、榴弾二八八、榴霰弾一九二
九臼二、榴弾一九二、榴霰弾二八八

標高一三九　九加二、榴弾二八八、榴霰弾四〇四、霰弾二八、機関砲二、実包一・二万

九臼二、榴弾一九二、榴霰弾二八八

下ノ関海峡要塞

日ノ山第一　二八榴四、堅鉄弾六四〇、機関砲四、実包二・四万

第二　二八榴四、堅鉄弾六四〇

第三　二四加八、堅鉄弾一九二、榴弾二四〇、榴霰弾四八

第四　二八榴二、堅鉄弾　三二〇

一五臼四、榴弾六七二、榴霰弾四四八

一二加四、榴弾九八〇、榴霰弾三九〇、霰弾二八

古城山　二四臼一二、堅鉄弾一六八〇、機関砲四、実包四万

門司　二四加二、堅鉄弾四〇、榴弾一〇

田向山　二四臼一二、堅鉄弾一六八〇

笹尾山　二八榴一〇、堅鉄弾一四〇〇

筋山　二四加六、堅鉄弾一四四、榴弾一八〇、榴霰弾三六、霰弾一二、

機関砲四、実包四万

田ノ首　二七加四、堅鉄弾一二〇、榴弾九、榴霰弾二四、霰弾八

老ノ山　二八榴一〇、堅鉄弾一六〇〇、機関砲四、実包四万

龍司山　二七加二、堅鉄弾一二六、榴弾一二六、榴霰弾二八、霰弾四、
機関砲四、実包四万
一二加四、榴弾一一二〇、榴霰弾四四八、霰弾三二
一五臼六、榴弾一一五二、榴霰弾七六八

一里山　一二加四、榴弾九八〇、榴霰弾三九二、霰弾二八、機関砲四、
実包四万
一五臼四、榴弾六七二、榴霰弾四四八

戦場ヶ野　一二加八、榴弾一九六〇、榴霰弾七八四、霰弾五六、機関砲四、
実包一・二万
一五臼四、榴弾六七二、榴霰弾四四八

金比羅山　二八榴八、堅鉄弾一二八〇、機関砲四、実包一・二万
一二加四、榴弾九八〇、榴霰弾三九二、霰弾二八

富野　一二加八、榴弾一九六〇、榴霰弾七八四、霰弾五六、機関砲四、

実包二・四万

湯川村甲　一五臼三、榴弾三三六、榴霰弾二二四
　二四加二六、堅鉄弾九八、榴弾一四〇、榴霰弾四二、霰弾四、機関砲四、実包四万
　一二加四、榴弾一一二〇、榴霰弾四四八、霰弾三二
　一五臼四、榴弾七六八、榴霰弾五一二

乙　一二加四、榴弾一一二〇、榴霰弾四四八、霰弾三二、機関砲二、実包二万

丙　一二加四、榴弾一一二〇、榴霰弾四四八、霰弾三二、機関砲二、実包二万
　一五臼二、榴弾三八四、榴霰弾二五六

丁　一二加四、榴弾一一二〇、榴霰弾四四八、霰弾三二、機関砲二、実包二万
　一五臼二、榴弾三八四、榴霰弾二五六

妙見山東北　一二加四、榴弾九八〇、榴霰弾三九二、霰弾二八、機関砲四、実包二・四万

一五臼六、榴弾一〇〇八、榴霰弾六七二
山頂　機関砲二、実包二万
戸ノ上山　機関砲二、実包二万
風頭山西方　九加四、榴弾六七二、榴霰弾九四〇、霰弾六八、機関砲二、実包一・二万
一五臼四、榴弾六七二、榴霰弾四四八
框舎　機関砲三、実包三万
砂利山　機関砲二、実包二万
二島標高二四〇　一二加八、榴弾二二四〇、榴霰弾八九六、霰弾六四、機関砲二、実包二万
一五臼六、榴弾一一五二、榴霰弾七六八
標高三〇四　機関砲二、実包二万
黒崎　一二加八、榴弾二二四〇、榴霰弾八九六、霰弾六四
字廣唐　一二加一二、榴弾三三六〇、榴霰弾一三四四、霰弾九六、機関砲二、実包二万
一五臼四、榴弾七六八、榴霰弾五一二

帆墻山　二七加二、堅鉄弾一二六、榴弾一二六、榴霰弾二八、霰弾四、
機関砲二、実包四万
一五臼六、榴弾一一五二、榴霰弾七六八

浅海湾要塞

大石浦　二八榴六、堅鉄弾一〇五〇、機関砲二、実包二万
温江　一二加四、榴弾四〇〇、榴霰弾四〇〇、霰弾二〇〇、機関砲二、
実包二万
芋崎　二八榴四、堅鉄弾七〇〇、機関砲四、実包四万
大平　一二加四、榴弾四〇〇、榴霰弾四〇〇、霰弾二〇〇、機関砲二、
実包二万
竹敷　野砲四、榴弾七六八、榴霰弾一〇七六、霰弾六四、機関砲二、
実包二万

東京湾要塞守備隊の現況　明治二十七年八月三十一日

砲台名　砲種砲数　区分　弾薬の整備　摘要

			弾丸	装薬	炸薬	
観音崎第一	二十四加二	完備	四／五	一／二	全	
第二	二十四加六	未完	四／五	一／二	全	半部は備砲、半部は運搬中
第三	二十八榴四	完備	全	一／一〇	一／五	
第四	二十四臼四	完備	全	一／三	全	
花立	二十八榴八	未完				建設中、火砲は運搬中
走水	二十七加四	完備	一／二	四／五	全	
千代ヶ崎	二十八榴四	未完				建設中にて火砲未着
	十五臼四	未完				要塞内にあり
猿島	二十四加四	完備	一／二	一／二	全	
	二十七加二	完備	一／二	全	全	
米ヶ浜	二十四加二	完備	全	一／二	全	
	二十八榴六	完備	一／三	一／二	全	

波島	二十四加二	完備	全	二／五	全	
箱崎	二十八榴八	完備	一／二	一／二	全	
	二十四加二	完備	全	三／五	全	
笹山	二十四加四	完備	一／二	一／二	全	
夏島	二十四臼六	完備	全	一／三	全	
第一海堡	二十八榴一四	完備	六／七	一／四	全	
	十九加一	未完				砲床築設、備砲中
	十二加四	完備	全	全	全	
第二海堡	三百斤海軍砲一	未完				何れも砲台の建設中にて竣工期不明なり
	六十斤海軍砲二	未完				
	克十五加一	未完				
	十二速加二	未完				
元洲	二十八榴六	完備	一／二	一／三	全	
	十二加四	完備	全	全	全	

要塞砲兵要員計算表　明治二十八年頃　参謀本部

第一期
東京要塞　戦時要員五九〇八、平時定員一九三〇、平時所要隊数定員二〇〇の一〇隊
紀淡海峡　戦時要員三五一六、平時定員一一五〇、平時所要隊数定員二〇〇の六隊
下ノ関海峡　戦時要員四〇九〇、平時定員一三三〇、平時所要隊数定員二〇〇の七隊
芸予海峡　戦時要員三三四六、平時定員一一二〇、平時所要隊数定員二〇〇の五隊
鳴門海峡　戦時要員六〇八、平時定員二〇〇、平時所要隊数定員二〇〇の一隊
呉要塞　戦時要員二五三六、平時定員八〇〇、平時所要隊数定員二〇〇の四隊
佐世保要塞　戦時要員一五二二、平時定員五〇〇、平時所要隊数定員二〇〇の二または三隊
長崎要塞　戦時要員六三〇、平時定員二一〇、平時所要隊数定員二〇〇の一隊
浅海湾要塞　戦時要員五二八、平時定員一七六、平時所要隊数定員二〇〇の一隊
舞鶴要塞　戦時要員一四五八、平時定員四八六、平時所要隊数定員二〇〇の二隊

函館要塞　戦時要員六八八、平時定員二三〇、平時所要隊数定員二〇〇の一隊
第二期
室蘭要塞　戦時要員一三一四、平時定員四三八、平時所要隊数定員二〇〇の二隊
七尾湾要塞　戦時要員三六八、平時定員一二三、平時所要隊数定員一〇〇の一隊
敦賀要塞　戦時要員四九六、平時定員一六五、平時所要隊数定員二〇〇の一隊
女川湾要塞　戦時要員三九二、平時定員一三一、平時所要隊数定員一〇〇の一隊
小樽港要塞　戦時要員五九四、平時定員一九八、平時所要隊数定員二〇〇の一隊
鳥羽港要塞　戦時要員六二二、平時定員二〇七、平時所要隊数定員二〇〇の一隊
和歌山東北陸防堡塁団　戦時要員二一六、平時定員七二、平時所要隊数定員一〇〇の一隊
清水港要塞　戦時要員三六二、平時定員一二一、平時所要隊数定員一〇〇の一隊
宇和島要塞　戦時要員三一二、平時定員一〇四、平時所要隊数定員一〇〇の一隊
鹿児島要塞　戦時要員五五八、平時定員一八六、平時所要隊数定員二〇〇の一隊
第一期、第二期計　戦時要員三万六四、平時定員九八七七

編制改正　明治二十九年七月　陸軍大臣大山巌

要塞砲兵隊（六聯隊と四大隊）

一、平時東京湾要塞砲兵聯隊　五大隊（一五中隊）
二、平時由良要塞砲兵聯隊　四大隊（一二中隊）
三、平時呉要塞砲兵聯隊　二大隊（六中隊）
四、平時芸予要塞砲兵聯隊　三大隊（九中隊）
五、平時下関要塞砲兵聯隊　四大隊（一二中隊）
六、平時佐世保要塞砲兵聯隊　二大隊（六中隊）
七、平時舞鶴要塞砲兵大隊　三中隊
八、平時函館要塞砲兵大隊　二中隊
九、基隆要塞砲兵大隊　二中隊
一〇、澎湖島要塞砲兵大隊　三中隊

工兵方面を廃し築城部設置　明治三十年九月十五日

明治三十年九月十五日築城部条例施行により、明治二十九年三月勅令工兵方面条例は廃止した。築城部条例制定の理由は、従来工兵方面において執っていた器具材料の調弁および保管の事務を兵器廠に移し、専ら要塞の建築およびこれに連繋する事業を執らせるためである。

築城部は本部を一個とし、従来三個工兵方面の築城業務と要塞に関する砲兵方面本署の砲兵事業を増加したもので、その管轄するところは全国にわたり、事業は重大であるので本部長を陸軍少将または工兵大佐とした。本部部員に砲兵科将校を加えたのは前述のように砲兵方面本署の砲兵事業を築城部に移すため、築城の設計を行うにあたり諮詢合議を要するからである。また技師を置くのは技術上のことに関し特別調査を行わせるためで、従来の経験からその必要を認めることによる。

要塞弾薬備付規則　明治三十二年八月

第一条　要塞弾薬の備付員数を規定するため、備砲の主務を海防および陸防の二種とする。

第二条　要塞の位置および地形上弾薬の補給困難な堡塁砲台には甲号弾薬数を備え、その他には乙号弾薬数を備える。

第三条　備砲の任務はその位置に応じてさらに左の諸班に区分する。

海防砲　第一班　砲戦

第二班　縦横射

第三班　要撃
第四班　上陸および壅塞の防御

陸防砲　第一班　砲戦
第二班　側防
第三班　壕底側防

第四条　海防砲の弾薬数は第一表により、その分蓄法は第二表による。
第五条　陸防砲の弾薬数は第三表により、その分蓄法は第四表による。
第六条　定量装薬を用いる加農にあっては装薬量は必須量に五〇分の一の予備を加え、減量装薬を用いる加農にあっては最大装薬量をもって算定する。擲射砲の装薬量は第七表による。
第七条　火薬（装薬および炸薬）の分蓄法は海防砲にあっては第八表、陸防砲にあっては第九表による。
第八条　装薬嚢は加農にあっては必須量に一〇分の一を加え、擲射砲にあっては第七表による。信管および炸薬嚢は必須量に一〇分の一を加える。門管は総て必須量の二倍とする。
第九条　信管、門管、装薬嚢および炸薬嚢の分蓄法は総て第八表もしくは第九表の装薬分蓄法に準ずべし。

第一〇条　要塞戍兵の小銃および機関砲の弾薬数は第五表により、その分蓄法は第六表による。

第一一条　海防と陸防とを問わず一五センチおよびそれ以上の火砲にあっては一〇発以内、一五センチ以下の火砲にあっては二〇発（速射加農にあっては四〇発）以内の弾薬を警備用として平時より完成し、これを警備弾薬と称す。その弾丸は弾室に、装薬は砲側庫に貯蔵すべし。

第一二条　要塞司令官が必要と認めるときは本則の分蓄法を変更することができる。

第一表　海防砲弾丸備付員数表

砲種　弾種弾数甲号（乙号）

第一班　二十八珊榴弾砲　破甲弾一七〇（一四〇）、榴霰弾一〇（一〇）、計一八〇（一五〇）

二十四珊臼砲　破甲弾一一〇（九〇）、榴霰弾一〇（一〇）、計一二〇（一〇〇）

二十七珊加農　破甲弾七〇（六〇）、榴弾一〇〇（八〇）、榴霰弾一〇（一〇）、計一八〇（一五〇）

二十四珊加農　破甲弾七〇（六〇）、榴弾一〇〇（八〇）、榴霰弾一〇（一〇）、計一八〇（一五〇）

第二班　二十八珊榴弾砲　破甲弾九〇（七〇）、榴霰弾一〇（一〇）、計一〇〇（八〇）

二十七珊加農　破甲弾五〇（四〇）、榴弾四〇（三〇）、榴霰弾一〇（一〇）、計一〇〇（八〇）

二十四珊加農　破甲弾五〇（四〇）、榴弾四〇（三〇）、榴霰弾一〇（一〇）、計一〇〇（八〇）

第三班　二十七珊加農　破甲弾二五（二〇）

二十四珊加農　破甲弾二五（二〇）

第四班　速射加農（十二珊以下）榴弾三〇〇（二〇〇）、榴霰弾三〇〇（二〇〇）、計六〇〇（四〇〇）

加農（十二珊以下）榴弾一〇〇（八〇）、榴霰弾一〇〇（八〇）、霰弾五〇（四〇）、計二五〇（二〇〇）

第二表　海防用弾丸分蓄員数表（乙号）

砲種　弾種弾数

第一班　二十八珊榴弾砲　破甲弾　弾室二〇、弾廠七〇、本庫五〇、合計一四〇
榴霰弾　弾室五、弾廠五、合計一〇
計　弾室二五、弾廠七五、本庫五〇、合計一五〇

二十四珊臼砲　破甲弾　弾室二〇、弾廠五〇、本庫二〇、合計九〇
榴霰弾　弾室五、弾廠五、合計一〇
計　弾室二五、弾廠五五、本庫二〇、合計一〇〇

二十七珊加農　破甲弾　弾室一〇、弾廠三〇、本庫二〇、合計六〇

二十四珊加農　榴弾　弾室一〇、弾廠四〇、本庫三〇、合計八〇
榴霰弾　弾室五、弾廠五、合計一〇
計　弾室二五、弾廠七五、本庫五〇、合計

一五〇

第二班　二十八珊榴弾砲　破甲弾　弾室二〇、弾廠五〇、合計七〇

二十四珊臼砲　榴霰弾　弾室五、弾廠五、合計一〇

計　弾室二五、弾廠五五、合計八〇

二十七珊加農　破甲弾　弾室一〇、弾廠三〇、合計四〇

二十四珊加農　榴弾　弾室一〇、弾廠二〇、合計三〇

榴霰弾　弾室五、弾廠五、合計一〇

計　弾室二五、弾廠五、五合計八〇

第三班　二十七珊加農　破甲弾　弾室一〇、弾廠一〇、合計二〇

二十四珊加農　破甲弾　弾室一〇、弾廠一〇、合計二〇

第四班　速射加農（十二珊以下）　榴弾　弾室四〇、砲側庫五〇、弾廠七〇、本庫四〇、合計二〇〇

榴霰弾　弾室四〇、砲側庫五〇、弾廠七〇、本庫四〇、合計二〇〇

計　弾室八〇、砲側庫一〇〇、弾廠一四〇、本庫八〇、合計四〇〇

加農（十二珊以下）　榴弾　弾室二〇、砲側庫一五、弾廠二五、本庫二〇、合計八〇

榴霰弾　弾室二〇、砲側庫一五、弾廠二五、本庫二〇、合計八〇

霰弾　弾室一〇、砲側庫一〇、弾廠二〇、合計四〇

計　弾室五〇、砲側庫四〇、弾廠七〇、本庫四〇、合計二〇〇

第三表　陸防砲弾丸備付員数表

砲種　弾種弾数甲号（乙号）

第一班　九珊超　臼砲　榴弾三〇〇（二〇〇）、榴霰弾一〇〇（八〇）、計四〇〇（二八〇）

速射加農　榴弾五〇〇（四〇〇）、榴霰弾三〇〇（三〇〇）、計八〇〇（七〇〇）

加農　榴弾三四〇（二〇〇）、榴霰弾一五〇（一四〇）、霰弾一〇（一〇）、計五〇〇（三五〇）

九珊以下臼砲　榴弾一五〇（一〇〇）、榴霰弾二五〇（一八〇）、計四〇〇（二八〇）

速射加農　榴弾三〇〇（三〇〇）、榴霰弾五〇〇（四〇〇）、計八〇〇（七〇〇）

加農　榴弾二四〇（一六〇）、榴霰弾三四〇（二四〇）、霰弾二〇（二〇）、計六〇〇（四二〇）

第二班　加農（九珊以下）　榴弾一二〇（八〇）、榴霰弾八〇（六〇）、計二〇〇（一四〇）

第三班　加農（九珊以下）　榴弾二〇（二〇）、榴霰弾四〇（四〇）、計六〇（六〇）

第五表小銃及機関砲弾薬備付員数表

甲号　歩兵　連発銃五〇〇、単発銃三〇〇、機関砲八〇〇〇

要塞砲兵　連発銃四〇〇、単発銃二五〇、機関砲八〇〇〇

乙号　歩兵　連発銃三〇〇、単発銃二〇〇、機関砲六〇〇〇

要塞砲兵　連発銃二五〇、単発銃二〇〇、機関砲六〇〇〇

第七表　各種擲射砲平均装薬量及装薬員数表

二十八珊榴弾砲　火薬種類一号平扁薬、薬量（一発・キロ）一五・〇、装薬嚢数（一〇発）
母嚢大八、子嚢特五
火薬種類野砲薬、薬量一〇・〇、装薬嚢数母嚢小八、子嚢大一〇、子嚢中五、子嚢小五
二十四珊臼砲　火薬種類一号平扁薬、薬量六・〇、装薬嚢数母嚢大八、子嚢特五
火薬種類野砲薬、薬量三・〇、装薬嚢数母嚢小八、子嚢大一〇、子嚢小一〇
十五珊臼砲　火薬種類野砲薬、薬量一・四、装薬嚢数二〇
九珊臼砲　火薬種類山砲薬、薬量〇・三五、装薬嚢数二〇

平時編制を制定　明治三十二年十月　陸軍大臣桂太郎

要塞砲兵隊（五聯隊と六大隊）
東京湾要塞砲兵聯隊　五大隊（一五中隊）
由良要塞砲兵聯隊　四大隊（一二中隊）
呉要塞砲兵聯隊　二大隊（六中隊）

下関要塞砲兵聯隊　四大隊（一二中隊）
佐世保要塞砲兵聯隊　二大隊（六中隊）
芸予要塞砲兵大隊　三中隊
舞鶴要塞砲兵大隊　三中隊
対馬要塞砲兵大隊　三中隊
函館要塞砲兵大隊　二中隊
基隆要塞砲兵大隊　二中隊
澎湖島要塞砲兵大隊　三中隊

堡塁砲台構造の様式（要旨）　明治三十二年十二月

大威力を有する海軍砲の砲撃に対抗すべき直接照準砲台の胸墻厚は尋常土で一二ないし一五メートル、比幀（べとん）では六ないし八メートルとし、斜面の傾度は一〇分の一とする。

間接照準砲台では砲床面上二メートルにおける胸墻厚を一五メートルとする。

弾薬は弾室、砲側庫、弾廠、火薬支庫、弾薬本庫に分蔵する。

弾室は内斜面および横墻の脇側など適宜の場所に設ける。

砲側庫は横墻下に火砲二門毎に一庫を設ける。

弾廠は堡塁砲台内もしくはその付近適当な位置に簡便に設けるもので、弾丸定数のうち弾室、砲側庫および弾薬本庫に収容しきれない残余を収容し、その付近に填薬所を置く。弾廠より砲側へ弾丸を送るためには一五センチ以上の砲種は軽便鉄道による。

火薬支庫は全備砲に応じる定量の火薬中砲側庫および弾薬本庫に収容しきれないものを収容できる広さとする。火薬支庫は火薬保存に適する構造とする。

弾薬本庫は全要塞のため設けるもので、要塞内で最も安全で運搬に便利な地点に構設する。

砲座は火砲一門もしくは二門を装備する。通常二四センチ以上の加農は一門砲座とし、その他の火砲は二門砲座とする。制式火砲を装備する砲座には火砲一門につき概ね次の幅員を付与し、その他の火砲は適宜これを増減する。九センチ臼砲には特に砲座の幅員、砲軸間隔を定めない。

火砲の種類	砲座の幅	砲座の奥行き
二七センチ加農	一〇メートル	一二メートル
二四センチ加農	八メートル	一〇メートル
二八センチ榴弾砲	八メートル	一〇メートル

一二センチ加農　　六メートル　　六メートル（九センチ加農、一五センチ臼砲も同じ）

制式火砲の砲軸間隔は二四センチ以上の火砲では二〇～二五メートル、その他の火砲では一五～二〇メートルとする。

海岸砲制式調査委員報告　明治三十三年九月

海岸砲制式調査委員会は去る七月十八日任命以来毎週火曜日を定日として会を重ねること八回、去る九月十一日に結了した。委員会報告書の提出にあたり委員会の経過を記して参考に供する。

本件の調査は非常に重要で関連する問題が多いため、委員は深く内外の形勢に鑑み広く各国の実例を集めて調査に遺漏がないようにした。しかし審議討論に際しては時に所見の一致を得られないものがあった。少数意見のうち比較的多数を占めるものは二七センチ加農に代えて三〇センチ加農を採用することにあった。すなわちこの大口径砲によれば一撃で敵艦を射貫することができるのみならず、火砲の経始が非常に有利で余裕があるとする意見である。これに対し委員多数は本邦現用の口径と経済を鑑み使用の便益を慮ると、戦艦の邀撃には二七センチ加農で十分という意見であった。

これに対して装甲侵徹の厚さおよび活力に余力を持たせる点においてまた多少の異議があった。また二一センチ、一〇センチ半加農の不用を唱える者があったがこれは少数意見であった。

二八センチ榴弾砲についてはもとより改良の必要があるが現今の新造艦の防護甲板は到底この種擲射砲で穿孔できるものではない。ゆえにその改良すべき要点は単に射距離の増加にあるので会議においてよく研究のうえ、さらに建議の運びに至ることを希望する。

委員は下記の各項に記す理由により本邦海岸砲制式として次の火砲を選定した。

第一、二七センチ加農（約四五口径、弾量約二七〇キロ）

第二、二七センチ加農（約三六口径、弾量同前）

第三、二八センチ榴弾砲

第四、二一センチ加農（約四〇口径、弾量約一二〇キロ）

第五、一五センチ速射加農（約四〇口径、弾量約四五キロ）

第六、一〇センチ半速射加農（約四〇口径、弾量約一六キロ）

第七、七センチ半速射加農（約四〇口径、弾量約六キロ）

このほか必要に応じ陸正面用擲射砲を併用し、また砲台自衛のため小銃口径機関砲を採用する。以下採用した理由を詳述する。

第一、二七センチ加農（約四五口径）

ハーベー鋼、クルップ鋼など諸種の鋼板を比較し、これを同じ抗力の鍛鉄板厚にあてはめると六八・七ミリを最大厚とする。ゆえにこの厚さを現時および将来における最強の帯鋼厚とみなし、平射加農の最大口径火砲はこの帯鋼厚を侵徹できなければならない。ところがこの帯鋼を射貫して爆発の威力を艦内に及ぼすにはこの帯鋼の侵徹に要する活力のほかに若干の活力を加える必要がある。委員は討議の結果帯鋼厚の約一割の余力を加え、すなわち七五センチの鍛鉄板を侵徹できる火砲を採用することとした。

さらにどのような距離において上記の被甲最大厚を射貫しなければならないかを検討した。わが国の各要塞における海峡の広いものを挙げれば次のようである。

東京湾　走水低砲台より第三海堡に至る約二四〇〇メートル
第三海堡より第二海堡にいたる約二九〇〇メートル
第二海堡より第一海堡にいたる約二二〇〇メートル
紀淡海峡　高崎砲台より友ヶ島第二砲台に至る約三六〇〇メートル
芸予海峡　来島小島東北部砲台より亀山村椋(むくな)名沿岸に至る約三五〇〇メートル

大久野島北部砲台より忠海町沿岸に至る約二五〇〇メートル

以上の諸海域は両砲台相対峙するかもしくはその対岸附近は艦船の運動が困難であるから二〇〇〇メートルを帯鋼射貫に要する最大射距離と認める。よって委員は二〇〇〇メートルの距離において七五センチの鍛鉄板を侵徹することを目的とし、各種口径各種弾丸について研究した結果、二七センチ（約四五口径）加農が最も適当であると判定した。さらにこの火砲を採用すれば次に述べる次等二七センチ加農と同一の口径であるから弾丸の補給が便利で教育が簡単となる利点がある。

二七センチ四五口径加農侵徹厚

距離（m）	存速（m）	鍛鉄板に対する法線侵徹厚（cm）
一〇〇〇	七三六	八四・八
二〇〇〇	六七七	七五・〇
三〇〇〇	六二七	六六・八
四〇〇〇	五八四	六〇・一
五〇〇〇	五四七	五四・四

第二、二七センチ加農（約三六口径）

この種火砲は海峡の幅員が狭いかもしくは前項火砲の侵徹威力を要しない砲台に据

付けるものとする。この種火砲は一〇〇〇メートルにおいては被甲の最大厚七五センチを射貫でき、それ以上の距離においてもなお普通の艦船に対し効果を有する。

二七センチ三六口径加農侵徹厚

距離（m）	存速（m）	鍛鉄板に対する法線侵徹厚（cm）
一〇〇〇	六八九	七七・五
二〇〇〇	六二四	六六・八
三〇〇〇	五六三	五七・二
四〇〇〇	五〇七	四八・九
五〇〇〇	四五八	四二・〇

第三、二八センチ榴弾砲

大口径擲射砲は暫く現用二十八珊榴弾砲を採用する。しかしこの火砲は射程が十分とは認められないので、最大射程一万mに達するよう審査のうえさらに会議に付するよう希望する。

第四、二一センチ加農（約四〇口径）

すべての艦船が最強の装甲を有するものではなく、その多数は中等もしくは微弱な装甲を有するに過ぎない。また最強の装甲を有する場合も全部同じ厚さではなく、かつ遠距離の砲戦においては大口径の火砲を用いても最強の装甲を射貫することは難しい。よって次等口径の火砲を用い、艦の非係命部に向かって猛火を施す方が有利である。これがこの砲種を選定した理由である。

二一センチ四〇口径加農侵徹厚

距離（m）	存速（m）	鍛鉄板に対する法線侵徹厚（cm）
一〇〇〇	七〇八	五八・九
二〇〇〇	六二七	四九・一
三〇〇〇	五五三	四〇・一
四〇〇〇	四八六	三三・五
五〇〇〇	四二〇	二六・九

第五、一五センチ速射加農（約四〇口径）

戦艦の装甲薄弱な部分および多くの巡洋艦に対して損害を与え、これに加え迅速に甲板上を掃射する目的で多数の中等口径速射加農を備える必要がある。委員は一五センチ、一二センチ両種砲を比較研究したが一定時間に発射する鉄量においても大差があるため、一二センチ加農を廃し一五センチを採用することに決した。

順に種類、口径（cm）、弾量（kg）、初速（m）、三〇〇〇mにおける存速（m）・侵

徹厚（cm）、一分間発射弾数・鉄量（kg）。

一五センチおよび一二センチ加農比較

エルズウィック	一五	四五・四	七六八	五一〇・三	三〇・四八	七	三一七・八
ビッカース	一五	四五・四	七七一	五一二・三	三〇・六八	七	三一七・八
カネー	一五	四〇	八一〇	五一五・一	二五・八五	七	二八〇・〇
カネー	一二	二一	七七〇	四五三・五	一九・四一	一〇	二一〇
カネー	一二	二一	七二〇	四二四・〇	一七・五五	一〇	二一〇
カネー	一二	二一	八〇〇	四七一・一	一八・三二	一〇	二一〇

第六、一〇センチ半速射加農（約四〇口径）

本砲の目的は軽快なる艦船に対し追随射撃を、あるいは上陸防御または砲台の側防を行うことにある。この目的を達するためには射撃速度が大きいことが求められ、この速度は口径の減少とともに増加する。前項一五センチ速射加農は一分間に七発を発射できるが一〇センチ半はその倍数を発射できる。九センチ速射加農を採用しない理由は既に同口径のものを採用しているので弾丸補給の便を顧慮したことによる。

第七、七センチ半速射加農（約四〇口径）

本砲は水雷側防および上陸防御用として適当であるのみならず、特に快速水雷艇に対しては大きな効果を期待できる。このような航速が大きい軽艇の来襲に備えるには射撃速度が最大の火砲を採用しなければならない。本砲は一分間に二〇発以上を発射できるのでこの目的に対し適切と認定する。

明治三十五年度東京湾要塞防御計画書

配属区分		砲種砲数
永久兵備	夏島	二十四珊臼砲一〇
	笹山	二十四珊加農四
	箱崎高	二十八珊榴弾砲八
	低	二十四珊加農四
	波島	二十四珊加農二
	米ヶ濱	二十八珊榴弾砲六、二十四珊加農二
	猿島第一	二十七珊加農二
	第二	二十四珊加農四
	走水高	二十七珊加農四

低　二十七珊加農四

小原台　十二珊加農六、十五珊臼砲四、九珊臼砲＊四

花立台　十二珊加農四、二十八珊榴弾砲八、十五珊臼砲四、九珊臼
砲四

観音崎第一　二十四珊加農二

第二　二十四珊加農六

第三　二十八珊榴弾砲四

第四　克式十五珊加農四

南門　十二珊速射加農四、九珊速射加農四

三軒家　二十七珊加農四、馬式十二珊速射加農二

大浦　九珊加農二、九珊臼砲＊四

腰越　九珊加農二、九珊臼砲＊二

第一海堡　十九珊加農一、十二珊速射加農四、二十八珊榴弾砲一四

千代ヶ崎　十二珊加農四、二十八珊榴弾砲六、十五珊臼砲四

富津元洲　二十八珊榴弾砲六、十二珊加農四

臨時配属　克式八珊野砲三〇、克式七珊半山野兼用砲二〇、七珊野砲二二、七珊山

六珊山砲六、ガットリング小銃口径機関砲六、ガットリング小銃口径三
砲一八、
脚架機関砲二、保式機関砲＊八

備考一、本表堡塁砲台ならびに兵備は明治三十五年度末までに完成する予定のもの
を含む。
二、火砲員数欄の＊は要塞砲兵隊保管演習砲をもって充足するもの。
三、七珊野砲二二門のうち一二門は要塞砲兵隊保管演習砲をもって充足する。
四、本表の外兵器支廠の保管する四斤山砲は要塞防御に使用することができる。

明治三十五年度各要塞警急配備部隊一覧表

東京湾要塞
歩兵第三聯隊の一大隊、騎兵第一聯隊の一小隊、東京湾要塞砲兵聯隊、工兵第一
大隊の二小隊
由良要塞
歩兵第三十七聯隊の一大隊、由良要塞砲兵聯隊（第四大隊欠）、工兵第四大隊の
二小隊

鳴門要塞
　歩兵第三十七聯隊の一中隊、由良要塞砲兵聯隊第四大隊
芸予要塞
　芸予要塞砲兵大隊
呉要塞
　呉要塞砲兵聯隊
佐世保要塞
　歩兵第四十六聯隊の一大隊、佐世保要塞砲兵聯隊（第二大隊欠）、工兵第六大隊
の一小隊
長崎要塞
　歩兵第四十六聯隊の二中隊、佐世保要塞砲兵聯隊第二大隊
対馬要塞
　対馬警備歩兵大隊、対馬要塞砲兵大隊
函館要塞
　歩兵第五聯隊の二中隊、函館要塞砲兵大隊
舞鶴要塞

歩兵第二十聯隊の一大隊、舞鶴要塞砲兵大隊、工兵第十大隊の一小隊

下関要塞

歩兵第十四聯隊の一大隊、下関要塞砲兵聯隊、工兵第十二大隊の二小隊

明治三十五年度要塞糧秣数額表

東京湾、由良、鳴門、芸予、呉、佐世保、長崎要塞

携帯糧秣二日分、常食二か月分

対馬要塞

携帯糧秣一二日分、常食一か年分

函館要塞

携帯糧秣八日分、常食六か月分

舞鶴、下関要塞

携帯糧秣二日分、常食二か月分

要塞糧秣品種定量区分表（一人一日または一馬一日分）

携帯糧秣

携帯口糧　糒三合（または重焼麵麭一八〇匁）、罐詰肉四〇匁、食塩三匁
携帯馬糧　玄米二升五合（または大麦五升）
通常糧秣
通常糧食　精米六合、鳥獣肉四〇匁・塩肉類二〇匁・乾肉類三〇匁のうち一品、野菜類四〇匁・乾物類一五匁のうち一品、醤油四勺・醤油エキス三匁のうち一品、漬物類一五匁・梅干一二匁・食塩三匁のうち一品
通常馬糧　大麦五升、干草一貫五〇〇目、藁一貫目

要塞砲兵隊演習用火砲を各要塞臨時配属火砲に編入　明治三十五年八月　軍事機密

各要塞に臨時配属する火砲は主として予備砲として使用し攻城砲に対抗するものであるから、その大部分は攻城砲に対抗できる威力を有していなければならない。しかし従来配属の火砲は左記一のように多くは旧式野砲または鹵獲火砲で前述の性能を有するものは皆無である。これは経費上止むを得ないものがあるとしても、翻って各要塞砲兵隊が保管する演習砲を調査すると戦時に応用できる火砲の員数は左記二のとおりである。

これらの砲種はすべてわが国制式火砲であり、予備砲としての性能において付表一

の諸砲に優ることは論を俟たない。しかしこれを臨時配属火砲中に編入していないのはこれに要する弾薬が整備されていないからであり、このような理由で有力な火砲が放棄され防禦上微力な火砲に甘んじていることの不得策は多言を要しない。よってこれに要する弾薬を速やかに整備し、来年度より臨時配属火砲中に編入する。

一、各要塞臨時配属火砲一覧表

東京湾　克式八糎野砲三〇、克式七糎半山野兼用砲二〇、七糎野砲二二、七糎山砲一八、六糎山砲六、ガットリング小銃口径機関砲六、ガットリング小銃口径三脚架機関砲二、保式機関砲一六

由良　克式八糎穹窖砲六、克式七糎半重野砲八、克式七糎半野砲一四、克式七糎半山砲一二、七糎野砲一二、七糎山砲一二、清国製六糎長山砲一〇、ガットリング小銃口径機関砲一〇、保式機関砲一〇

鳴門　七糎野砲六、七糎山砲六、清国製六糎長山砲一〇、保式機関砲四

芸予　七糎野砲六、ノルデンフェルド四連二十五密機関砲二、保式機関砲四

呉　克式八糎舶用砲六、克式八糎野砲一四、七糎野砲六、七糎山砲一二、ブロドウエル山砲一六、ノルデンフェルド四連二十五密機関砲四、保式機関砲一〇

佐世保　克式十二糎攻城砲四、克式八糎野砲六、克式七糎半山野兼用砲一八、七糎野砲六、七糎山砲二〇、ガットリング十連二十五密機関砲三、ガットリング小銃口径機関砲五、保式機関砲六

長崎　七糎野砲六、七糎山砲六、半吋ガットリング機関砲六、ノルデンフェルド四連二十五密機関砲四、ガットリング小銃口径機関砲四、保式機関砲四

対馬　克式七糎半野砲八、克式七糎半軽野砲一二、七糎野砲六、七糎山砲一八、九糎臼砲四、ガットリング十連二十五密機関砲六、ガットリング小銃口径機関砲四、保式機関砲四

函館　七糎野砲一二、六糎山砲一二、九糎臼砲四、保式機関砲四

舞鶴　克式七糎半山野兼用砲六、克式七糎半山砲二四、七糎野砲六、清国製六糎長山砲六、半吋ガットリング機関砲二、ガットリング十連二十五密機関砲二、保式機関砲四

下関　克式十二糎攻城砲六、克式八糎野砲二八、七糎野砲三四、七糎山砲一二、六糎山砲一〇、ノルデンフェルド四連二十五密機関砲一〇、保式機関砲一二

備考一、ブロドウエル山砲、六糎山砲、清国製六糎長山砲の三種は臨時配属火砲中

から除き要塞所在地兵器支廠に保管する。

二、基隆および澎湖島のものを除く。

二、要塞砲兵隊演習用火砲の戦時応用可能員数表

東京湾　十二糎加農六、九糎加農二、十五糎臼砲一〇、九糎臼砲三
函館　九糎加農二、十五糎臼砲四
由良　十二糎加農六、九糎加農二、十五糎臼砲四、九糎臼砲二
鳴門　十二糎加農四、十五糎臼砲二、九糎臼砲二
芸予　十二糎加農二、九糎加農二
舞鶴　十二糎加農二、九糎加農二、十五糎臼砲二、九糎臼砲二
呉　十二糎加農二、十五糎臼砲四、九糎臼砲四
佐世保　十二糎加農一、九糎加農四、十五糎臼砲二、九糎臼砲二
長崎　十五糎臼砲二、九糎臼砲二
対馬　なし
下関　十二糎加農二、九糎加農四、十五糎臼砲八、九糎臼砲六
基隆　九糎臼砲四
澎湖島　九糎臼砲四

計　　十二糎加農二五、九糎加農一八、十五糎臼砲三八、九糎臼砲三一

員数は砲台充用の分ならびに臨時防禦用引当のものを除く残数である。

海岸砲制式改正に関する理由書　明治三十五年十二月　軍事機密

一、わが国の現用海岸砲の制式は明治二〇年四月海岸砲制式審査委員の報告により定められたもので、当時における軍艦および火砲の進歩に対しては妥当な決定であったが、爾来十数年間に兵器技術は長足の進歩を遂げ、軍艦の装甲は堅牢となりその速力は増大した。これに対する海岸砲も射撃の威力および発射の速度を増大しなければならなかったが、現用海岸砲の威力では軍艦の発達に遅れを取ってしまったと認めざるを得ない。

二、当時海岸砲制式審査委員は甲鉄艦射撃の目的で二三口径半二四糎加農および二七口径二七糎加農を選定した。口径の大小はさておき、その腔長の長短を比較すると現在新式と称する海岸砲および海軍砲はともにその腔長は四〇ないし五〇口径となり威力上はなはだしい懸隔が生じている。そもそも火砲の価値は発射される射弾の活力により判定されるから、仮に口径が同一であっても腔長の長短により大いにその価値を異にする。わが国においても兵器技術の進歩にともない腔長

を増大し二四糎加農を二六口径に、二七糎加農を三〇口径にしたが、この間にも造艦技術は大いに進歩したので、その威力はなおこれに対抗することができない現状にある。単に装甲の金質のみについても鍛鉄板に比べて二倍の抗力を有するハーベー鋼板を発明し、さらに二・四倍の抗力を有するハーベー・ニッケル鋼板となり、現在では三倍の抗力を有するクルップ鋼板を採用するに至った。ゆえに昔日は鋼鉄板（鍛鉄板に比べて一・二五倍の抗力を有する）を標準として火砲の威力を決定したが、今日では新式の装甲板に対し火砲に求める威力を決定しなければならない。

三、試みに東洋派遣の外国軍艦中ロシア、フランスの軍艦についてわが国における最大威力の三〇口径二七糎加農により帯甲または係命部を射貫できるものを調査すると左のようになる。

国名	艦種	隻数	帯甲または係命部に対する抗力
ロシア	戦闘艦	九	抗力皆無
	海防艦	一	抗力皆無
	巡洋艦	二	抗力皆無
	巡洋艦	四	二〇〇〇m以内の距離において射貫できる

	巡洋艦	四	二〇〇〇m以上の距離においても射貫できる
	砲艦	三	二〇〇〇m以上の距離においても射貫できる
フランス	戦闘艦	九	抗力皆無
	海防艦	一	抗力皆無
	巡洋艦	二	抗力皆無
	戦闘艦	一	二〇〇〇m以内の距離において射貫できる
	海防艦	一	二〇〇〇m以上の距離においても射貫できる
	巡洋艦	九	二〇〇〇m以上の距離においても射貫できる

ロシアとフランスは合わせて四六隻の軍艦を東洋に展開しており、そのうち二四隻（戦闘艦および海防艦のほとんど全部ならびに巡洋艦の若干）、すなわち半数以上に対しては二七糎加農でも射貫することは難しい。二四糎加農では全く不可能である。

四、次のような議論もある。軍艦の戦闘力を失わせるには必ずしも装甲防護を破壊する必要はなく、乗組員を殺傷し甲板上に曝露する船橋、煙突および運転に要する機械その他舵機、推進機を壊し、あるいは艦体の木部を焼夷させれば目的を達することができる。ゆえにたとえ装甲板を射貫する威力に乏しくても甲板上を掃射すれば効力は大きい。この考えは間違ってはいないが、その目的のためには別に適当な火砲があり、二四糎または二七糎加農をこの目的に利用するのは不適当であるのみならず、非常に不利である。その不利である所以を明らかにするため、わが国の二六口径二四糎加農と克式一八九九年製四五口径一五糎加農について一分間に発揚できる活力を左に比較対照する。

砲種	二六口径二四糎加農	克式四五口径一五糎加農
弾量（kg）	一五一	五一
初速（m）	五二八	九四二
砲口前における活力（tm）	二一四二	二三〇七
一分間の発射弾数（発）	〇・五	五・〇
一分間に発揚できる砲口前の活力（tm）	一〇七一	一一五三五

このように一分間に発揚できる活力は、二六口径二四糎加農の一〇七一tmに対して四五口径一五糎加農では一万一五三五tmと一一倍になる。一五糎加農一門は二四糎加農一一門に匹敵する割合である。甲板掃射の目的における優劣は明らかであり、これに加えて抗力の大きい物体に対する一弾の威力に対しても両砲種とも大差ないと見做すことができる。砲口前における活力を比較すれば一五糎加農

の活力が却って大きいからである。このことから二七糎加農を甲板掃射に利用するようなことははなはだしく不利であることは明らかである。以上は数理上の計算にもとづくもので実戦の証明はないが実際において大差ないものと思われる。

五、要するに現用大口径加農（二七糎および二四糎）はともに帯甲射貫の目的にも甲板掃射の目的にも適さないので、さらに制式を研究してその任務を画然と区分し、一つは現時の新式戦闘艦に対し帯甲射貫の目的を確実に達し得るもの（四〇口径三〇糎半または四五口径二四糎加農のように）と他の一つは口径はやや小さくても発射速度が大きく甲板掃射に最も適するもの（四五口径一五糎加農のように）の両砲種を選定し、併せて上陸防禦ならびに水雷および壅塞の掩護に充用する小口径の砲種をも改正することが緊要である。

六、新式火砲を採用すれば威力は増進するが一方巨額の費用がかかる恐れがある。しかし事実は逆であり旧式火砲を採用する方が却って不経済なのである。その一例を示すと、克式四五口径一五糎加農一門はわが国の二六口径二四糎加農一一門と威力は匹敵し、あるいはこれに優る。一五糎加農一門の価格は約五万五〇〇〇円（外国から購入する価格）で、二四糎加農一一門の価格は約一六万六〇〇〇円（一門の国内製作費は約一万四六〇〇円）である。ゆえに二四糎一一門の価格で一五糎三門を購入することができる。もし一五糎加農三門で二四糎加農一一門に代える場合は兵備費においてはほとんど増減無く、威力においては三倍以上に増大するとともに築城費も減額する。ただ弾薬費は多少の増額が見込まれるが、差引大幅な減額となるのである。良砲必ずしも高価ではなく、現時の兵器技術においてはその他においても機械的作用により人力を節減し、全般の経済上利益は大きいものがある。

七、前述のようにわが国現用火砲の威力は世界の兵器技術の進歩に遅れているから、速やかにその制式を改定し、未成品はもとより半成のものでもこれに対して無益の費用を投じて効力不十分なものを製作することを止め、その費用を転用して新式火砲を製作するよう努めることが緊要である。また同時に既製の火砲についてはその弾種および火薬を速やかに改良し、その他あらゆる手段方法を講究してその効力をなるべく新式火砲に近づけ、もって一時の急に応じる必要がある。

八、二八糎榴弾砲は現用海岸砲の中では比較的良砲である。しかし戦術上の要求では射程がさらに長遠であることが望まれる。仮に射程を現在のままで満足してもハーベー・ニッケル鋼で防禦甲板を構成する新式艦船に対しては学理上甲板射貫の威力は不十分とされている。しかし榴弾砲射弾の甲板に対する威力は計算上よりも著しく大きいとする説もある。この説を信じて国防の安危を託すには実験によりこれを証明しなければ安心できない。願わくは新式鋼の防禦甲板に対し試験射撃を行い、その結果をもって兵器に対する信用を強固にしなければならない。

呉要塞を広島湾要塞に名称変更　明治三十六年五月

呉要塞を広島湾要塞に、由良要塞を由良要塞第一に、鳴戸要塞を由良要塞第二に改称した。

各要塞射撃準備の件　明治三十七年一月　陸軍大臣　軍事機密

一、第一、第四、第五、第十、第十二師団長へ内達

東京湾要塞海正面第一線の堡塁砲台に限り、この際その備砲をして射撃に差支えなからしむるよう当該要塞砲兵隊をして至急準備せしめ、準備完了せばその堡塁砲台の名称を報告すべし。

ただし警備弾薬の準備数は一門につき各弾種を合わせて大口径火砲は三〇発、中口径火砲は四〇発、小口径火砲は五〇発とし、速射砲はその二倍とする。

(「東京湾」を第四師団へは「由良」、第五師団へは「広島湾」および「芸予」、

第十師団へは「舞鶴」、第十二師団へは「下関、佐世保および長崎」に作る）

二、台湾総督へ内達

要塞砲兵大隊を使用し「基隆、澎湖島要塞」海正面第一線の堡塁砲台の備砲を射撃に差支えなきよう至急準備せしむべし。準備結了のうえはその堡塁砲台名称を電報せよ。ただし警備弾薬は一門につき大口径三〇、中口径四〇、小口径五〇発、速射砲はその二倍とす。

三、返電

(一) 一月十日第十師団長より、射撃準備完了す

(二) 一月十二日台湾総督より、射撃準備完了せり

(三) 一月十六日第一師団長より、準備完了

(四) 一月十八日第四師団長より、由良要塞射撃準備完了

(五) 一月二十日第五師団長より、広島湾、芸予要塞射撃準備完了

(六) 一月二十七日第十二師団長より、対馬・下関・佐世保・長崎要塞において射撃準備完成後一か月間の所要経費予算高八五〇円五五銭

東京湾要塞警急配備　明治三十七年二月五日

地区　砲台	砲種砲数	弾薬数	使用兵力
観音崎第二	二十四加六	三六〇	要塞砲兵聯隊第三大隊
第三	二十八榴四	二四〇	要塞砲兵聯隊第三大隊
南門	十二速加四	八〇〇	要塞砲兵聯隊第三大隊
	九速加四	八〇〇	
三軒家	二十七加四	二四〇	要塞砲兵聯隊第三大隊
	十二速加二	四〇〇	
走水花立	二十八榴八	四八〇	第一大隊
走水高	二十七加四	二四〇	第一大隊
走水低	二十七加二	一〇〇	第一大隊
千代ヶ崎	二十八榴六	三六〇	第一大隊
	十二加四	四八〇	
	野砲四	八〇〇	
独立元洲	二十八榴六	三六〇	第四中隊
	十二加二	四八〇	
第一海堡	二十八榴六	三六〇	第五中隊

猿島　十二加四　四八〇　第六中隊
横須賀波島　二十七加二　一二〇
二十四加六　二四〇
野砲四　八〇〇　第四大隊（一部）
箱崎　二十八榴六　三六〇　第四大隊（一部）

日露戦争中要塞兵器移動経緯　陸軍政史

明治三十七年八月五日露国バルチック艦隊の東航事実となりたるに至り、かつ作戦の前途なお予期し難き現況に鑑み、大本営会議において左記甲号の地点に防備を施すに決し、参謀総長よりこれを通知し来り、同時に左記乙号の兵器を九月十日までに当該地点に到着するよう準備方要求あり。併せて海岸重砲は東京湾要塞の箱崎、米ヶ浜および元洲砲台据付の二十八榴全部、芸予要塞の大久野島および来島据付の同砲二門ずつ、ならびに下関笹尾山砲台据付の同砲六門をこれに充用するも、防御上差支えなき見込の旨副牒ありしをもって、これに承認を与う。ただし船舶または海上危険の度に応じ諸期日より遅延することあるやも計り難く、また電灯は目下攻城工兵廠にて使用の分を充当するはずなるをもって、その旨併せて通牒せり。

（甲号）

一、鎮海湾および馬山浦に対する敵艦隊の攻撃を防止するため、巨済島北角より猿島、竹島を経て加徳島にわたる地域に防備を要す。

二、大連湾に対する敵艦隊の攻撃を防止するため、棒棰島付近より三山島を経て大孤山にわたる間に防備を要す。

三、海軍作戦の関係上竹敷要港の錨地を尾崎湾に前進せしめたる結果、海正面防御線を大口湾口に推進する必要を認め、先ず郷崎付近に一砲台の設備を要す。

（乙号）

鎮海湾方面

二十八榴一二門（射撃用器具材料二ないし三組を含む）、旧式野砲二四門、馬式機関砲一二門、電灯二基、通信器材若干、弾薬重砲一門に少なくも二〇〇、野砲一門に少なくも四〇〇

大連方面

二十八榴一二門（射撃用器具材料三組を含む）、旧式野砲三八門、馬式機関砲一六門、通信器材若干、弾薬鎮海湾方面に同じ

大口湾方面

二十八榴六門（射撃用器具材料一組を含む）、弾薬一門に少なくも二〇〇

総司令官へ通報（八月二十七日十二時四分発信）

旅順攻城用として二十八榴六門を第三軍に属せらる。右砲床建設のため先ず横田大尉をして所要の人員、材料を率い第三軍に赴かしむ。同官は二十七日宇品発大連に向う。

上聞（八月二七日）

作戦の必要上鎮海湾に備付すべき二十八榴六門およびこれに属する材料ならびに据付に要する人員を一時第三軍に配属す。

右謹て上聞す。

児玉総参謀長よりの電報（十月三日〇〇時十二分発、〇三時五十分着）

第三軍は未整備重砲弾の悉皆到着する頃（本月二十日ないし二十五日）には対壕作業も予定の如く進行すべきをもって、今よりその頃までに遺憾なく攻撃に要する諸般の準備を整頓する要あり。二十八榴の如きも今より準備に着手せば二十日ないし二十五日までにはなお多くを使用して攻撃に着手する設備を全うし得る見込あり。ゆえに新に第三軍引当の火砲および砲床の内よりなお六門の火砲と砲床を一時第三軍に流用し得る許可を与えられんことを請う。

然るとき第三軍は一八門の二十八榴と四門分の予備砲床とを使用して攻撃に偉大の援助を与え得べし。昨一日と今二日における該砲の効力は大いに軍の士気を振興せり。目下の情況においてこの種の火砲の増加は軍の攻撃力を増大するため最大の必要ありと信ず。至急何分の返電を乞う。

十月十日、二十八榴六門をさらに第三軍へ増加の必要あるをもって、対馬島引当の同砲六門ならびに砲床材料を至急同軍へ送付方（中略）通牒せり。

上聞（十月十八日午前）

対馬島大口湾に備付くべき二十八榴六門およびこれに要する砲床材料はこれを第三軍に配属すべきをもって、大口湾には下関要塞笹尾山砲台備付の同砲六門を取りてこれを配備せしむ。

右謹て上聞す。

三十七八年戦役間要塞備付大口径海岸砲移動一覧

要塞	堡塁砲台	砲種	砲数	撤去命令	摘要
東京湾	箱崎（高）	二十八榴	八	38／8／10	鎮海湾、大連湾、対馬防御用として

					撤去のところ、旅順攻撃に転用
	米ヶ濱	〃	六	〃	〃
芸予	大久野（中部）	〃	二	〃	〃
	来島（中部）	〃	二	〃	〃
下関	笹尾山	〃	六	37／10／10	対馬防御用
東京湾	第一海堡	〃	六	37／11／18	澎湖島八門、大連四門、鎮海湾一二門防御用
	富津元洲	〃	二	〃	〃
芸予	大久野（中部）	〃	四	〃	〃
	来島（中部）	〃	四	〃	〃
下関	笹尾山	〃	二	〃	〃
	老ノ山	〃	四	〃	〃
	金比羅山	〃	二	〃	〃
海軍より保管転換		克式二十四加	二	37／12／2	対馬防御用

東京湾　夏島　　二十四臼　四　38／2／14　永興湾防御用
由良　深山（第一）　二十八榴　四　〃　〃
　　友島（第三）　〃　二　〃　〃
新規製作　　二十八榴　四　〃　〃
　　　　　　二十七加　三　〃　〃
技術審査部より返納　二十七加　一　〃　〃

三十七八年戦役間要塞・要塞砲兵隊・要塞砲兵射撃学校備付中小口径火砲移動一覧

東京湾　克式十二榴　六（門）　一月七日整備命令　野戦重砲兵隊用
広島湾　克式十二榴　六　一月七日整備命令　野戦重砲兵隊用
下関　克式十二榴　六　一月七日整備命令　野戦重砲兵隊用
要塞砲兵射撃学校　克式十二榴　六　一月七日整備命令　野戦重砲兵隊用
東京湾　十五臼　二二　四月三十日返納命令　攻城砲廠用
　　克式十五榴　四　〃　〃
　　十二加　一六　〃　〃
下関　十五臼　二四　四月三十日返納命令　攻城砲廠用

　　克式十五榴　四　〃　〃
　　十二加　六　〃　〃
舞鶴　十五臼　六　四月三十日返納命令　攻城砲廠用
佐世保　十五臼　四　四月三十日返納命令　攻城砲廠用
由良　十五臼　一二　四月三十日返納命令　攻城砲廠用
広島湾　十五臼　四　四月三十日返納命令　攻城砲廠用
　　克式十五榴　四　〃　〃
要塞砲兵射撃学校　克式十五榴　四　四月九日　攻城砲廠用
東京湾　十二加　一六　四月九日　攻城砲廠用
下関　克式十二榴　四　四月二十九日　野戦重砲兵隊用
　　克式十二榴　二　五月十四日　教育用として配付のため返納
東京湾　克式十五榴　一　五月十四日　教育用として配付のため返納
　　克式十二榴　一　〃　〃
広島湾　克式十二榴　一　五月十四日　教育用として配付のため返納
　　克式十加　一　〃　〃

下関	克式十二榴	一	五月十四日	教育用として配付のため返納
	克式十加	一	〃	〃
東京湾	九臼	一五	六月二十六日	徒歩砲兵隊用
由良	九臼	二〇	六月二十六日	徒歩砲兵隊用
舞鶴	九臼	四	六月二十六日	徒歩砲兵隊用
広島湾	九臼	七	六月二十六日	徒歩砲兵隊用
下関	九臼	三	六月二十六日	徒歩砲兵隊用
佐世保	九臼	六	六月二十六日	徒歩砲兵隊用
東京湾	九臼	三	七月五日	徒歩砲兵隊用
芸予	九臼	四	七月五日	徒歩砲兵隊用
舞鶴	九臼	二	七月五日	徒歩砲兵隊用
長崎	九臼	二	七月五日	徒歩砲兵隊用
東京湾	九臼	二	八月五日	練習用として配付
下関	九臼	二	八月五日	練習用として配付
広島湾	九臼	四	八月五日	練習用として配付
舞鶴	九臼	四	八月五日	練習用として配付

佐世保　九臼　三　八月五日　練習用として配付
東京湾　克式十二榴　一　十月八日　戦地補給用として返納
下関　克式十二榴　一　十月八日　戦地補給用として返納
広島湾　克式十二榴　一　十月八日　戦地補給用として返納
東京湾　保式機関砲　双輪三、三脚一二　十月八日　満州軍総司令部へ送付のため
由良　保式機関砲　双輪一六、三脚一一　十月八日　満州軍総司令部へ送付のため
広島湾　保式機関砲　双輪一一、三脚一五　十月八日　満州軍総司令部へ送付のため
舞鶴　保式機関砲　双輪八、三脚三　十月八日　満州軍総司令部へ送付のため
下関　保式機関砲　双輪一四、三脚九　十月八日　満州軍総司令部へ送付のため
佐世保　保式機関砲　双輪七、三脚二　十月八日　満州軍総司令部へ送付のため
東京湾　保式機関砲　三脚七　十月二十九日　韓国駐剳軍野戦兵器廠用
由良　保式機関砲　三脚五　十月二十九日　韓国駐剳軍野戦兵器廠用
芸予　保式機関砲　三脚六　十月二十九日　韓国駐剳軍野戦兵器廠用
広島湾　保式機関砲　三脚五　十月二十九日　韓国駐剳軍野戦兵器廠用
舞鶴　保式機関砲　三脚五　十月二十九日　韓国駐剳軍野戦兵器廠用

下関　保式機関砲　三脚五　十月二十九日　韓国駐劄軍野戦兵器廠用
佐世保　保式機関砲　三脚五　十月二十九日　韓国駐劄軍野戦兵器廠用
長崎　保式機関砲　三脚二　十月二十九日　韓国駐劄軍野戦兵器廠用
澎湖島　九加　二　十一月十八日　防御用
　三十一年式速野　四　〃　〃
　七野　一〇　〃　〃
　七山　一三　〃　〃
鎮海湾　七野　二四　十一月十八日　防御用
　馬式機関砲　一二　〃　〃
大連湾　七野　三八　十一月十八日　防御用
　馬式機関砲　一六　〃　〃
東京湾　七野　二三　十一月二十日　澎湖島、鎮海湾、大連湾要塞へ備付のため
由良　七野　一八　十一月二十日　澎湖島、鎮海湾、大連湾要塞へ備付のため
芸予　七野　六　十一月二十日　澎湖島、鎮海湾、大連湾要塞へ備付のため
広島湾　七野　六　十一月二十日　澎湖島、鎮海湾、大連湾要塞へ備付のため
舞鶴　七野　四　十一月二十日　澎湖島、鎮海湾、大連湾要塞へ備付のため

下関　七野　三四　十一月二十日　澎湖島、鎮海湾、大連湾要塞へ備付のため
　七山　七　〃　〃
佐世保　七野　六　十一月二十日　澎湖島、鎮海湾、大連湾要塞へ備付のため
要塞砲兵射撃学校　七野　六　十一月二十四日　澎湖島、鎮海湾、大連湾へ備付
　のため
　七山　六　〃　〃
東京湾　馬式機関砲　一〇　十二月六日　要塞防御用
由良　馬式機関砲　一〇　十二月六日　要塞防御用
舞鶴　馬式機関砲　一〇　十二月六日　要塞防御用
下関　馬式機関砲　一〇　十二月六日　要塞防御用
佐世保　馬式機関砲　一〇　十二月六日　要塞防御用
長崎　馬式機関砲　一〇　十二月六日　要塞防御用
東京湾　保式機関砲　双輪五、三脚三　十二月八日　戦地へ送付のため
由良　保式機関砲　双輪五、三脚五　十二月八日　戦地へ送付のため
広島湾　保式機関砲　双輪五、三脚五　十二月八日　戦地へ送付のため
舞鶴　保式機関砲　双輪五、三脚五　十二月八日　戦地へ送付のため

下関　保式機関砲　双輪五、三脚五　十二月八日　戦地へ送付のため
佐世保　保式機関砲　双輪五、三脚五　十二月八日　戦地へ送付のため
芸予　保式機関砲　双輪二、三脚一　十二月八日　戦地へ送付のため
長崎　保式機関砲　双輪八、三脚六　十二月八日　戦地へ送付のため
永興湾　馬式機関砲　二〇　三十八年二月十四日　防御用
対馬　九臼　六　七月三十日　徒歩砲兵隊用
広島湾　九加　六　八月七日　韓国駐剳軍へ送付のため
下関　九加　六　八月七日　韓国駐剳軍へ送付のため
東京湾　九加　四　八月十七日　樺太守備隊用
由良　九加　八　八月十七日　樺太守備隊用
函館　十五臼　六　八月十七日　樺太守備隊用
東京湾　七山　一二　八月二十一日　樺太守備隊用

三十七八年戦役間内外要塞備砲新規備付一覧

対馬　郷山　二八榴　六門　弾薬一門につき二〇〇発
　　　樫岳　二八榴　二門　弾薬一門につき二〇〇発

基隆	多功崎	克式二四加	二門	弾薬一門につき二六〇発
	牛稠嶺	克式二一加	四門	弾薬一門につき九〇発
	公山尾	安式六吋加	四門	弾薬一門につき一七五発
	八尺門	安式八吋加	三門	
澎湖島	天南	安式一〇吋加	二門	
	西嶼西	二八榴	四門	弾薬一門につき三〇〇発
	拱北第一	二八榴	四門	弾薬一門につき三〇〇発
	予備砲	九加	二門	弾薬一門につき五〇〇発
		速射野砲	四門	弾薬一門につき一〇〇〇発
		七野	一〇門	弾薬一門につき二五〇発
		七山	一三門	弾薬一門につき二五〇発
		保式機関砲	一四門	弾薬一門につき二万発
大連湾	台子山	二八榴	四門	弾薬一門につき三〇〇発
		七野	六門	弾薬一門につき四〇〇発
	棒棰山	二八榴	四門	弾薬一門につき三〇〇発
		野砲	八門	弾薬一門につき四〇〇発

付家庄	野砲	六門	弾薬一門につき四〇〇発
三山島	二八榴	四門	弾薬一門につき三〇〇発
	七野	六門	弾薬一門につき四〇〇発
大孤山	二八榴	四門	弾薬一門につき三〇〇発
各堡塁砲台	馬式機関砲	一六門	弾薬一門につき一万五〇〇〇発

鎮海湾

猪島	二八榴	六門	弾薬一門につき二〇〇発
猪島第一	七野	四門	弾薬一門につき四〇〇発
猪島第二	七野	四門	弾薬一門につき四〇〇発
猪島第三	七野	四門	弾薬一門につき四〇〇発
外洋浦	二八榴	六門	弾薬一門につき二〇〇発
外洋浦第一	七野	六門	弾薬一門につき四〇〇発
外洋浦第二	七野	六門	弾薬一門につき四〇〇発
各堡塁砲台	馬式機関砲	一二門	弾薬一門につき一万五〇〇〇発

永興湾

虎島第一	戦利七半速加	四門	弾薬一門につき二三〇発
虎島第二	二八榴	六門	弾薬一門につき二〇〇発
虎島第三	二七加	四門	弾薬一門につき二〇〇発

虎島第四	戦利五七密速砲	二門	弾薬一門につき三三三発
薪島第一	二八榴	四門	弾薬一門につき二〇〇発
薪島第二	戦利七半速加	四門	弾薬一門につき二三〇発
大島第一	戦利七半速加	四門	弾薬一門につき二三〇発
大島第二	戦利五七密速砲	二門	弾薬一門につき三三三発
新檣里	二四臼	四門	弾薬一門につき二〇〇発
元平里南端	戦利五七密速砲	二門	弾薬一門につき三三三発
元平里	戦利五七密速砲	二門	弾薬一門につき三三三発
鷲城山	戦利五七密速砲	二門	弾薬一門につき三三三発
各堡塁砲台	馬式機関砲	二四門	弾薬一門につき二万発

東京湾要塞地へ出張に係る報告書（要旨）　明治三十九年二月

明治三十九年二月二十三日　築城部本部長榊原昇造は陸軍大臣寺内正毅に対し「東京湾要塞地へ出張に係る報告書」を提出した。

一、明治三十七八年戦役中東京湾要塞の警急配備にあたり要塞砲兵が配備された堡塁砲台は湾口防御の前線ならびに猿島砲台であった。

同戦役中施行した当要塞の戦備工事に重要なものはなく、その費用は合計八〇一五円余りに過ぎなかった。

二、第二海堡は目下砲塔据付中でドイツ式のもの二組は既にこれを結了した。フランス式のものは未だ材料が到着せず、海堡の基礎は築設の当初沈降の度が大きかったが、漸次減少し、現今では著しく沈降しないようになった。沈降の度は中央砲塔の位置において五年間に約五センチ、その他は約三〇センチである。

三、第三海堡は基礎の築設を終り、目下土層の沈定中である。このため建築材料の砂を用い四メートルの高さをもって尾部より始め、累次三回に畳積して重圧を加えることとした（沈降の度は明治三五年頃は一か月三〇センチだったが、現今は同じく一二ミリとなった）。本海堡は水深約四〇メートルの深所に位置し、したがって潮流が激しく築設中たびたび暴波の災害を被ったが、ベトン塊による防波の設備をしてからは、その災害を免れることができた。

四、海堡基礎工事のため土舟採取の結果、字瘤ノ鬼（こぶき）（観音崎北門と走水低砲台との中間で三軒家砲台の下方）に約一万坪の平地を得たので、兵舎四棟、将校室一棟を建設し、これに炊事場、衛兵所、馬繋場などを附属した。目下工事の進捗一〇分の九で来る三月中に竣工の予定である。

千代ヶ崎砲台　第一期　二八榴六、十二加四
第三期　二八榴四、十二加四、七野四
第四期　二八榴四、七野四、機関砲四
第五期　二八榴二、七野二、機関砲二
第六期　二八榴二、七山六、機関砲二
観音崎南門砲台　第一期　十二速加四、九速加四
第三期　機関砲二
第四期　機関砲二
第五期　機関砲一
第二砲台　第一期　二四加六
第二期　二四加六
第三期　二四加四
第四期　二四加四
第五期　二四加四
第六期　二四加四
第三砲台　第二期　二八榴四

花立台砲台

第一期　二八榴八
第二期　二八榴四
第六期　二八榴四

三軒家砲台

第一期　二七加四
第二期　二七加四、七野六
第三期　二七加四、十二加二
第四期　二七加四、十二加二
第五期　二七加四

走水高砲台

第一期　二七加四
第二期　二七加四
第六期　二七加四

走水低砲台

第一期　二七加二
第二期　二七加四
第三期　二七加四
第四期　二七加四
第五期　二七加四

第六期　二七加四

第一海堡

第一期　二八榴六

第二期　二八榴八

第三期　二八榴六

元洲砲台

第一期　二八榴四、十二加二

第二期　二八榴六

第三期　二八榴四、機関砲四

第四期　二八榴四、機関砲四

第五期　二八榴二

第六期　二八榴二

第一期　二七加二

猿島砲台

第一期　明治三十七年一月七日〜二月五日

第二期　同年二月六日〜四月三十日

第三期　同年五月一日〜八月二日

第四期　同年八月三日〜十月三日

第五期　同年十月四日〜三十八年七月十日

第六期　三十八年七月十一日以後

東京湾要塞から旅順へ搬送された火砲

砲台名	砲種砲数
千代ヶ崎砲台	一五センチ加農四
花立台砲台	一二センチ加農四
小原台砲台	一二センチ加農六、一五センチ臼砲四、一二センチ臼砲四
米ヶ浜砲台	二八センチ榴弾砲六
箱崎高砲台	二八センチ榴弾砲八
夏島砲台	二四センチ臼砲四
第一海堡	二八センチ榴弾砲六
元洲砲台	二八センチ榴弾砲二

旅順要塞備砲整理

	旅順要塞原配備	整理後の配備
城頭山	十五速加五門	十五速加四門

鶏冠山高　二十三臼八門　二十三臼六門
　　　低　二十八臼三門　二十八臼四門
黄金山高　二十八臼五門　二十八臼四門
　　　低　二十五加五門　二十五加五門
嶗嵂嘴低　二十三臼六門　二十三臼六門
南莢板咀　十五速加五門　十五速加四門
曹家溝　　　　　　　　　二十八榴四門
朝口　　　　　　　　　　二十八榴四門
白銀山　　十五加四門　　十五加四門
　　　　　二十四加一門　十五速加六門

各堡塁砲台及集積場

二十三加一二、二十三臼一〇、十五速加六、十五速加一四（海軍砲）、十五加一二、十五攻城砲一四、十五臼一五、十二速加五（海軍砲）、十糎七加一二、十糎七野一三、八糎七重野四八（露国製）、八糎七重野九（クルップ製）、八糎七軽野六、克式八糎野二、七糎半速加五一（海軍砲）、三吋速野六四、克式七糎半重野二〇、五七密速砲二三、四七密速砲九二（海軍砲）、三七密速砲三七（海軍砲）、三七密ガットリング輪廻砲一八、安式六吋速加一（海軍砲）、十五加一（海軍砲）、克式四十口径十五速加一（海軍砲）、十糎七穹窖砲四、八八密野二、六糎四海軍上陸砲一〇、馬式六糎速野一、五七密穹窖砲五、五七密速野七、五七密山砲二、保式四七速砲二、四二密速砲一、三七密速砲双輪二、三七密加二、三六密半加三、二五密霰発砲二、馬式機関砲四

旅順要塞鹵獲砲のうち旅順要塞に用いない火砲の利用法

第二期攻城砲廠用引当見込　十糎七加農一二門、十五糎加農一六門、二十三糎加農一二門

永興湾防御用引当　七糎半速射加農一二門、五十七密速射砲一二門

津軽海峡防御用引当　十五糎速射加農一二門

満州軍において使用　三吋速射野砲三六門

予備砲　八糎七野砲二四門、七糎半速射加農（海軍砲）一六門、三吋速射野砲一二門、五十七密速射砲八門、四十七密速射砲二四門、機関砲二〇門

要塞砲兵隊の歴史　明治三十九年十二月　東京朝日新聞

わが国要塞築造に関する既定計画は、ある小部分を除くほか既に完成したり。今後いずれの地点に築造計画をなすかは、当局者の調査中にて未だ決定せず。そもそもわが国が要塞築造の計画をなしたるは、今を去る二九年前すなわち明治十一年にして、要塞砲兵隊を創立したるは二十三年なり。その沿革の概要を記さんに、明治十一年、参謀本部内に臨時海防取調委員を置き、砲台建築の調査に任じ、同十三年六月、工兵第一方面に命じて観音崎第一砲台の築造に着手し、同第二砲台は同年八月に着手したり。富津第一海堡は十四年八月、観音崎第三砲台は十五年八月にして、海防費の献金ありし年なり。これとほとんど同時に大阪砲兵工廠に伊国砲兵少佐を雇聘し、海岸砲の鋳造を創め、二十年に至り観音崎砲台において十九珊、二十四珊加農および二十八珊榴弾砲試験射撃をなし、その成績良好なりしにより、本邦海岸砲の様式としてこれを採用したり。砲台において射撃を実施したるはわが国においてこれを嚆矢とす。砲台の築造、砲種決定せしをもって、要塞砲兵隊編成の必要生じ、明治二十二年三月、要塞砲兵幹部練習所条例の発布ありて、まず東京監軍部内に設置し、練習員および生徒中隊を置き、要塞砲兵に充つべき将校、下士を教育せり。その後該練習所は国府台（こうのだい）教導団内に移転せしも、間もなく更に浦賀海軍屯営跡に移転し、翌二十三年、要塞砲兵隊の創立ありて、二十七年に至り練習所条例に改正を加え、要塞砲兵隊の将校、下士を学生となし入所せしめ、射撃術、観測術および戦術などを訓練せり。同二十九年、これを要塞砲兵射撃学校と改称し、その条例にも多少の改正を加え、三十二年、下士制度改正の結果、生徒隊を廃止し、翌年、教導中隊を大隊編制に改め、生徒を甲乙両種に分かち、三十五年、乗馬、輓馬の配属あり、これと同時に更に生徒を甲乙丙の三種に区別したり。

これが編制に至っては、二十三年に至り要塞砲兵聯隊平時編制を定め、防御管区を東京湾、紀淡海峡、下ノ関など各区に分かち、二十七年これが増設に着手し、漸次東京湾、由良、呉、佐世保、下ノ関、舞鶴、芸予、函館の各要塞に聯隊を設置し、日清戦役後、二十九年、基隆、澎湖島に大隊を置き、三十二年、軍備拡張の結果として対馬要塞砲兵大隊を独立せしめ、台湾守備隊砲兵大隊中に臼砲中隊を増加し、三十五年、東京湾、広島湾、下ノ関の各要塞聯隊中に一個ずつの野戦重砲兵大隊を新設し、その聯隊中の一個大隊をもってこれに充て乙大隊と称し、他を甲大隊と称せり。

日清戦役に当り、臨時要塞砲兵を編制せし部隊は東京湾、下ノ関守備隊、徒歩砲兵第一聯隊、同第二聯隊（東京湾下ノ関守備隊より編成す）、臨時旅順口守備要塞砲兵隊、大連守備要塞砲兵隊、臼砲中隊なり。

北清事変に際しては、臨時徒歩砲兵中隊を編成し、これに十二珊榴弾砲を携帯せしむ（東京湾要塞兵、要塞砲兵射撃学校教導中隊および野戦砲兵旅団中より選抜編成せり）。しかれどもこの中隊が大沽に上陸したる時は、事変鎮定したるをもって、大沽の臨時守備に任じたり。

旅順要塞備付（旅順方面）要塞司令部保管仮兵器表　明治四十年二月

砲種砲数、一門の弾薬数、総弾薬数

二十八糎榴弾砲八、二〇〇、一六〇〇、二十八糎臼砲八、二〇〇、一六〇〇、二十

三糎臼砲一二、二〇〇、二四〇〇

二十五糎加農五、二〇〇、一〇〇〇、十五糎速射加農八、五〇〇、四〇〇〇

予備

十五糎速射加農四、五〇〇、二〇〇〇、十五糎短加農四、四〇〇、一六〇〇、八糎

七野砲二四、四〇〇、九六〇〇

七糎半速射加農一二、五〇〇、六〇〇〇、七糎半速射野砲一二、五〇〇、六〇〇〇

五十七密速射砲八、五〇〇、四〇〇〇、四十七密速射砲二四、五〇〇、一二〇〇〇

機関銃二〇、一五〇〇〇、三〇〇〇〇〇

参社十五珊二門入砲塔据付竣工録　明治四十年二月　築城部本部

明治三十九年四月サンシャモン社から購入した砲塔材料が第二海堡に到着し、クルップ社の砲塔に対する準備作業と同様に重量が大きいものまたは容積が大きく運搬に不便なものはすべて頂斜面上に引き上げ分解手入を行った。重量が小さいものは掩蔽部内に棚を設け、荷造りを解いてその名称を木札に記載し、糸で各個に結合し組立に便利なように整頓した。

参社砲塔では螺子あるいは螺桿の径および長さは数十種に分かれ、その使用の場所に応じて員数を定め、各々名称を付けて送ってきたので他に流用することができないのは不便であった。

三分もしくは六分径の普通螺桿でも必要な員数以外には予備がなかったので、注意して取扱ったにもかかわらず往々にして不足を生じ、据付作業を停滞させた。鋲鋲（こうびょう）（リベット）についても多少の予備があっただけで到底不足を免れなかった。かつ最初に据付ける側鈑結合用の鋲鋲は第一回目に送付してきた材料の中には無く、塔体を結合する時点でようやく到着するという有様であった。そのため止むを得ず鋲鋲を新たに製作して使用した。

参社は主な砲塔材料を三回に分けて発送してきたので、たびたび到着が遅れ据付作業を一時中止したことがあった。

砲塔二基据付用として使用した起重機はクルップ社製三〇トン起重機二基、四又もしくは三又二組、ジャッキ六台であった。

据付順序表

一、ベトン壁に取付ける側鈑の組立

二、輥轆（こんろく）道材部の組立　下部輥轆道材敷鈑、同道材、輥轆および誘導環、上部輥轆道材、旋回用歯圏

三、床鈑部材の組立　右方床鈑部材、中央床鈑部材、左方床鈑部材

四、砲室周囲側部材の組立　前面側部材、右方側部材、左方側部材

五、外周覆鈑の組立　覆鈑、回廊通路欄干

六、砲架の組立　遥架、砲身

七、弾薬室の組立　床材側鈑および床鈑、薬莢棚、通風管、梯子欄干

八、旋回装置の組立

九、属品の組立　制動機、照準台、揚弾機および空薬莢排除管、伝声管および圧搾空気管、室内白熱灯、圧搾空気発火器、送風機

一〇、前防楯の組立

一一、掩蓋および帽室の組立　中央部掩蓋、前部掩蓋、後部掩蓋、帽室砲塔据付は第三号および第四号砲塔とも三十九年四月二十日に着手し、同年六月三十日竣工した。

その期間は約七〇日であったが梅雨期のため雨天の日が多く、作業を休止した日数が少なくない。

据付に要した傭料は砲塔手入および据付の二種がある。その員数と金額は次のとおりであった。

役種・世話役工夫
　手入　人員　二五人
　　　　金額　一九・七二円
　据付　人員　八七人
　　　　金額　六七・一五円
　小計　人員　一一二人
　　　　金額　八六・八七円
役種・大工
　据付　人員　六四人

金額　四九・〇八円
役種・鍛工
据付　人員　三一〇人
金額　二一五・〇二円
役種・機械職工
据付　人員　八二人
金額　四三・二〇円
役種・工夫
手入　人員　六七七人
金額　三八八・一七円
据付　人員　一二一〇人
金額　六〇七・六九円
小計　人員　一八八七人
金額　九九五・八六円
役種・男人夫
手入　人員　六三七人

据付　金額　二九四・〇三円
　　　人員　一七五一人
　　　金額　八一五・九〇円
小計　人員　二三八九人
　　　金額　一一〇九・九三円
計
手入　人員　一三三九人
　　　金額　七〇一・九二円
据付　人員　三五〇四人
　　　金額　一七九八・〇四円
合計　人員　四八四四人
　　　金額　二四九九・九六円

砲塔二基据付完成までに要した費用
軍港より海堡内陸揚および砲座までの運搬　一七一九円四四銭
運搬に要した材料買収　四〇一円六〇銭
据付に要した材料買収　四四四円八三銭五厘

砲塔手入磨きなど　七〇一円九二銭五厘
砲塔据付　一七九八円四銭一厘
実際の支払額　五〇六五円八四銭一厘
一基につき　約二五三三円
砲塔据付に関係した官僚
陸軍技師伴宜、陸軍工兵上等工長関口隆四郎、陸軍技手津田祐太郎、同篠崎栄吉

三要塞を新築または拡張　明治四十年六月　東京朝日

軍備充実にともない、左記要塞を建設または拡張するに決定せり。
一、佐田岬要塞築城
従来の芸予要塞監視区域を広島要塞に移し、現在の芸予要塞砲兵大隊を佐田岬に移転す。
二、函館要塞拡張
函館要塞砲兵大隊は従来二個中隊編成なりしも、北門の防備を完全ならしむるためこれを聯隊編成となし、七個中隊に増加す。
三、馬公島要塞増兵

従来の二個中隊を四個中隊に増加す。

要塞備砲および攻城砲制式選定案　明治四十年八月　陸軍技術審査部

海岸砲

一、日露戦争の経験により海岸防御に関して得た教訓

(一) 射程の優遠な火砲を要すること。

(二) 二十八糎榴弾砲は軍艦に対し尚効力不足の感がある。

(三) 港口閉塞の企図に対するため軽速射砲の設備を必要とする。

二、そもそも艦隊が砲台に対し交戦するときは常に真面目の決戦を避けて多くは海岸砲弾が届かない海上から行う威嚇的砲撃に止まることが近来一般の理想であったが、日露戦争においてその実例を見た。艦隊が真の敵とするのは相手国の艦隊であるので、敵艦隊が存在する間は一隻の艦艇も愛惜に努め、敢えて冒険的果敢に出ないのは理の当然である。

もし海岸備砲に艦砲を凌駕する優遠の射程を有する場合は遂に海岸砲台下に敵艦の煙影を絶つに至るであろう。これに反して艦砲の射程が延びたにもかかわらず海岸備砲に依然短射程の旧式砲で甘んじるときは有事に際し備砲はなんら役に

立たず、むなしく艦砲の横暴に委ねるばかりで結局防御の目的を達することはできない。

ゆえに今日以後の海岸砲はできる限りその最大射程を優遠にし、これにより先ず敵を制することが必要である。

近来クルップ社もしくはシュナイダー・カネー社の設計による二七センチもしくは三〇センチ加農の最大射程は二万m以上に達するものがあり、陸砲はその砲架の設計上大射角の付与に艦砲のような制限を受けないので射程の優遠を得ることは比較的容易である。

三、海岸砲の主要な任務は砲戦によりなるべく遠くに敵を抑止し、その砲火の威力をわが防御地区内に及ぼさないようにすることにある。

そして最大距離すなわち敵艦が初めて備砲の射程内に入る場合における砲戦は加農により実施しなければならない。擲射砲は特性として最大射程が加農の半数を多くは超えないからである。ゆえに将来海正面の備砲には加農に一層の重きを置くべきである。

ここに三〇センチ、二七センチ、二五センチ、二〇センチ、一五センチの各加農を比較し適否を研究することにする。砲戦における射弾の効力は炸薬の爆裂威力により発生する。

　炸薬の威力はその量の平方根に比例するからその量が増えるにつれて威力を増す。したがって発射弾数と各一弾が有する炸薬量によってその優劣を比較することができる。

砲種	弾量	破甲弾炸薬量	一分間発射数	同全鉄量	同炸薬量
三〇センチ加農	四〇〇kg	二六kg	一・〇	四〇〇kg	二六kg
二七センチ加農	三〇〇	一八	一・五	四五〇	二七
二五センチ加農	二五〇	一四	一・七五	四三七	二四・五
二〇センチ加農	一〇〇	七	二・五	二五〇	一七・五
一五センチ加農	四五	三	一〇・〇	四五〇	三〇

　この比較によれば二〇センチ加農は効力が最も小さく砲戦の主砲となることはできない。一五センチ加農は鉄量において二七センチ加農と同じで炸薬量も最優秀であるが、距離一万m以上の遠戦においてはその効力は微弱で艦体に及ぼす損傷は軽微であること。さらに遠戦においては射撃指揮および経過時間の関係上発射速度は大いに減殺され、一万mでは毎分三～四発を超えないことから砲戦の主砲となることはできない。二五センチ加農は鉄量、炸薬量ともに二七センチ加農

に及ばず、海軍砲の大型化の趨勢から将来を慮るとこの火砲を砲戦の主砲とすることはできない。

以上の結果砲戦の主砲は三〇センチおよび二七センチ加農の両種から選択しなければならない。その利害を比較すれば次のようになる。

三〇センチ加農　利　一、射程が二七センチ加農より約一〇〇〇メートル増加
　　　　　　　　　　二、甲板に対し侵徹力が大きい　三、一弾の威力が大きい
　　　　　　　　害　一、発射速度が小さい　二、価格が高い

二七センチ加農　利　三〇センチ加農の害の反対
　　　　　　　　害　三〇センチ加農の利の反対

三〇センチ加農が二七センチ加農に比べて不利とするところは発射速度が小さく一定時間内に投射できる炸薬量が不足することにある。しかしその差はわずかに二〇分の一に過ぎず、しかも三〇センチ加農の一弾は二七センチ加農の一弾半に匹敵するから、一弾の大打撃を与えるには三〇センチ加農が最も優れている。

三〇センチ加農の鍛鉄板に対する侵徹厚を計算すれば次のようになる。

	距離二〇〇〇m	四〇〇〇m	六〇〇〇m
存速（m）	七九五	六九六	六〇六

侵徹厚（㎜）	一一〇五	九〇五	七三五

三〇センチ加農を主砲として採用することは射程において敵を制し、威力において敵を破るから海防の目的を達することができる。

四、海岸砲の位置について重要度に大小がある。一律に最大口径の巨砲を備えることは兵備濫用の非難を招く。ゆえに次等砲戦砲として比較的操縦軽易でその威力は艦砲に対し遜色のないものを採用する必要がある。二七センチ加農は一弾の効力が軍艦の一二吋主砲に及ばずとも発射速度、射程などによってそれを補うことができるから、その目的に適うものといえる。

二七センチ加農の鍛鉄板に対する侵徹厚を計算すれば次のようになる。

	距離二〇〇〇m	四〇〇〇m	六〇〇〇m
存速（m）	七八七	六八三	五八七
侵徹厚（㎜）	一〇〇三	八一一	六四六

将来要撃砲には常に砲戦の任務を併有させ、敵が迫る前にこれを撃破する。もしこれが出来ずいよいよ要撃が必要となったら確実に舷側甲板を射貫して轟沈する。ここまでの検討結果から三〇センチ加農および二七センチ加農はこの要求に十分応え得る。

五、二十八糎榴弾砲の軍艦に対する射撃効力が所望の成果を上げていないことは事実である。多数の命中弾のうち一つとして最下艦底を射貫していないのは実に遺憾の極みといわなければならない。

二十八糎榴弾砲は既に射程の点において艦砲と優劣を競い勝利を制する武器ではないことを断定するのは難しくない。そもそも軍艦が擲射砲弾を恐れるのは防御甲板を射貫せられその爆発の威力は甲板下の枢要機関を破壊し、時には轟沈の不運を招くことにある。すなわち擲射砲弾は確実に防御甲板を射貫することの確証がなければならない。

旅順攻城戦中露艦ペレスウイート号に対する二十八糎榴弾砲の命中弾二個（甲弾は防御甲板を射貫し艦底に到って停止、乙弾は防御甲板を射貫せずに甲板上に停止）を三十糎榴弾砲の効力を予想し比較研究を試みる。

三十糎榴弾砲の弾量四〇〇キロ、着速三〇〇メートルの射弾が二十八糎榴弾砲の射弾と同じ経路を通るものと想定し、この両種砲弾が各層甲板を射貫した後における残速を次表に比較すると、二十八糎弾は辛うじて防御甲板を射貫し、その射貫後における侵徹余力はわずかに一ミリだが、三十糎弾は四二ミリの侵徹力を残しているので十分防御甲板を射貫できるものと判定する。

		二十八糎弾	三十糎弾
最上甲板	木材厚七〇mm	一六〇・七	一九二・八
	鋼厚一二・七mm	一五七・七	一九一・一
上甲板	木材厚七〇mm	一五三・六	一八七・九
	鋼厚一二・七mm	一五〇・八	一八四・九
中甲板	鋼厚一二・七mm	一四五・五	一八二・五
仮甲板	鋼厚一七・七mm	一四〇・九	一八〇・三
防御甲板	鋼厚六三・五mm	一〇九・七	一四三・六
最終存速		一八・四	六七・九
侵徹余力		〇・〇〇一m	〇・〇四二m

この結果により将来海岸線における擲射砲として最大射程一万二〇〇〇メートル以上に達する三〇センチ内外の榴弾砲を採用しなければならない。クルップ社設計の三〇センチ榴弾砲は砲身重量約一〇・五トン、弾量三八五キロで最大射程一万二一〇〇メートルである。

六、近距離の砲戦において迅速な射撃により大口径砲戦砲を補助し、あるいは防御の薄弱な艦艇を撃破し、また敵の企図する港口閉塞の動作を妨害するなどのため中等口径速射加農の採用が最も必要である。

　これは列強海軍において副砲の口径増大の傾向がある中でわが海軍では依然として中口径副砲を船載する所以である。そして口径一五センチの加農は最もこれに適し、操縦軽易、発射速度大にして近距離における効力はよく所望の目的を充たすことができる。
七、港口の閉塞は稀に企図されるに過ぎないが一旦実施されると海陸両軍の作戦上大きな影響を及ぼす。この企図に対し警戒するため前述の一五センチ加農のほか最軽快な速射加農の低伸弾道を利用し、敵の企図を未然に防止する必要がある。軽速射砲は現制九センチから一二センチにわたる各種各様の速射砲を廃して、将来一〇センチおよび七センチ加農の二種に制式を一定し不要な煩累を避けなければならない。

陸正面備砲

一、要塞陸正面における備砲は野戦重砲および攻城砲と同一制式の擲射砲を採用する。これは攻城作戦を行うとき要塞は攻城廠の予備廠となり、攻城砲を増加することができるので運用上有利であることによる。
　ゆえに陸正面備砲の大部は固定的防備に偏することなく常に移動的方針をとり、

防御上最も重要な位置に限り固定砲架式の永久的兵備を施し、あるいは砲塔により火砲を掩護する。

二、その他側防および近接戦用として一〇センチ以下の速射加農、臼砲および機関銃を採用する。

攻城砲

一、防御の完全な要塞を攻撃するには大口径擲射砲を必要とする。陸軍技術審査部の設計になる二〇センチ榴弾砲は既に試製に着手するところで、この火砲が成功すれば主要な攻城擲射砲として制定されることが望まれる。

しかし将来の攻城戦においてはこの擲射砲より一層大口径の擲射砲を必要とする場合に遭遇するであろう。ゆえにさらに大口径の特種攻城擲射砲を準備しなければならない。

特種攻城擲射砲は口径が大きくなるにしたがって益々威力を増すが、一方においては汽車輸送の制限と弾薬補充の難易を顧慮しなければならない。三〇センチ榴弾砲はよくこの趣旨を踏まえ、その威力は二八センチ榴弾砲に数等優り、加えて海岸砲と砲種を同じくするときは制式の煩累を避け、補充、訓練などにおいて利とするところが大きい。

したがって攻城用最大口径擲射砲には三〇センチ榴弾砲を採用するのが得策である。

二、一五センチおよび一二センチ榴弾砲は現に繋駕式野戦重砲に属すとともに、攻城戦における中口径擲射砲として適当である。高射界で射撃できる制式砲架を用いるものとする。

三、攻城砲の目的は防御砲兵陣地その他築城素質（土台）を破壊し突撃歩兵のために準備をすることにある。

この目的の大部は擲射砲で達成することができるが、時に射程の優遠を要し、あるいは目標の性質により平射の必要を見ることがある。一五センチおよび一〇センチ加農はその威力、精度、射程においてその要求を充たすのみならず、陸上輸送の性能においても攻城用加農に適当である。

四、その他近接肉迫の場合においては攻城の目的を達するために一〇センチ以下の臼砲および機関銃を必要とする。ゆえにこれらを攻城廠に準備しておく必要がある。

結論

将来要塞備砲および攻城砲として採用すべき制式を左に示す。

区分・海岸砲

砲種	初速（m）	弾量キロ		最大射程（m）
三〇センチ加農	約九〇〇	約四〇〇	射角三〇度	約二三七〇〇
二七センチ加農	約九〇〇	約三〇〇	射角三〇度	約二一八〇〇
一五センチ加農	約八〇〇	約四五	射角三〇度	約一四〇〇〇
一〇センチ加農	約八〇〇	一八		約一一〇〇〇
七センチ加農	約八〇〇	六・五		約八〇〇〇
三〇センチ榴弾砲	約八〇〇	約四〇〇		約一二〇〇〇

区分・守城および攻城砲

砲種	初速（m）	弾量キロ		最大射程（m）
二〇センチ榴弾砲		約一〇〇		約一〇〇〇〇
一五センチ榴弾砲		約四〇		約六〇〇〇
一二センチ榴弾砲		約二〇		六〇〇〇
一五センチ加農	約八〇〇	約四五		約一二〇〇〇
一〇センチ加農	五四〇	一八		一〇〇〇〇
三〇センチ榴弾砲		約四〇〇		約一二〇〇〇

右の他守城用として一〇センチ以下の加農、臼砲および機関銃を、攻城用として一

○センチ以下の臼砲および機関銃を採用する。

明治四十一年における重砲兵配備

第一師団重砲兵第一旅団第一聯隊（衛戍地）　横須賀
　　　　　　　　　　　　第二聯隊　横須賀
第四師団重砲兵第三聯隊　深山（主力）
　　　重砲兵第三大隊　由良
第五師団重砲兵第四聯隊　広島
　　　芸予重砲兵大隊　忠海
第七師団函館重砲兵大隊　函館
第十師団舞鶴重砲兵大隊　舞鶴
第十二師団重砲兵第二旅団第五聯隊　下関
　　　　　　　　　　　第六聯隊　下関
　　　　　　　対馬重砲兵大隊　鶏知
第十八師団佐世保重砲兵大隊　佐世保
　　　長崎重砲兵大隊　長崎

備考一、基隆重砲兵大隊および澎湖島重砲兵大隊は台湾総督の統率に属す。
　二、旅順重砲兵大隊は関東都督の統率に属す。
　三、鎮海湾重砲兵大隊（馬山）は韓国駐剳軍司令官に属す。

明治四十一年度各要塞永久堡塁砲台兵備調

堡塁砲台	砲種員数・備付
東京湾夏島	二十四臼六既備
笹山	二十四加四既備
箱崎低	二十四加四既備
波島	二十四加二既備
米ヶ浜	二十四加二既備、十二加四—四一年度中
猿島第一	加式二十七加二既備
第二	二十四加四既備
走水高	加式二十七加四既備
低	斯加式二十七加四既備
小原台	十二加六既備、十五臼四既備、九臼四—四一年度中

花立台　十二加四―四一年度中、二十八榴八既備、十五臼四既備、九臼
　四―四〇年度中
観音崎第一　二十四加二既備
　第二　二十四加六既備
　第三　二十八榴四既備
　第四　克式十五加四既備
　南門　鋼銅製十二速加四既備、鋼銅製九速加四既備
三軒家　加式二十七加四既備、馬式十二速加二既備
大浦　九加二既備、九臼四―四一年度中
腰越　九加二既備、九臼二―四一年度中
第一海堡　十九加一既備、斯加式十二速加四既備、二十八榴八既備
第二海堡　隠顕式二十七加四―四〇年度中、十五速加八―四〇年度中
千代ヶ崎　十二加四―四一年度中、二十八榴六既備、十五臼四既備
富津元洲　二十八榴四既備
各堡塁砲台　保式機関銃一七既備、馬式機関銃一〇既備
由良生石山第一　二十八榴六既備

　第二　二十八榴六既備

　第三　斯式二十四加四既備、二十四加四既備

　第四　斯式二十七加四既備

　第五　克式十二速加四既備

成山第一　克式二十一加六既備、克式十五加二既備

　第二　十二加二既備、二十八榴二既備

高崎右翼　安式二十四加二既備

　左翼　克式二十四加六既備

伊張山　九加四既備

赤松山　九加六―四既備、二―四一年度中

沖ノ友島第一　斯式二十七加四既備

　第二　加式二十七加四既備

　第三　二十八榴六既備

　第四　二十八榴六既備

　第五　斯加式十二速加六既備

虎島　斯加式九速加四既備

男良谷　斯加式十二速加四既備
深山第一　二十八榴二既備
　第二　二十八榴六既備
西ノ庄　十二加六―二既備、四―四一年度中、野砲二―四〇年度中
佐瀬川　九加六―二既備、四―四一年度中、野砲四―四〇年度中
加太　二十七加四既備
田倉　二十八榴六既備、野砲四―四〇年度中
門崎　克式二十四加二既備、斯加式九速加二既備
笹山　二十八榴六既備
行者嶽　二十四加六既備
柿ヶ原　九加四―二既備、二―四一年度中、二十八榴六既備、野砲六―四〇年度中
各堡塁砲台　馬式機関銃一〇既備
芸予大久野島北部　二十四加四既備、克式十二加四既備
　南部　二十四加四既備、斯加式九速加四既備
来島北部　二十四加四既備、斯加式九速加四既備

南部	加式十二速加二既備
広島湾室浜	斯加式九速加四既備
鷹ノ巣高	二十八榴六既備
低	二十七加四既備、斯加式九速加四既備
大那沙美	二十四加四既備
岸根鼻	斯加式二十七加四既備、斯加式九速加三既備
鶴原山	二十四加六既備、九加二―四〇年度中
三高山	九加四―四一年度中、九臼四―四一年度中
大君低	克式十二加四既備
早瀬	九加六―四一年度中、九臼四―四一年度中
休石	斯加式九速加二―四一年度中
高鳥	野砲二―四〇年度中
函館御殿山第一	二十八榴四既備
第二	二十八榴六既備
薬師山	十五臼四既備
千畳敷	二十八榴六既備、十五臼四既備

谷地頭　九加四―二既備、二未定
　各堡塁砲台　保式機関銃一四既備
舞鶴葦谷　克式二十八榴六既備
　浦入　斯加式十二速加四既備
　金岬　克式二十一加四既備、克式十五加四既備
　槙山　二十八榴五既備、十五臼四―四〇年度中
　建部山　十二加四―四一年度中
　吉坂峠　克式十二加二既備、十二加六―四〇年度中三、未定三
　　九臼六―三既備、三―四一年度中
　各堡塁砲台　保式機関銃二二―四〇年度中、馬式機関銃一〇既備
下関火ノ山第一　二十八榴四既備
　　第二　二十八榴四既備
　　第三　二十四加八既備
　　第四　十二加四既備、二十八榴二既備、十五臼四―四一年度中
　古城山　二十四臼一二既備
門司　加式二十四加一既備、安式二十四加一既備

田向山　二十四加一二既備
笹尾山　二十八榴二既備
筋山　二十四加六既備
田ノ首　加式二十七加四既備
老ノ山　二十八榴六既備
竜司山　斯加式十二速加六既備、十五臼二既備、九臼四―四一年度中
一里山　十二加四―四一年度中、十五臼四既備
戦場ヶ野　十二加八既備、十五臼四―二既備、二―四一年度中
金比羅山　十二加四既備、二十八榴六既備
富野　十二加八既備、十五臼二―四〇年度中
高蔵山　十二加六既備、十五臼六―四〇年度中
矢筈山　九加四―四一年度中、十五臼四―四〇年度中
各堡塁砲台　保式機関銃一九―四〇年度中、馬式機関銃一〇既備
佐世保高後崎　斯加式九速加四既備
小首　克式二十四加四既備、克式十五加二既備
丸出山　克式二十四加四既備、二十八榴四既備

面高　斯加式十二速加四既備、二十八榴四既備、九臼二既備
石原岳　克式十半加六既備、九臼四—四〇年度中
牽牛崎　十二加四—二既備、二—四一年度中、二十八榴六既備、十五臼四既備
前岳　十二加六—五既備、一—四一年度中、十五臼四既備、野砲二既備
各堡塁砲台　保式機関銃一八—四〇年度中、馬式機関銃一〇既備
長崎神島高　二十八榴八既備
低　斯加式九速加四既備
蔭ノ尾島　斯加式九速加四既備
各堡塁砲台　保式機関銃一二—四〇年度中、馬式機関銃一〇既備
対馬四十八谷　二十八榴六既備
大平高　斯加式十二速加四既備
低　斯加式十二速加四既備
芋崎　二十八榴四既備
城山　二十八榴二既備

城山附属　九臼四既備、速野二既備―七野にて代用
姫神山　二十八榴六既備
折瀬ヶ鼻　斯加式十二速加二既備
上見坂　九加四―二既備、二―四一年度中、野砲四既備
根緒　二十八榴四既備、十二加四既備
郷山　二十八榴四既備―臨時砲台
樫岳　二十八榴四既備
多功崎　克式二十四加二既備
各堡塁砲台　保式機関銃二四既備

基隆木山　二十八榴四既備
白米甕　八吋加四既備
万人頭　鋼銅製九速加二既備
社寮島　加式二十七加四既備
槓仔寮　鋼銅製九速加二既備
深澳　十二加六既備
大武崙　九加四既備

各堡塁砲台　保式機関銃二三既備
予備　十二加八―四一年度中、九加一八―四一年度中、十五臼一二―
四〇年度中
牛稠嶺　克式二十一加四既備―臨時砲台
八尺門　八吋加三既備
公山尾　六吋加四既備
澎湖島西嶼東　十二吋加四既備
　附属　鋼銅製九速加四既備
　西　二十八榴四既備
内按社　克式十二加六既備、九臼四既備
天南　鋼銅製九速加二既備
大山　十吋加四既備
鶏舞塢山　二十八榴六―既備二
拱北山第一　二十八榴六―既備二
　第二　克式十五加六既備、十五臼四既備
天南　十吋加二既備―臨時砲台

各堡塁砲台　保式機関銃三二―既備二
予備　九加六―既備四、十五臼四既備、九臼八―四既備、四―四一年度中、速野四既備、野砲一四既備、山砲一三既備

旅順
（旅順方面）
城頭山　戦利十五速加四既備
鶏冠山高　戦利二十三臼六既備
低　戦利二十八臼四既備
黄金山高　戦利二十八臼四既備
低　戦利二十五加五既備
嶗嵂嘴低　戦利二十三臼六既備
南夾板嘴　戦利十五速加四既備
白銀山　戦利十五速加四既備
曹家口　二十八榴四―四〇年度中
朝口　二十八榴四―三既備、一―四〇年度中
予備　戦利十五短加四既備、戦利八・七野砲二四既備、戦利十五速加

四既備、戦利七半速加一二既備―海軍砲、戦利七半速野一二既備、戦利五七密速加八既備―固定砲床、戦利四七密速加二四既備、保式機関銃二〇―四〇年度中

（大連湾方面）

台子山　二十八榴四既備、野砲六既備

棒棰島　二十八榴四既備、野砲八既備

付家庄　野砲六既備

三山島　二十八榴四既備、野砲六既備

大孤山　二十八榴四既備、野砲一二既備

各堡塁砲台　馬式機関銃一六既備

鎮海湾猪島榴弾砲砲台　二十八榴六既備

第一軽砲砲台　野砲四既備

第二軽砲砲台　野砲四既備

第三軽砲砲台　野砲四既備

外洋浦榴弾砲砲台　二十八榴六既備

第一軽砲砲台　野砲六既備

第二軽砲砲台　野砲六既備
　各堡塁砲台　馬式機関銃一二既備
永興湾虎島第一　戦利七半速加四既備
　第二　二十八榴六既備
　第三　二十七加四既備
　第四　戦利五七密速加二既備
薪島第一　二十八榴四既備
　第二　戦利七半速加四既備
大島第一　戦利七半速加四既備
　第二　戦利五七密速加二既備
新獐里　二十四臼四既備
鷲城　戦利五七密速加四既備
元平里南端　戦利五七密速加二既備
元平里　戦利五七密速加二既備
各堡塁砲台　馬式機関銃二四既備

明治四十一年度各要塞臨時配属火砲員数表

東京湾　克式八糎野砲三〇、克式七糎半山野兼用砲二〇、七糎山砲一八、六糎山砲六、保式機関砲一〇

由良　克式七糎半重野砲八、克式七糎半野砲一四、克式七糎半山砲一二、七糎山砲一八、六糎長山砲二〇、保式機関砲七

芸予　ノルデンフェルド四連二十五密機関砲二、保式機関砲二

広島湾　克式八糎野砲一四、七糎山砲一二、保式機関砲六

函館　七糎野砲二八、六糎山砲一二、九糎臼砲四、保式機関砲四

舞鶴　克式七糎半山野兼用砲六、克式七糎半山砲二四、七糎野砲二、七糎山砲六、六糎長山砲六、半吋ガットリング機関砲二、保式機関砲二

下関　克式十二糎攻城砲六、克式八糎野砲二八、七糎山砲五、六糎山砲一〇、保式機関砲一〇

佐世保　克式十二糎攻城砲四、克式八糎野砲六、克式七糎半山野兼用砲一八、七糎山砲二〇、保式機関砲三

長崎　七糎野砲四、七糎山砲六、ノルデンフェルド四連二十五密機関砲二、保式機関砲二

対馬　克式七糎半野砲八、克式七糎半軽野砲一二、七糎野砲四、七糎山砲二四、保式機関砲五

基隆　克式七糎半重野砲四、七糎野砲四、七糎山砲一二、六糎山砲一二、九糎臼砲四、保式機関砲二

澎湖島　克式七糎半重野砲六、六糎山砲一二、保式機関砲二

明治四十三年度各要塞臨時配属火砲及弾薬員数表

東京湾　三十一年式速射野砲二四、三十一年式速射山砲一二、三八式機関銃一〇

由良　三十一年式速射山砲一六、九珊臼砲八、三八式機関銃七

芸予　三八式機関銃二

広島湾　三十一年式速射山砲一〇、三八式機関銃六

函館　三十一年式速射野砲三二、十五珊臼砲四、九珊臼砲四、三八式機関銃四

舞鶴　三十一年式速射野砲一〇、三十一年式速射山砲二〇、九珊臼砲二、三八式機関銃二

下関　三十一年式速射野砲一二、戦利三吋速射野砲八、三十一年式速射山砲一二、三八式機関銃一〇

対馬　三十一年式速射野砲五二、戦利三吋速射野砲一二、三十一年式速射山砲三八、十五珊臼砲二四、九珊臼砲八、三八式機関銃五

佐世保　三十一年式速射野砲八、戦利三吋速射野砲一二、三十一年式速射山砲八、三八式機関銃三

長崎　三十一年式速射野砲四、三十一年式速射山砲一二、三八式機関銃二

基隆　三十一年式速射野砲二八、三十一年式速射山砲四八、十五珊臼砲四、九珊臼砲一二、三八式機関銃二

澎湖島　戦利三吋速射野砲一二、三八式機関銃二

旅順　三十一年式速射野砲一〇、三十一年式速射山砲一二

鎮海湾　戦利三吋速射野砲八、三十一年式速射山砲一二

永興湾　三十一年式速射野砲一六、三十一年式速射山砲一〇

一門当り備付弾薬数

三十一年式速射野砲　榴弾一五〇、榴霰弾二五〇

戦利三吋速射野砲　榴霰弾四〇〇

三十一年式速射山砲　榴弾一五〇、榴霰弾二五〇

十五珊臼砲　榴弾二〇〇、榴霰弾一〇〇

九珊臼砲 榴弾二〇〇、榴霰弾一〇〇

東京湾要塞防御営造物起工竣工期日一覧

堡塁砲台名	起工（明治）	竣工（明治）
観音崎南門	25／11／1	26／8／31
第一砲台	13／6／5	17／6／27
第二砲台	13／5／26	17／6／27
第三砲台	15／8／9	17／6／27
第四砲台	19／11／1	20／5／23
大浦堡塁	28／5／1	29／7／31
腰越堡塁	28／5／1	29／3／31
三軒家速加砲台	28／4／9	29／3／31
二十七加砲台	27／12／15	29／12／20
花立台砲台	25／10／1	27／12／15
小原堡塁	25／12／1	27／9／30
走水高砲台	25／11／21	27／2／20

低砲台	18/4/1	19/4/25
第一海堡	14/8/1	23/12/20
猿島砲台	14/11/5	17/6/30
富津元洲砲台	15/1/8	17/6/28
米ヶ濱二十八榴砲台	23/4/21	24/5/31
二十四加砲台	24/3/11	24/10/20
波島砲台	22/7/12	23/7/5
箱崎高砲台	21/9/2	22/9/30
低砲台	22/6/15	23/8/14
笹山砲台	21/8/15	22/8/20
夏島砲台	21/8/14	22/11/14
千代ヶ崎砲台	25/12/6	28/2/5

要塞兵器変遷一覧　明治二十八年〜明治四十四年

第一海堡　二十八珊榴弾砲一四門、竣工二十三年十月
十二珊加農隠顕砲架二門、竣工二十三年十月

十二珊加農攻城砲架二門、据付達二十七年七月十一日、竣工二十七年八月十三日
十九珊加農一門、据付達二十七年七月二十九日、竣工二十七年八月十三日、観音崎第二砲台に据付ありしものを移す
二十八珊榴弾砲第一・第二砲車二門、竣工三十二年三月、昇降砲架式と交換す
斯加式十二珊速射加農四門、竣工三十四年三月三十一日、従来据付ありし十二珊加農四門を撤去し、交換据付す
二十八珊榴弾砲六門、据付達三十七年十一月十八日、三十七年十一月撤去、火砲六門・砲床四個撤去のうえ返納
二十八珊榴弾砲六門、竣工二十五年三月二十四日
二十八珊榴弾砲二門、据付達三十七年十一月十八日、三十七年十一月撤去、火砲は撤去のうえ返納、砲床は現存す
十二珊加農四門、竣工二十五年三月二十四日、右翼二門・左翼二門、兵備表改正の結果、左翼二門を撤去し、この位置を改築して観測所を新設す

富津元洲

千代ヶ崎

二十八珊榴弾砲四門、据付達二十七年八月十三日、竣工二十七年十二月二十日

二十八珊榴弾砲二門、据付達二十九年、竣工三十年十月

十五珊臼砲四門、据付達二十七年八月十三日、竣工二十八年一月二十六日

観音崎第一

十二珊加農四門、据付達二十九年、竣工三十三年十二月二十八日

二十三口径二十四珊加農二門、据付達二十七年七月二十九日、竣工二十七年九月三日

観音崎第二

十九珊加農一門、竣工二十二年、第二砲座据付

前心軸二十四珊加農一門、竣工二十二年、第三砲座据付

克式前心軸二十四珊加農一門、竣工二十二年、第四砲座据付

安式中心軸二十四珊加農一門、竣工二十二年、第六砲座据付

十九珊加農一門、二十六年三月撤去、二十七年八月第一海堡へ据付

前心軸二十四珊加農一門、二十九年三月撤去、三十一年函館要塞砲兵隊へ送る

克式前心軸二十四珊加農一門、二十九年三月撤去、三十一年下関要

塞へ送る
安式中心軸二十四珊加農一門、二十六年三月撤去、三十一年下関要塞へ送る
二十六口径二十四珊加農三門、据付達二十六年三月十一日、竣工二十七年六月十三日、第一・第二・第三砲座据付
二十六口径二十四珊加農一門、据付達二十七年四月六日、竣工二十七年九月二十七日、第六砲座据付
二十六口径二十四珊加農二門、竣工三十年三月三十一日、第四・第五砲座据付

観音崎旧第三
二十八珊榴弾砲四門、据付達二十六年三月十一日・二十七年四月六日、竣工二十七年九月二十二日、二門は旧第三砲台据付ありし分、二門は大阪工廠より受領

観音崎第四
克式三十五口径前心軸十五珊加農四門、竣工三十四年三月三十一日、第四砲台はもと第五砲台と称し、二十四珊臼砲四門据付ありしを、三十四年これを撤去し、火砲は夏島砲台に移し、砲床を改築して現在の火砲を据付

観音崎南門　鋼銅製十二珊速射加農四門、据付達三十二年、竣工三十三年二月五日

猿島第一　鋼銅製九珊速射加農四門、据付達三十二年、竣工三十三年二月五日
加式二十八口径二十七珊加農二門、据付達二十六年三月、竣工二十六年十二月十三日、走水低砲台据付の分を移す

猿島第二　二十三口径二十四珊加農四門、竣工二十五年三月二十二日

花立台　二十八珊榴弾砲六門、据付達二十七年七月十五日、竣工二十七年十月五日、第一より第六砲座まで
二十八珊榴弾砲二門、据付達二十七年八月十三日、竣工二十七年十一月十七日
十二珊加農四門、据付達三十年一月二十八日、竣工三十一年二月十六日

小原台　十五珊臼砲四門、据付達二十五年九月、竣工三十二年九月二十七日
十二珊加農六門、据付達二十九年一月二十五日、竣工三十年三月三十一日
十五珊臼砲四門、据付達二十五年九月、竣工三十二年八月三十一日

走水高　加式鋼製二十七珊加農四門、据付達二十七年四月六日、竣工二十八年一月三日

走水低　斯加式二十七珊加農四門、据付達三十六年三月七日、竣工三十七年一月三十一日、走水低砲台には最初加式二十八口径二十七珊加農一門、同三十口径二十七珊加農一門据付ありしを二十六年三月十一日据付達により加式三十口径二十七珊加農四門と交換据替をなす、而して三十六年三月七日据付達により現在の火砲と交換し、従来据付ありしものは台湾要塞司令部へ送付す

三軒家　加式鋼製二十七珊加農四門、据付達二十八年十一月十九日、竣工二十九年二月三日

馬式十二珊速射加農二門、据付達二十八年四月五日、竣工二十八年七月二十四日

大浦　九珊加農二門、竣工三十五年三月三十一日

腰越　九珊加農二門、竣工三十五年三月三十一日

波島　前心軸二十四珊加農二門、据付達二十六年三月十一日、竣工二十六年八月十五日、観音崎元第四砲台に据付ありし分を移す

箱崎高　二十八珊榴弾砲八門、据付達二十五年四月六日、竣工二十五年十二月十日、三十七年八月十日返納達、同月撤去返納す
箱崎低　二十四珊加農四門、据付達二十六年三月十一日、竣工二十七年二月二日
笹山　二十四珊加農四門、据付達二十六年三月十一日、竣工二十六年十月九日
夏島　二十四珊臼砲六門、据付達二十五年四月六日、竣工二十五年十二月八日
二十四珊臼砲四門、据付達二十五年四月六日、竣工三十四年三月三十一日、三十七年八月四門返納達、同月撤去、砲床とともに返納す
（第七、八、九、十砲座据付の分）
二十八珊榴弾砲六門、竣工二十四年十月、三十七年八月返納達、同月撤去、砲床とともに返納す
米が濱　二十四珊加農二門、竣工二十四年十月
米が濱砲台は東京湾要塞砲兵聯隊の常用砲台として二十四年六月同隊へ引渡保管のところ、演習砲台落成、常用砲台を廃止せられたる

により、三十二年二月兵器支廠が受領保管す

明治年間における要塞備付火砲調査表　陸軍兵器本廠

一、東京湾要塞

砲台	砲種砲数	起工、竣工年月日	火砲一門の価格
夏嶋	二十四臼一〇	25／6、34／12	一万二〇〇〇
箱崎高	二十八榴八	25／5、26／3	一万六九七八
低	二十三口径二十四加四	26／11、27／3	一万六六七三
笹山	二十三口径二十四加四	26／7、26／10	一万六六七三
波嶋	二十三口径前心軸二十四加二	26／4、26／8	一万六六七三
猿島第一	加式二十八口径二十七加二	26／10、26／12	七万六五四
第二	二十三口径二十四加（旧式）四	25／4、26／12	一万六六七三
米ヶ濱	二十三口径二十四加（旧式）二	25／5、25／11	一万六六七三
	二十八榴六	24／4、24／11	一万六九七八
走水高	加式鋼製二十八口径二十七加四	27／10、28／1	七万六〇〇
走水低	斯加式三十六口径二十七加四	36／11、37／2	七万六五四

花立台	二十八榴八	27／7、27／11	一万六九七八
三軒家	加式鋼製二十八口径二十七加四	29／2、29／4	七万六〇〇
	馬式十二速加二	28／6、28／7	一万二〇〇〇
観音崎第一	二十三口径二十四加二	27／7、27／9	一六六七三
第二	二十六口径二十四加六	27／2、30／3	一万六六七三
第三	二十八榴四	27／4、27／9	一万六九七八
第四	克式三十五口径前心軸十五加四	34／1、34／3	二万三〇〇〇
南門	鋼銅製十二速加四	32／11、33／2	一万五〇〇〇
	鋼銅製九速加四	32／9、33／2	四五〇〇
千代ヶ崎	二十八榴六	27／9、30／10	一万六九七八
第一海堡	斯加式三十口径十二速加四	34／10、35／5	一万二〇〇〇
	十九加一	27／8、27／9	八〇〇〇
	二十八榴昇降砲架一二（工事中）	30／10、45／5	二万五四一
第二海堡	四十口径隠顕砲架二十七加四	39／5、45／3	一万三八〇〇〇
克砲塔十五速加四			二万八〇八四
参砲塔十五速加四			二万八〇八四

砲塔二十七加二	45/5、2/2（大正）	二万二五〇〇〇

二、由良要塞

砲台	砲種砲数	起工、竣工年月日	火砲一門の価格
生石山第一	二十八榴六	28/11、29/12	一万六九七八
第二	二十八榴六	27/3、28/10	一万六九七八
第三右	斯式三十六口径二十四加四	30/12、31/3	七万六五四
第三左	二十六口径二十四加四	30/10、31/3	一万六六七三
第四	斯式三十口径二十七加四	29/3、29/12	七万六五四
第五	克式四十口径十二速加四	33/4、33/6	一万二〇〇〇
高崎右	安式三十五口径	35/4、36/2	七万六〇〇〇
	隠顕砲架二十四加二		
高崎左	克式二十五口径二十四加六	35/2、35/7	三万
成山第一	克式三十五口径	32/1、32/7	四万一〇〇〇
	中心軸二十一加六		
	克式三十五口径	31/3、31/4	二万三〇〇〇

	中心軸十五加二		
成山第二	十二加二	29／5、29／7	四〇九四
	二十八榴二	27／5、32／1	一万六九七八
赤松山	九加六	32／9、33／4	三六〇九
伊張山	九加四	32／9、33／4	三六〇九
友島第一	斯式三十口径二十七加四	29／1、29／10	七〇六五四
第二	加式鋼製二十八口径	31／9、31／12	六万五〇〇〇
	二十七加四		
第三	二十八榴八	28／9、29／6	一万六九七八
第四	二十八榴六	28／11、32／12	一万六九七八
第五	斯加式十二速加六	37／9、37／11	一万三〇〇〇
虎島	斯加式九速加四	34／9、34／11	八五〇〇
男良谷	斯加式十二速加四	37／2、37／6	一万三〇〇〇
深山第一	二十八榴六	29／6、31／9	一万六九七八
深山第二	二十八榴六	29／6、31／3	一万六九七八
加太	三十口径二十七加四	36／8、38／12	五万四四一七

田倉崎	二十八榴六	37／11、39／5	一万六九七八
西ノ庄	十二加六		四〇九四
佐瀬川	九加六		二七一二
門崎	克式三十五口径	31／10、32／1	三万
	前心軸二十四加二		
	斯加式九速加二	34／5、34／9	八五〇〇
笹山	二十八榴六	32／8、33／5	一万六九七八
行者嶽	二十六口径二十四加六	32／10、33／2	一万六六七三
柿ヶ原	九加四	35／3、36／7	三六〇九
	二十八榴六	33／7、36／7	一六九七八

三、下関要塞

砲台	砲種砲数	起工、竣工年月日	火砲一門の価格
火ノ山第一	二十八榴四	22／12、25／6	一万六九七八
第二	二十八榴四	22／12、24／10	一万六九七八
第三	二十四加八	22／12、26／3	一万六六七三
第四	二十八榴二	22／12、24／9	一万六九七八

金比羅山	二十八榴八	26／2、26／11	一万六九七八
老ノ山	二十八榴一〇	24／7、25／4	一万六九七八
筋山	二十四加六	27／8、29／4	一万六六七三
田ノ首	二十七加四	28／4、29／9	五万四四一七
門司	安式二十四加二 加式二十四加二	27／10、29／4	七万六五四五
古城山	二十四臼一二	24／10、25／4	一万二〇〇〇
田向山	二十四臼一二	24／6、24／11	一万二〇〇〇
笹尾山	二十八榴一〇	21／10、24／8	一万六九七八
龍司山	斯加式十二速加六	35／6、36／2	一万三〇〇〇

四、対馬要塞

砲台	砲種砲数	起工、竣工年月日	火砲一門の価格
芋崎	二十八榴二	31／10、32／3	一万六九七八
四十八谷	二十八榴六	33／1、33／10	一万六九七八
城山	二十八榴四	34／12、35／3	一万六九七八
根緒	二十八榴四	35／9、36／8	一万六九七八

姫神山	二十八榴六	35／7、37／1	一万六九七八
大平高	斯加式十二速加四	34／2、34／10	一万二〇〇〇
大平低	斯加式十二速加四	34／6、35／11	一万二〇〇〇
折瀬鼻	斯加式十二速加四	35／3、35／8	一万二〇〇〇

五、函館要塞

砲台	砲種砲数	起工、竣工年月日	火砲一門の価格
御殿山第一	二十八榴四	33／4、33／11	一万六九七八
薬師山	青銅十五臼四	32／10、33／4	一九五九
御殿山第二	二十八榴六	34／3、34／11	一万六九七八
千畳敷	二十八榴六	35／4、35／11	一万六九七八
	青銅十五臼四	34／5、34／7	一九五九
谷地頭南方	九加四	35／9、35／12	三四六六

六、舞鶴要塞

砲台	砲種砲数	起工、竣工年月日	火砲一門の価格
葦谷	克二十八榴六	32／5、33／3	三万
浦入	斯加式十二速加四	34／4、34／9	一万三〇〇〇

金岬	克二十一加四	32／11、33／10	四万一〇〇〇
	克十五加四	33／11、34／5	二万三〇〇〇
槙山	二十八榴六	34／5、41／9	一万六九七八
	十五臼四	33／7、33／9	一九五九
建部山	十二加四	34／10、34／12	四六〇三
吉坂	克十二加二	34／12、35／7	二万九〇〇〇

七、佐世保要塞

砲台	砲種砲数	起工、竣工年月日	火砲一門の価格
面高	二十八榴四	31／1、34／9	一万六九七八
	斯加式十二速加四	31／1、34／9	一万二〇〇〇
石原岳	克十加六	32／9、33／3	八五〇〇
高後崎	斯加式九速加四	34／6、34／12	八五〇〇
小首	克二十四加四	32／10、33／11	三万
	克十五加二	33／6、33／11	二万三〇〇〇
丸出山	二十八榴四	31／2、35／3	一万六九七八
	克二十四加四	33／7、34／4	三万

牽牛崎	二十八榴六	33／4、35／3	一万六九七八
	十五臼固定砲床四	34／10、35／3	一八三五
前岳	十二加固定砲床四	34／10、35／3	四〇九四
	十五臼固定砲床四	34／12、35／3	一八三五
	十二加固定砲床四	34／12、35／3	四〇九四

八、長崎要塞

砲台	砲種砲数	起工、竣工年月日	火砲一門の価格
神島	二十八榴八	34／3、34／7	一万六九七八
神島低	斯加式九速加四	34／3、35／2	八五〇〇
蔭尾島	斯加式九速加四	34／3、35／2	八五〇〇

九、鎮海湾要塞

砲台	砲種砲数	起工、竣工年月日	火砲一門の価格
外洋浦	二十八榴六	37／10、38／1	一万六九七八
猪島	二十八榴六	37／10、37／12	一万六九七八

一〇、永興湾要塞

砲台	砲種砲数	起工、竣工年月日	火砲一門の価格

大島第一	五十口径七半速加四	38／7、38／8	四五〇〇
第二	馬式五十七密速二	38／8、38／8	二八〇〇
薪島第一	二十八榴四	38／4、38／5	一万六九七八
第二	五十口径七半速加四	38／7、38／8	四五〇〇
虎島第一	五十口径七半速加四	38／8、38／8	四五〇〇
第二	二十八榴六	38／5、38／6	一万六九七八
第三	三十口径二十七加四	38／6、38／6	五万四四一七
第四	馬式五十七密速二	38／6、38／8	二八〇〇
新獐里	二十四臼四	38／4、38／5	一万二〇〇〇
鶯城	馬式五十七密速四	38／7、38／8	二八〇〇
元平里	馬式五十七密速二	38／7、38／8	二八〇〇
南端	馬式五十七密速二	38／7、38／8	二八〇〇

一一、基隆要塞

砲台	砲種砲数	起工、竣工年月日	火砲一門の価格
木山	二十八榴六	36／3、40／11	一万六九七八
槓仔寮	二十八榴六	36／4、41／3	一万六九七八

社寮島	加式三十口径二十七加四	36/7、37/3	五万四四一八
白米甕	安式二十八口径八吋加四	34/4、34/11	一万八〇〇〇
八尺門	安式二十八口径八吋加三	37/10、38/1	一万八〇〇〇
万人頭	鋼銅製九速加二	37/7、37/7	八五〇〇
牛稠嶺	克式二十五口径	不明	二万一〇〇〇
	前心軸二十一加四		
公山尾	安式二十八口径六吋加四	38/1、38/2	二〇〇〇

一二、澎湖島要塞

砲台	砲種砲数	起工、竣工年月日	火砲一門の価格
西嶼西	二十八榴四	37/12、38/2	一万六九七八
	二十八榴二	40/8、41/3	一万六九七八
内按社	克十二加六	37/1、37/4	一万二〇〇〇
東	安式十二吋加六	35/7、36/3	七万
附属	九速加四	37/12、38/1	四五〇〇
大山	安式十吋加四	34/5、35/12	二万五〇〇〇
鶏舞塢	二十八榴六	36/4、39/10	一万六九七八

拱北第一	二十八榴六	36／11、40／1	一万六九七八
第二	克十五加六	36／4、37／3	二万三〇〇〇
第三	十五臼四	36／5、36／9	一九五九
天南	安式十吋加二	34／4、34／11	二万五〇〇〇
	鋼銅製九速加二	37／7、38／1	四五〇〇

一三、旅順要塞

砲台	砲種砲数	起工、竣工年月日	火砲一門の価格
揚家屯高	十五速加二	40／5、40／11	一万三〇八〇
揚家屯低	二十八榴四	40／5、41／4	一万六九七八
潮口	二十八榴四	40／6、41／8	一万六九七八
城頭山	十五速加四	戦利のまま整理したもの	二〇〇〇
鶏冠山高	二十三臼六	戦利のまま整理したもの	一万四〇〇〇
鶏冠山低	十八臼四	戦利のまま整理したもの	一万五〇〇〇
饅頭山	七半速加二	38／9、38／10	八一五七
黄金山高	二十八臼四	戦利のまま整理したもの	一万五〇〇〇
低	二十五加五	戦利のまま整理したもの	八万

附属	七半速加二	38／5、38／6	八〇六三
模珠礁	七半速加四	38／9、38／11	八〇三七
嶗嵂嘴	二十三臼六	戦利のまま整理したもの	一万四〇〇〇
南夾板嘴	十五速加四	戦利のまま整理したもの	一万六〇〇〇
	七半速加二	戦利のまま整理したもの	八〇〇〇
台子山	二十八榴四	臨時築城団が据付けたもの	一万六六二八
老虎	二十八榴四	臨時築城団が据付けたもの	一万六六二八
三山島	二十八榴四	臨時築城団が据付けたもの	一万六六二八
大孤山	二十八榴四	臨時築城団が据付けたもの	一万六六二八

一四、芸予要塞

砲台	砲種砲数	起工、竣工年月日	火砲一門の価格
大久野島北部	二十六口径二十四加四	34／6、35／3	一万六六七三
	克式二十五口径十二加四	33／11、34／2	一万二〇〇〇
中部	二十八榴六	不明	一万六九七八
南部	二十六口径二十四加四	34／10、35／3	一万六六七三
	斯加式九速加四	34／5、34／7	八五〇〇

来島北部	二十六口径二十四加四	35／4、35／7	一万六六七三
	斯加式九速加四	34／8、34／10	八五〇〇
中部	二十八榴六	不明	一万六六七三
南部	加式十二速加二	33／2、33／7	一万二〇〇〇

一五、広島湾要塞

砲台	砲種砲数	起工、竣工年月日	火砲一門の価格
室浜	斯加式九速加四	37／1、37／2	八五〇〇
鷹ノ巣高	二十八榴六	34／4、34／6	一万六九七八
鷹ノ巣	三十口径二十七加四	36／2、36／3	五万四四一七
鷹ノ巣低	斯加式九速加四	35／8、35／9	八五〇〇
那沙美	二十四加四	32／7、32／11	一万六六七三
岸根	斯加式三十六口径二十七加四	35／8、35／8	七万六五四
	斯加式九速加三	37／1、37／2	八五〇〇
鶴原	三十六口径二十四加六	33／8	一万六六七三
	九加二　砲床のみ		一〇七
三高山	二十八榴六　砲床のみ		一八四三

大君	克式十二加四	34／8、34／12	七四三七
早瀬	二十八榴六　砲床のみ		一五五六
	九加六	35／12、35／4	三九五二
休石	斯加式九速加二	35／12、35／12	八五〇〇
高島	二十八榴六　砲床のみ		一四〇八
大空山	二十八榴四　砲床のみ		一七〇一

明治年代の要塞火砲

明治年代における要塞火砲の整備にあたり国産品の製造はその範をことごとくイタリアに取り、外国製品は主としてフランスから購入した。兵器の独立を企図するわが国としては一流の陸軍国であるドイツまたはフランスに師事して製造するのが常道であったが、当時のわが国は全般的に立ち遅れた三流国家であって、ドイツ、フランスのような一流国には到底追随し得ない状態にあった関係上、国情の似通ったイタリアを模倣して火砲の製造を始めたのである。

徳川幕政時代以来、陰に陽にわが陸軍の建設を指導してきたフランスは普仏戦争に敗れたが営々として国力の回復に努め、明治一五、六年頃にはドイツとともに一流の陸軍国として欧州に君臨していた。ことに造兵技術においてはフランスに一日の長が認められたため、ドイツを遠ざけフランスから購入することになったものと思われる。

明治年代における要塞火砲の整備

砲種	区分	年月	摘要
二十八糎榴弾砲	国産	二十年四月	伊国式、初製十七年、竣工十九年、各要塞の主砲
二十四糎臼砲	国産	二十年四月	伊国式、増産せず
十五糎臼砲	国産	二十年	伊国式、守城砲の主砲
加式二十八口径二十七糎加農	購買	二十年十二月	仏国カネー社製、二一年四月東京湾要塞付
二十四糎加農	国産	二十三年五月	伊国式、東京湾・由良・広島湾・下関要塞備付
十二糎加農	国産	二十三年十二月	伊国式、初製一六年、東京湾・由良・下関要塞備付
九糎臼砲	国産	二十四年	伊国式、予備火砲

斯式三十口径二十七糎加農	購買	二十五年	仏国シュナイダー社製、東京湾・由良塞備付
九糎加農	国産	二十五年	伊国式、由良要塞備付
鋼銅製九糎速射加農	国産	二十五年四月	伊国式、東京湾・由良・函館要塞備付
加式鋼製二十八口径二十七糎加農	購買	二十六年四月	カネー社製、東京湾・由良要塞備付
加式十二糎速射加農	購買	二十六年五月	カネー社製、東京湾要塞備付
馬式十二糎速射加農	購買	二十六年五月	英国マキシム社製、東京湾要塞備付
斯加式隠顕砲架二十七糎加農	購買	二十八年七月	シュナイダー・カネー社製、東京湾要塞備付
斯式二十四糎加農	鹵獲	二十八年	シュナイダー社製、清国大連要塞備砲
安式隠顕砲架二十四糎加農	鹵獲	二十八年	英国アームストロング社製、清国威海衛要塞備砲
安式十二吋加農	鹵獲	二十八年	アームストロング社製、台湾澎湖島

斯加式三十口径九糎速射加農。シュナイダー・カネー社製

斯加式三十口径九糎速射加農

斯加式二十六口径十二糎速射加農

（上）九糎加農。十二糎加農を小型化して運搬使用を軽便にした
（下）十二糎加農。イタリア式

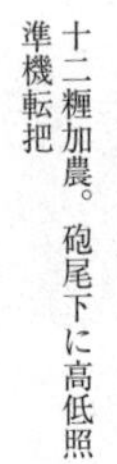

十二糎加農。砲尾下に高低照準機転把

安式八吋加農

克式二十五口径前心軸二十一糎加農。旋回中心点は砲架前方。長い撞桿で弾丸を装填

二十三糎加農。日露戦争戦利品を伊勢神宮に奉納

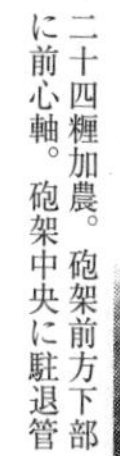

二十四糎加農。砲架前方下部に前心軸。砲架中央に駐退管

二十六口径二十四糎加農。階段下に送弾車

（4枚）二十六口径二十四糎加農操砲訓練の景況。砲手の位置と姿勢

(上)三十口径二十七糎加農。大阪砲兵工廠製造
(下)斯加式三十六口径二十七糎加農。砲弾吊り上げ

(上)三十口径二十七糎加農。隣に七年式三十糎短榴弾砲
(下)三十口径二十七糎加農。伊良湖射場

(上)三十六口径二十七糎加農。伊良湖射場
(下)馬式機関砲。移動式

(上)馬式三脚架機関砲
(下)保式機関砲。三年式機関銃三脚架に搭載

(上)ガットリング十銃身十一粍五被筒式機関砲
(下)ガットリング六銃身二十五粍機関砲。日清戦争鹵獲

(上)ガットリング十銃身二十五粍機関砲
(下)克式十二糎榴弾砲。クルップ社製

(上)三八式十二糎榴弾砲
(中)三八式十五糎榴弾砲
(下)三八式十糎加農

			要塞備砲
安式十吋加農	鹵獲	二十八年	アームストロング社製、台湾澎湖島要塞備砲
安式八吋加農	鹵獲	二十八年	アームストロング社製、台湾基隆要塞備砲
鋼銅製 十二糎速射加農	国産	三十年	伊国式、東京湾要塞備付
斯加式 十二糎速射加農	購買	三十一年三月	シュナイダー・カネー社製、東京湾 要塞備付
斯加式九糎速射加農	購買	三十一年三月	シュナイダー・カネー社製、由良・ 広島湾・佐世保・長崎要塞備付
三十口径 二十七糎加農	国産	三十二年	由良・広島湾要塞備付
斯加式三十六口径 二十七糎加農	購買	三十二年五月	シュナイダー・カネー社製、東京湾 要塞備付
三十六口径	国産	三十六年八月	由良要塞備付

二十七糎加農
斯加式隠顕砲架　購買　三十六年八月　シュナイダー・カネー社製、東京湾要塞備付
二十七糎加農
克式砲塔十五糎加農　購買　三十六年八月　独国クルップ社製、東京湾要塞備付
参式砲塔十五糎加農　購買　三十六年十二月　仏国サンシャモン社製、東京湾要塞備付
二十五糎加農
斯加式　鹵獲　三十八年一月　旅順要塞黄金山砲台備砲
十五糎速射加農　鹵獲　三十八年一月　旅順要塞南夾板嘴砲台備砲
二十八糎臼砲　鹵獲　三十八年一月　旅順要塞黄金山砲台備砲

明治年代における各要塞の備砲　砲台別兵器表

東京湾　斯式二七加四、加式二七加一二、斯加式隠顕二七加二、大阪製二四加六、斯式二四加四、参式砲塔一五加四、克式砲塔一五加四、克式前心軸一五加四、大阪製一二加一〇、斯加式一二速加四、馬式一二速加二、大阪製九加四、二八榴三〇、一五臼八、九臼八、予備火砲　三八野二四、三十一年速

山一二
由良　大阪製二七加四、斯式二七加八、加式二七加四、大阪製二四加一〇、斯式二四加四、安式隠顕二四加二、克式前心軸二四加八、大阪製一二加六、斯式一二速加一〇、克式一二速加四、大阪製九加四、斯式九速加六、二八榴四二、予備火砲　九臼八、三十一年速山一六
広島湾　大阪製二七加四、大阪製二四加四、克式前心軸一二加四、斯式九速加六、二八榴六、予備火砲　三十一年速山一六
下関　大阪製二四加一二、加式二四加五、安式二四加一、大阪製一二加一六、二八榴一八、一五臼八、予備火砲　三十一年速野一二、三十一年速山一二
佐世保　克式中心軸二四加八、克式前心軸一五加二、大阪製一二加四、大阪製一二速加四、斯式九速加四、二八榴一四、一五臼四、九臼二、予備火砲　三十一年速野八、三十一年速山八
長崎　斯式九速加八、二八榴八、予備火砲　三八野四、三十一年速野一二
函館　大阪製九加四、二八榴六、一五臼四、予備火砲　一五臼四、九臼四、三八野一四、三十一年速野一八
舞鶴　克式中心軸二〇加四、克式前心軸一五加四、大阪製一二加一〇、斯式一二

速加四、克式中心軸一二加二、二八榴六、予備火砲　九臼二、三八野一六、
三十一年速野二〇

芸予　二八榴四

対馬　克式中心軸二四加二、大阪製一二加四、斯式一二速加二、二八榴一八、予備火砲　一五臼二四、九臼八、三八野三七、三十一年速野一六、三十一年速山三八

鎮海湾　二八榴一二、予備火砲　三十一年速野八、三十一年速山一二

永興湾　大阪製二七加四、二八榴一〇、予備火砲　三十一年速野一六、三十一年速山一〇

基隆　加式二七加四、安式二〇加四、克式前心軸二〇加四、大阪製一二加六、大阪製九加四、大阪製九速加四、二八榴一二、予備火砲　一二加八、九加一八、一五臼一六、九臼一二、三十一年速野二八、三十一年速山四八

澎湖島　安式一二吋加四、安式一〇吋加四、克式中心軸一五加六、克式一二加六、大阪製九加四、二八榴一八、一五臼四、九臼四、予備火砲　九加六、一五臼四、九臼八、三十一年速野一四、三十一年速山八

旅順　二五加五、斯加式一五速加一〇、二八榴二四、二八臼四、二四臼六、予備

火砲　七加六、三十一年速野六〇、三十一年速山一二

明治年代における要塞火砲の主要諸元

二十八糎榴弾砲　口径二八〇ミリ、砲身長二八六三ミリ、高低射界－一〇～＋六八度、弾量二一七キロ、初速三一五メートル／秒、最大射程七九〇〇メートル

十五糎臼砲　口径一四九、砲身長一一〇〇、高低射界〇～＋六六、弾量三〇・四（榴）、初速二三〇、最大射程四〇〇〇

加式二十八口径二十七糎加農　口径二七四・四、砲身長七六八〇、高低射界－五～＋三〇、弾量二一六、最大射程一万一二五〇

二十三口径二十四糎加農　口径二四〇、砲身長五六五六、高低射界－八～＋三二、弾量一五〇、初速四三五、最大射程九〇〇〇

二十六口径二十四糎加農　口径二四〇、砲身長六三七六、高低射界－一八～＋二八、弾量一五〇、初速四九四、最大射程一万

十九糎加農　口径一九〇、砲身長四三〇二、高低射界－二〇～＋三〇、弾量六四、初速五〇五、最大射程八七四〇

十二糎加農　口径一二〇、砲身長三〇七三、高低射界－一〇～＋三〇、弾量一六・

四八（榴）、初速四五六、最大射程七〇〇〇
九糎臼砲　口径九〇、砲身長八四六、弾量七・八（榴）、初速二四九、最大射程四二五〇
斯式三十口径二十七糎加農　口径二七四・四、砲身長八三〇〇、高低射界－五～＋三〇、弾量二一六、初速六二〇、最大射程一万四一〇〇
九糎加農　口径九〇、砲身長二四一四、高低射界－二〇～＋三〇、弾量七・八、初速四六八、最大射程六三〇〇
鋼銅製九糎速射加農　口径九〇、砲身長二四〇八、高低射界－一四～＋一九、弾量七・八、初速五〇〇、最大射程五六〇〇
加式鋼製二十八口径二十七糎加農　口径二七四・四、砲身長七六八〇、高低射界－五～＋三〇、弾量二一六、最大射程一万三〇〇〇
加式三十口径二十七糎加農　口径二七四・四、砲身長八二三〇、高低射界－五～＋三〇、弾量二一六、最大射程一万三〇〇〇
加式十二糎速射加農　口径一二〇、砲身長三一二〇、高低射界－七～＋二〇、弾量一八、初速五六〇、最大射程七四〇〇
馬式十二糎速射加農　口径一二〇、砲身長三二七五、高低射界－七～＋二〇、弾量

一八、初速六〇〇、最大射程七四五〇
斯式三十六口径二十四糎加農　口径二四〇、砲身長八六六〇、高低射界―五〜＋二五、弾量一六四、最大射程一万四九〇〇
安式三十五口径隠顕砲架二十四糎加農　口径二三三・七、砲身長八一八二、高低射界―五〜＋一五、弾量一七五、初速六〇〇、最大射程九一〇〇
安式二十八口径十二吋加農　口径三〇五、砲身長八四六二、高低射界―九〜＋一九、弾量三六五、初速五四六・八、最大射程一万
安式二十八口径十吋加農　口径二五四、砲身長七一〇〇、高低射界―六〜＋一四、弾量二〇四・五、最大射程一万
安式二十八口径八吋加農　口径二〇三・五、砲身長五六五〇、高低射界―九〜＋二二、弾量九・五、初速五六一、最大射程九二〇〇
鋼銅製十二糎速射加農　口径一二〇、砲身長三一二〇、高低射界―七〜＋二〇、弾量一八、初速五〇〇、最大射程六六五〇
斯加式十二糎速射加農　口径一二〇、砲身長三六〇〇、高低射界―一二〜＋一五、弾量二二、初速五三〇、最大射程六二五〇
斯加式九糎速射加農　口径九〇、砲身長二七〇〇、高低射界―一〇〜＋二〇、弾量

九・〇、初速五六〇、最大射程六八五〇
三十口径二十七糎加農　口径二七四・四、砲身長八三〇〇、高低射界－八～＋三五、
　弾量二一六、初速六二〇、最大射程一万四八五〇
斯加式三十六口径二十七糎加農　口径二七四・四、砲身長九八八〇、高低射界－八
～＋三〇、弾量二一六、最大射程一万六一〇〇
三十六口径二十七糎加農　口径二七四・四、砲身長九八八〇、高低射界－八～＋三
〇、弾量二一六、最大射程一万六一〇〇
斯加式四十口径隠顕砲架二十七糎加農　口径二七四・四、砲身長一万九七六、高低
射界－五～＋一五、弾量二五〇・五、初速八〇〇、最大射程一万四〇〇〇
克式三十五口径十糎加農　口径一〇五、砲身長三六八〇、高低射界－五～＋三二、
　弾量一六、初速四八五、最大射程九五〇〇
克式十糎速射加農　口径一〇五、砲身長三一〇〇、高低射界－一〇～＋三〇、弾量
一六、初速五三〇、最大射程九五〇〇
克式十二糎攻守城砲　口径一二〇、砲身長二九二五、高低射界－五～＋三五、弾量
二〇、初速四三五、最大射程八七〇〇
克式二十五口径十二糎加農　口径一二〇、砲身長三〇〇〇、高低射界－四～＋三二、

弾量二〇、初速五三〇、最大射程七八〇〇
克式三十五口径十二糎加農　口径一二〇、砲身長四二〇〇、弾量二六、初速五五〇、最大射程一万四〇〇
克式四十口径十二糎速射加農　口径一二〇、砲身長四八〇〇、弾量二一、初速七七〇、最大射程一万二三〇〇
克式三十五口径十五糎加農　口径一四九・一、砲身長五二〇〇、高低射界―五～＋三〇、弾量五一、初速五三〇、最大射程一万一〇〇〇
克式三十五口径二十一糎加農　口径二〇九・三、砲身長七三三〇、高低射界―五～＋三〇、弾量一四〇、最大射程一万一二〇〇
克式二十五口径二十一糎加農　口径二〇九・五、砲身長五二七五、高低射界―四・四～＋一四・二、弾量七六、初速四八五、最大射程六三〇〇
克式二十五口径二十四糎加農　口径二四〇、砲身長六〇〇〇、高低射界―六～＋二六、弾量二一五、初速四三五、最大射程七〇〇〇（一八八〇年製）～一万三〇〇〇（一八八二年製）
克式三十五口径二十四加　口径二四〇、砲身長八四〇〇、高低射界―二～＋二〇、弾量二一五、最大射程一万一二〇〇

克式四十五口径砲塔二十七糎加農　口径二七四・四、砲身長一万二三五〇、高低射界―一・五～＋二〇、弾量二五〇、初速八〇〇、最大射程一万六〇〇〇
馬式五十七密速射砲　口径五七、砲身長二七二七、高低射界―五～＋一八、弾量二・七六八、初速六〇〇、最大射程五四〇〇
七糎半速射加農　口径七五、砲身長三七五〇、高低射界―一五～＋二〇、弾量六・五、初速六九三、最大射程八〇〇〇
克式砲塔十五糎加農　口径一五〇、砲身長六〇〇〇、高低射界―二～＋一五、弾量四五、初速七三〇、最大射程九七五〇
参式砲塔十五糎加農　口径一五〇、砲身長六〇〇〇、高低射界―二～＋一五、弾量四五、初速七三〇、最大射程九七五〇
四十五口径二十五糎加農　口径二五四、砲身長一万一四六三、高低射界―五～＋二〇、弾量二二五・二、初速七七七、最大射程一万五〇〇〇
斯加式十五糎速射加農　口径一五二・四、砲身長六八五八、高低射界―一〇～＋三〇、弾量四一、初速七九二、最大射程一万三三〇〇
二十二口径十五糎加農　口径一五二・四、砲身長三三五三、高低射界―五～＋三二、弾量三三、初速四五七、最大射程八二〇〇

二十三糎臼砲　口径二二八・八、砲身長二六七七、高低射界〇～＋六五、弾量一一六、初速二八九、最大射程六七五〇
二十八糎臼砲　口径二七九・四、砲身長三三五五、高低射界―五～＋六五、弾量二一七、初速三四〇、最大射程八八〇〇

第三章　大正

廃止すべき堡塁砲台名称表　大正二年三月　軍事機密

要塞　堡塁砲台
芸予　大久野島北部・南部、来島北部・南部
広島湾　岸根鼻、鶴原山、三高山、早瀬、高島、大空山
東京湾　富津元洲、腰越、大浦、観音崎第一、小原台、米ヶ浜、泊町框舎、波島、箱崎高・低砲台、笹山、夏島
由良　佐瀬川、深山第一・第二、赤松山、伊張山、成山第一・第二
函館　御殿山第一・第二、薬師山、弁天
舞鶴　槙山

下関　竜司山、一里山、小倉方面全部（門司砲台を除く）
対馬　武隈山、四十八谷、芋崎、大平高・低、城山・同附属
佐世保　石原嶽、前岳
基隆　公山尾、八尺門
澎湖島　天南・同附属
旅順　白銀山、鶏冠山高・低砲台、饅頭山
大連　旧野砲砲台全部
鎮海湾　戦時急造の旧野砲砲台全部および框舎、野堡
元山　新獐里砲台群全部

弾丸整理区分表　大正五年十二月

砲種	弾丸名称	貯蔵区分	員数	処置
二十七糎加農	榴弾	大阪支廠	五三	制式に合わせる
	榴弾	基隆	六四〇	制式に合わせる
	榴弾	下関	一二〇	制式に合わせる
	榴弾	東京湾	五四	填砂演習用

砲	弾種	所在	数量	処置
	堅鉄弾	基隆	一二五九	制式に合わせる
	堅鉄弾	下関	八〇	制式に合わせる
	榴霰弾	大阪支廠	八	廃棄
	榴霰弾	東京湾	三七	廃棄
克砲塔二十七糎加農	試験破甲弾	東京湾	三	填砂演習用
	試験弾	東京湾	三八	填砂演習用
	円壔弾	東京湾	一二	廃棄
二十四糎加農	榴霰弾	大阪支廠	一一	填砂演習用
加式三十口径二十四糎加農	堅鉄弾	小倉支廠	一五	制式に合わせる
	堅鉄弾	下関	三〇	制式に合わせる
	破甲弾	下関	八	制式に合わせる
	鋼弾	小倉支廠	一一	制式に合わせる
	鋼弾	小倉支廠	二	廃棄
安式三十口径二十四糎加農	堅鉄弾	小倉支廠	一三	制式に合わせる
	堅鉄弾	下関	三〇	制式に合わせる

砲種	弾種	所在	数量	処分
	破甲弾	由良	一一	制式に合わせる
	榴弾	由良	九	廃棄
	榴霰弾	由良	七	填砂演習用
斯式三十六口径二十四糎加農	堅鉄弾	由良	二	廃棄
克式二十四糎加農	破甲弾	佐世保	三八〇	制式に合わせる
	堅鉄弾甲	由良	一〇〇	制式に合わせる
	堅鉄弾	由良	一七六	廃棄
	堅鉄弾	佐世保	二	廃棄
	榴弾	由良	三七五	制式に合わせる
	榴弾	佐世保	一〇五	制式に合わせる
	榴弾	対馬	三二八	制式に合わせる
	鋼榴弾	大阪支廠	九	廃棄
	榴弾	佐世保	四二九	填砂演習用
	榴弾	由良	二	廃棄
克式三十五口径二十一糎加農	榴弾	由良	三六一	制式に合わせる
	鋼榴弾	大阪支廠	二五一	制式に合わせる

鋼榴弾	舞鶴	二六九	制式に合わせる
鋼鉄榴弾	大阪支廠	六九	廃棄
榴弾	由良	一五〇	廃棄

克式二十五口径二十一糎加農

堅鉄弾	基隆	七三	制式に合わせる
榴弾	基隆	一六七	制式に合わせる

斯加式十五糎速射加農

破甲弾	小倉支廠	二七	制式に合わせる
破甲榴弾	旅順	五四七	制式に合わせる
榴弾	旅順	一二	廃棄
鋳鉄破甲榴弾	旅順	一四八	塡砂演習用
環層榴弾	旅順	五一〇	塡砂演習用

克式十五糎加農

破甲弾	佐世保	一八〇	制式に合わせる
榴弾	大阪支廠	三四	制式に合わせる
榴弾	澎湖島	四九八	制式に合わせる
榴弾	佐世保	六三	廃棄
榴弾	舞鶴	六二	廃棄

安式十吋加農	榴弾	澎湖島	二〇一	制式に合わせる
安式六吋加農	榴弾	基隆	七一九	制式に合わせる
	堅鉄弾	基隆	九一	填砂演習用
克式二十五口径十二糎加農	鋼榴弾	大阪支廠	三〇七	制式に合わせる
	破甲弾	芸予	一〇二	制式に合わせる
	鋼榴弾	広島湾	一一七	制式に合わせる
	榴弾	広島湾	五〇〇	制式に合わせる
	鋳鉄榴弾	広島湾	一五八	制式に合わせる
	榴弾	芸予	四八〇	制式に合わせる
	鋳鉄榴霰弾	広島湾	四五	廃棄
鋼銅製十二糎速射加農	榴弾	芸予	七六八	制式に合わせる
	榴弾	東京湾	七八八	制式に合わせる
	榴弾	大阪支廠	一六	制式に合わせる
斯加式十二糎速射加農	榴弾	舞鶴	三〇〇	制式に合わせる
	榴弾	東京湾	八一四	制式に合わせる
馬式十二糎速射加農	榴弾	東京湾	八八八	制式に合わせる

	榴弾	東京湾	四二	塡砂演習用
	榴弾	大阪支廠	四	廃棄
戦利斯加式十二糎速射加農	環層榴弾	大阪支廠	一二五	廃棄
克式三十五口径十糎加農	榴弾	佐世保	七〇六	制式に合わせる
	榴霰弾	佐世保	三一六	制式に合わせる
馬式五十七密速射砲	榴霰弾	小倉支廠	一三〇〇	制式に合わせる
	榴霰弾	旅順	一七九二	制式に合わせる
	榴霰弾	大阪支廠	四六七	制式に合わせる
	榴霰弾	永興湾	四八〇	制式に合わせる
四十七密速射砲	破甲弾	大阪支廠	三四三	制式に合わせる
	破甲弾	旅順	八一	制式に合わせる
	堅鉄弾	大阪支廠	一万二一〇六	制式に合わせる
	堅鉄弾	旅順	四二〇〇	制式に合わせる

	堅鉄弾	小倉支廠	五一九	制式に合わせる
	堅鉄実弾	大阪支廠	五	廃棄
	截頭鋳鉄榴弾	大阪支廠	五	廃棄
二十八糎榴弾砲	堅鉄破甲榴弾	小倉支廠	三〇	填砂演習用
	堅鉄破甲榴弾	大阪支廠	五一	填砂演習用
克式二十八糎榴弾砲	榴霰弾	舞鶴	一九一	填砂演習用
二十八糎臼砲	榴弾	旅順	四三	廃棄
二十三糎臼砲	堅鉄弾	大阪支廠	一三一	廃棄

重砲兵の沿革

大正七年

平時編制の一部が改正され、「軍令陸乙第六号大正七年軍備充実要領及同細則」をもって改変の要領が規定された。そのうち重砲兵に関するものは左のとおりである。

一、東京湾重砲兵聯隊（衛戍地横須賀）を新設
　聯隊は二大隊四中隊とし、大正八年その充実を終った。聯隊本部は芸予重砲兵大隊の大隊本部を改変してこれに充て、各中隊は野戦重砲兵（旧称重砲兵）第一、第二聯隊の甲中隊および芸予重砲兵大隊より転属するものをもって充実した。
二、芸予重砲兵大隊は大正八年十二月廃止した。
三、由良重砲兵聯隊（衛戍地深山由良）を新設
　聯隊は二大隊六中隊とし、大正八年十二月新設に着手し、大正十年十二月その充実を終った。野戦重砲兵第三、第四聯隊の甲中隊ならびに長崎重砲兵大隊より転属するものをもって充実した。
四、長崎重砲兵大隊は大正十年十二月廃止した。
五、下関重砲兵大隊（衛戍地下関）を新設
　大隊は三中隊とし、野戦重砲兵第五、第六聯隊の甲中隊および長崎重砲兵大隊より転属するものをもって充実し、大隊本部は長崎重砲兵大隊本部を改変してこれに充てた。大正八年十二月新設に着手し、大正十年十二月編成終了。

大正九年
一、重砲兵隊の編制改正および呼称の変更

佐世保、基隆、旅順各重砲兵大隊の編制を改正し、また次のように部隊の称号を変更した。

東京湾重砲兵聯隊→横須賀重砲兵聯隊
由良重砲兵聯隊→深山重砲兵聯隊
下関重砲兵大隊→下関重砲兵聯隊
舞鶴重砲兵大隊→舞鶴重砲兵聯隊
函館重砲兵大隊→函館重砲兵聯隊
対馬重砲兵大隊→鶏知重砲兵大隊
鎮海湾重砲兵大隊→馬山重砲兵大隊
澎湖島重砲兵大隊→馬公重砲兵大隊

右各隊の編制改正の要領は左のとおり。なお舞鶴重砲兵聯隊と函館重砲兵聯隊の改称は大正十五年十二月よりとする。

	新編制	編制改正完了期間
深山重砲兵聯隊	三大隊七中隊	大正元年十二月〜同十二年十二月
	旧称由良重砲兵聯隊は大正十年十二月までに二大隊六中隊に部隊を新設の途中にあり	

横須賀重砲兵聯隊　二大隊六中隊　大正九年十二月～同十六年十二月
旧称東京湾重砲兵聯隊は二大隊四中隊とする

下関重砲兵聯隊　二大隊四中隊　大正九年十二月～同十年十二月
旧称下関重砲兵大隊は大正十年十二月までに三中隊に部隊を新設の途中にあり

函館重砲兵聯隊　二大隊四中隊　大正九年十二月～同十六年十二月
旧称函館重砲兵大隊は二中隊

舞鶴重砲兵聯隊　二大隊四中隊　大正九年十二月～同十六年十二月
旧称舞鶴重砲兵大隊は二中隊

佐世保重砲兵大隊　三中隊　大正九年十二月～同十一年十二月
本部中隊の人馬を増加する、部隊数変化なし

鶏知重砲兵大隊　三中隊　大正九年十二月～同十一年十二月
旧称対馬重砲兵大隊、本部中隊の人馬を増加する、部隊数変化なし

馬山重砲兵大隊　三中隊　大正九年十二月～同十四年十二月
旧称鎮海湾重砲兵大隊は二中隊

旅順重砲兵大隊　　三中隊　　大正九年十二月～同十四年十二月
　　　　　　　　　二中隊より三中隊に増加
基隆重砲兵大隊　　二中隊　　大正九年十二月～同十年十二月
　　　　　　　　　本部中隊の人馬を増加する、部隊数変化なし
馬公重砲兵大隊　　二中隊　　大正九年十二月～同十年十二月
　　　　　　　　　本部中隊の人馬を増加する、部隊数変化なし

以上の諸改正は大正十一年軍備整理により各種の改変を加えられ、その実現をみるに至らず中止となったものが少なくない。

要塞整理　戦史叢書　陸軍軍戦備

陸軍は第一次世界大戦の教訓に基づき、わが国領域の連絡を維持して国民自給の道を安全にするとともに、艦砲の長足の進歩に対応して、要塞および海軍根拠地の掩護を確実にする目的をもって、大正六年八月要塞再整理案を策定し、審議の後八年五月要塞整理委員を決定した。同要領は朝鮮海峡要塞系、津軽・豊予（広島、芸予、函館）要塞の新設（廃止）と既設要塞の改変を予定したものであった。

大正九年要塞整理に要する経費（経常費平年約一九四万円、臨時費合計一億二三六

三万円、一四か年継続）を成立させた陸軍は計画にもとづく要塞の新設改廃に着手したが、海軍が海軍活躍の拠点たらしめると同時に、敵海軍特にその潜水艦、航空機にわが領海近く活動する根拠地を与えないための施設を熱心に希望したので、陸軍は父島・奄美大島の建設と澎湖島要塞の強化に着手することとした。

大正十年十月ワシントン会議が開かれ、翌十一年二月太平洋の防備制限に関する条約が調印された。これにともない父島・奄美大島・澎湖島要塞工事は中止された。

要塞整理計画の変遷

明治四十二年　要塞整理案策定
明治四十五年　同審査完了
大正六年　要塞再整理案策定
大正八年　同審査完了、要塞整理要領として允裁を受ける
大正十一年　要塞再整理委員を設ける
大正十二年　要塞再整理要領の允裁を受ける
昭和八年　要塞整理修正計画の允裁を受ける
昭和十年　要塞整理再修正計画策定

要塞弾丸整理　大正七年四月　㊙

（旧式弾丸のみ抜粋）

砲種　弾丸名称・整理区分（整理後弾丸名称）

二十七糎加農　被帽弾存置、破甲弾甲存置、破甲弾乙存置、破甲榴弾存置、堅鉄破甲榴弾存置、榴弾甲廃止、榴弾乙存置（榴弾）、堅鉄弾甲存置、堅鉄弾乙存置

斯加式四十口径、克砲塔、二十七糎加農　被帽弾存置、破甲榴弾存置、堅鉄破甲榴弾存置、堅鉄破甲榴弾乙存置

二十五糎加農　堅鉄破甲榴弾存置、堅鉄弾甲廃止、堅鉄弾乙存置（堅鉄弾）

二十四糎加農　破甲弾廃止、堅鉄破甲榴弾存置、榴弾甲廃止、榴弾乙存置（榴弾）、堅鉄弾甲廃止、堅鉄弾乙廃止、堅鉄弾丙存置（堅鉄弾）

加式三十口径二十四糎加農　被帽弾存置、堅鉄破甲榴弾廃止、堅鉄弾存置（堅鉄弾乙）

安式三十口径二十四糎加農　被帽弾存置、堅鉄破甲榴弾廃止、堅鉄弾存置（堅鉄弾乙）

安式三十五口径二十四糎加農　被帽弾存置、破甲弾存置、堅鉄破甲榴弾存置、堅鉄

弾甲存置（堅鉄弾）、堅鉄弾乙存置（堅鉄弾演習用）、堅鉄弾丙存置（堅鉄弾演習用）、榴弾存置（榴弾演習用）

斯式三十六口径二十四糎加農　被帽弾存置、破甲弾存置、堅鉄破甲榴弾存置、榴弾存置、堅鉄弾存置

克式二十五口径二十四糎加農（一八八〇、八一、八二、八五年製）被帽弾廃止、破甲弾甲存置、破甲弾乙存置、破甲弾丙存置、堅鉄破甲榴弾存置、堅鉄弾甲廃止、堅鉄弾乙存置（堅鉄弾）、榴弾甲存置、榴弾乙存置、榴弾丙存置

克式三十五口径二十一糎加農　被帽弾存置、破甲弾存置、堅鉄破甲榴弾存置、堅鉄弾存置、榴弾甲存置、榴弾乙廃止、榴弾丙存置

十九糎加農　榴弾存置、堅鉄弾存置

四五式十五糎加農　破甲榴弾存置、榴霰弾存置、破甲榴弾代用弾存置、榴霰弾代用弾存置

克、参砲塔十五糎加農　破甲榴弾存置、榴弾存置（堅鉄弾）

斯加式十五糎速射加農　堅鉄破甲榴弾存置、堅鉄弾甲廃止、堅鉄弾乙存置（堅鉄弾）

克式三十五口径十五糎加農　破甲弾存置、堅鉄破甲榴弾存置、堅鉄弾甲存置、堅鉄

弾乙存置、榴弾甲存置、榴弾乙廃止、榴弾丙廃止、榴霰弾甲存置（榴霰弾演習用）、榴霰弾乙存置（榴霰弾演習用）

安式十二吋加農　被帽弾甲廃止、被帽弾乙存置（被帽弾）、堅鉄破甲榴弾存置、堅鉄弾甲存置（堅鉄弾）、堅鉄弾乙存置（堅鉄弾演習用）、堅鉄弾丙存置（堅鉄弾演習用）、榴弾甲廃止、榴弾乙存置（榴弾）

安式十吋加農　被帽弾甲廃止、被帽弾乙存置（被帽弾）、堅鉄破甲榴弾存置、堅鉄弾甲存置、堅鉄弾乙存置、堅鉄弾丙存置（堅鉄弾演習用）、榴弾甲廃止、榴弾乙存置（榴弾）

安式八吋加農　被帽弾甲廃止、被帽弾乙存置（被帽弾）、堅鉄破甲榴弾存置、堅鉄弾甲存置、堅鉄弾乙存置、堅鉄弾丙存置（堅鉄弾演習用）、榴弾甲廃止、榴弾乙存置（榴弾）

安式七吋加農　堅鉄破甲榴弾廃止、榴弾甲廃止

安式六吋加農　堅鉄破甲榴弾存置、鋳鉄破甲榴弾存置、榴弾甲廃止

十二糎加農　鋳鉄破甲榴弾甲廃止、鋳鉄破甲榴弾乙存置、鋳鉄破甲榴弾丙廃止、鋳鉄破甲榴弾丁存置、鋳鉄破甲榴弾戊存置（鋳鉄破甲榴弾乙）、鋳鉄破甲榴弾己廃止、榴弾甲存置、榴弾乙存置、榴霰弾甲存置、榴霰弾乙存置、霰弾廃止

克式三十五口径十二糎加農　鋳鉄破甲榴弾甲存置、鋳鉄破甲榴弾乙存置、鋳鉄破甲
　榴弾丙存置、鋳鉄破甲榴弾丁存置（鋳鉄破甲榴弾乙）、榴弾存置、榴霰弾廃止
克式十二糎加農　破甲弾存置、鋳鉄破甲榴弾甲廃止、鋳鉄破甲榴弾乙存置、榴弾甲
　廃止、榴弾乙存置、榴霰弾甲廃止、榴霰弾乙廃止
鋼銅製十二糎速射加農　破甲榴弾存置、鋳鉄破甲榴弾甲存置、鋳鉄破甲榴弾乙存置、
　鋳鉄破甲榴弾丙存置（鋳鉄破甲榴弾甲）、榴弾存置、榴霰弾乙存置（榴霰弾）、代
　用弾乙廃止
斯加式十二糎速射加農　破甲榴弾存置、鋳鉄破甲榴弾甲存置、鋳鉄破甲榴弾乙存置、
　鋳鉄破甲榴弾丙存置、鋳鉄破甲榴弾丁存置（鋳鉄破甲榴弾乙）、榴弾存置、榴霰
　弾甲存置、榴霰弾乙存置、代用弾甲廃止、代用弾乙存置（代用弾）
馬式十二糎速射加農　破甲榴弾存置、鋳鉄破甲榴弾甲存置、鋳鉄破甲榴弾乙存置、
　鋳鉄破甲榴弾丙存置（鋳鉄破甲榴弾乙）、鋳鉄破甲榴弾丁存置（鋳鉄破甲榴弾乙）、
　榴弾存置
克式四十口径十二糎速射加農　破甲榴弾存置、被帽弾甲存置、被帽弾乙存置、鋳鉄
　破甲榴弾甲存置、鋳鉄破甲榴弾乙存置、鋳鉄破甲榴弾丙存置、鋳鉄破甲榴弾丁存
　置（鋳鉄破甲榴弾乙）、榴弾存置、榴霰弾乙存置（榴霰弾）

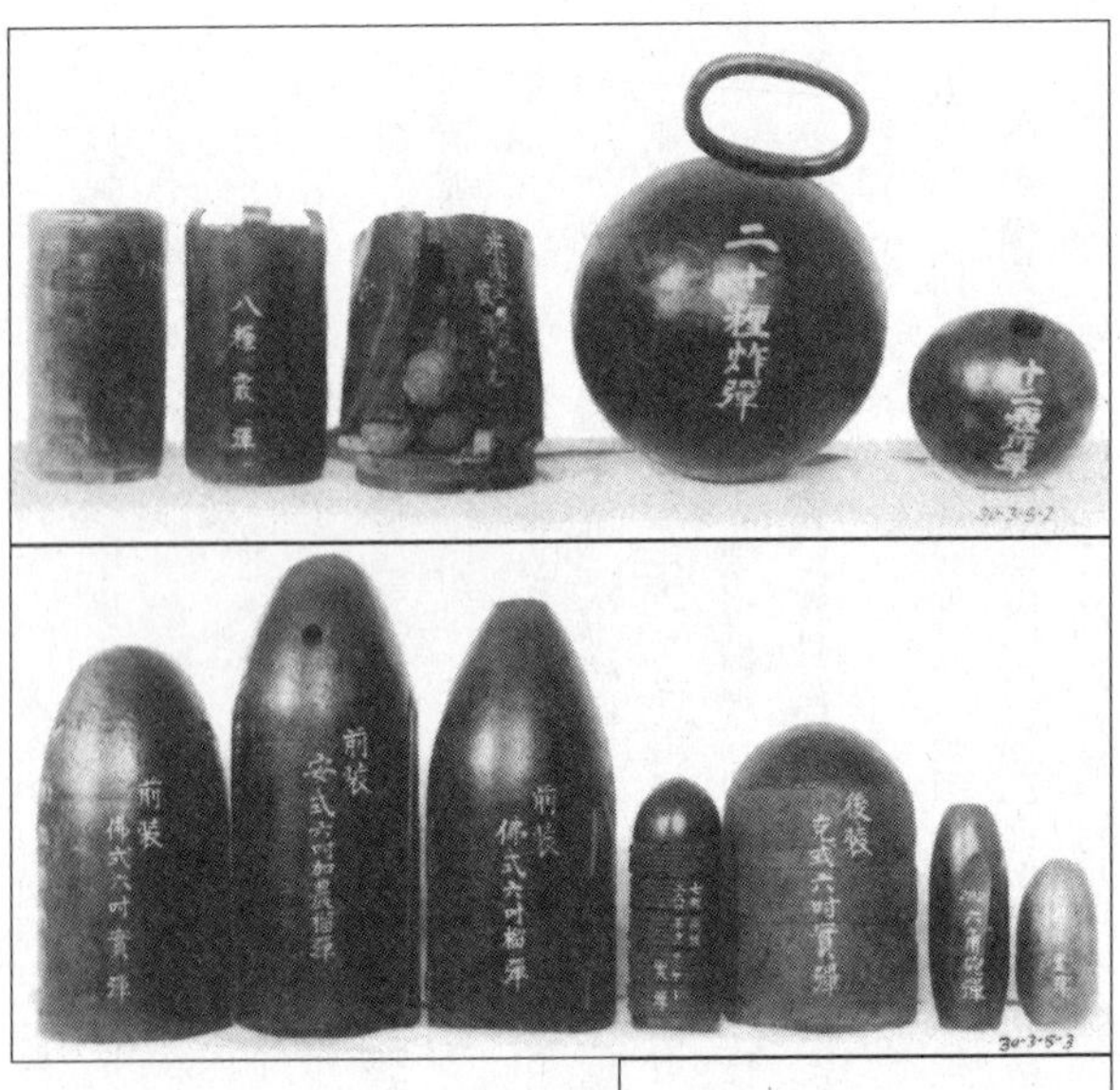

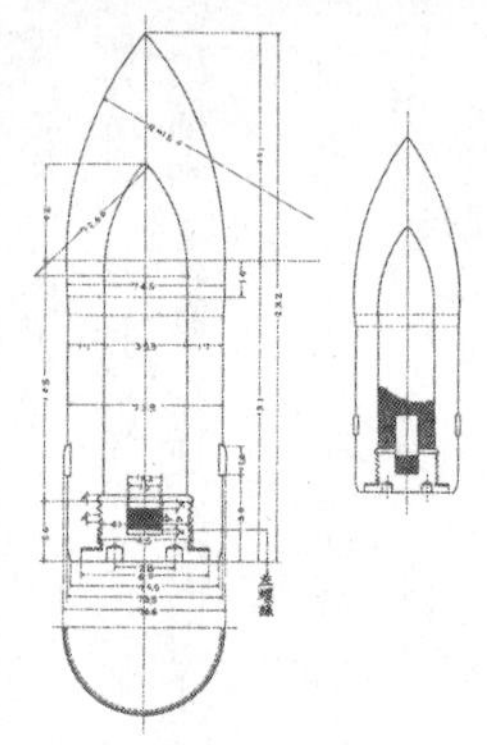

（上）各種旧式霰弾・炸弾
（中）外国製各種旧式榴弾・実弾
（下）七糎速射加農弾薬堅鉄弾４・87kg

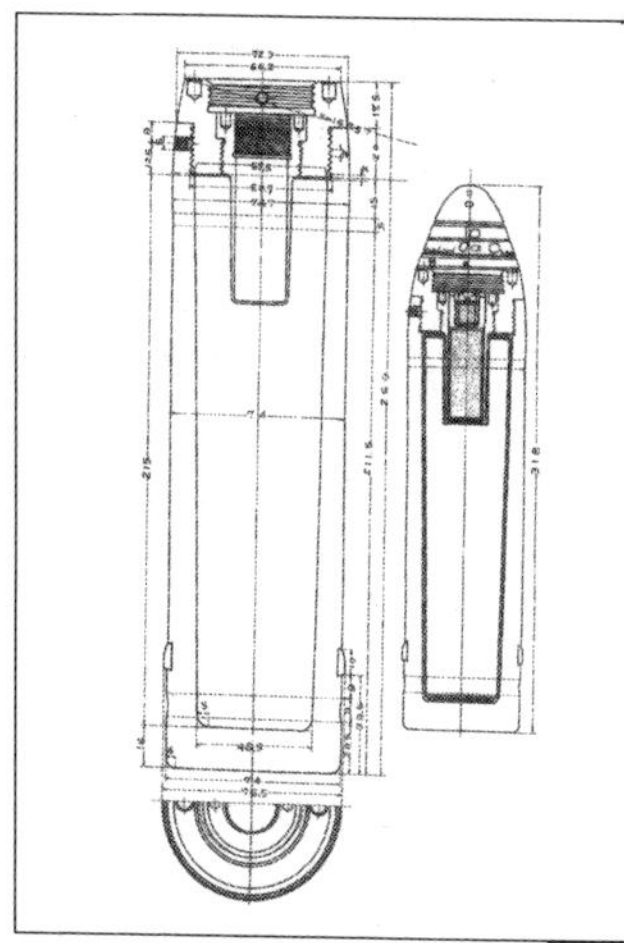

七糎半速射加農弾薬榴弾6・47kg

七糎半速射加農弾薬破甲弾4・918kg

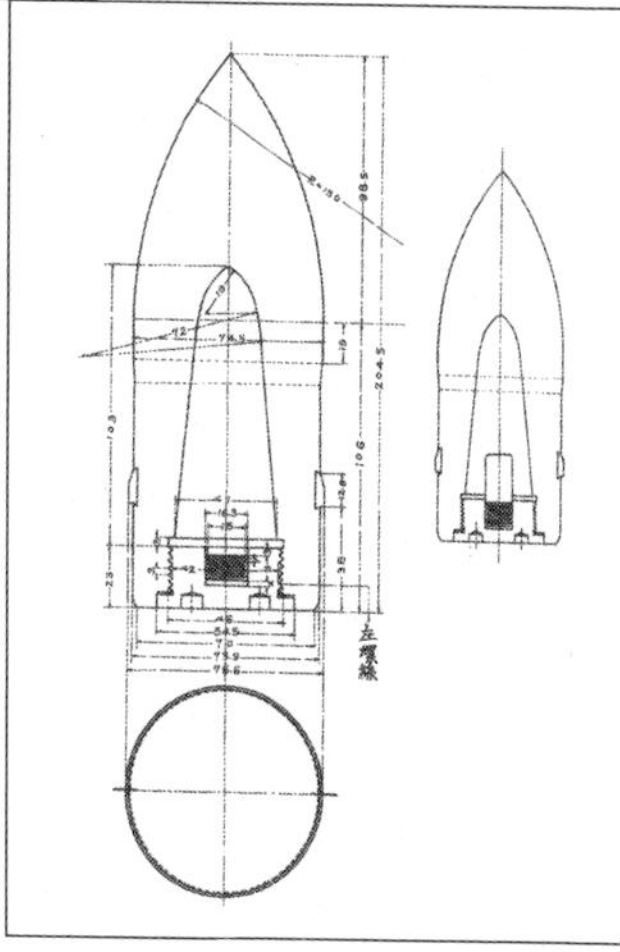

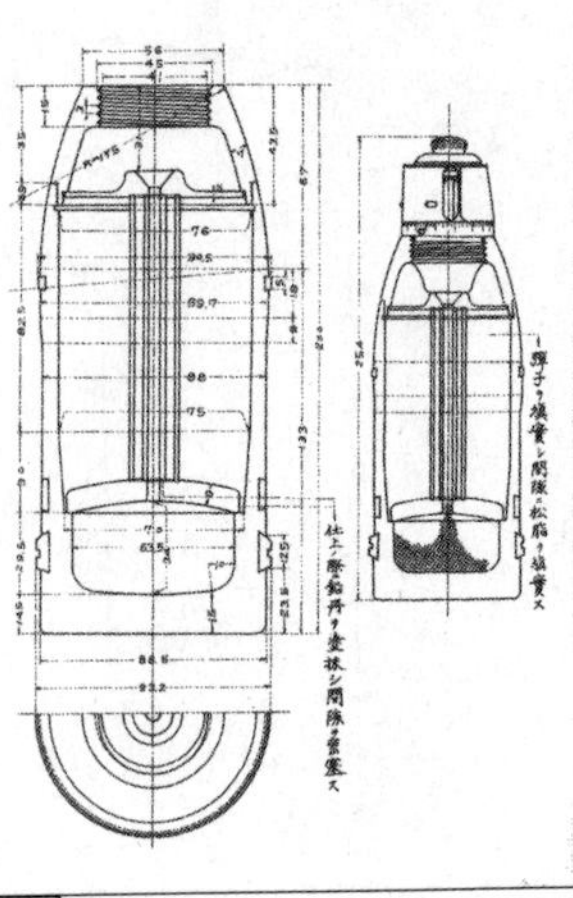

鋼銅製九糎速射加農弾薬榴霰弾（演習用）7・8kg

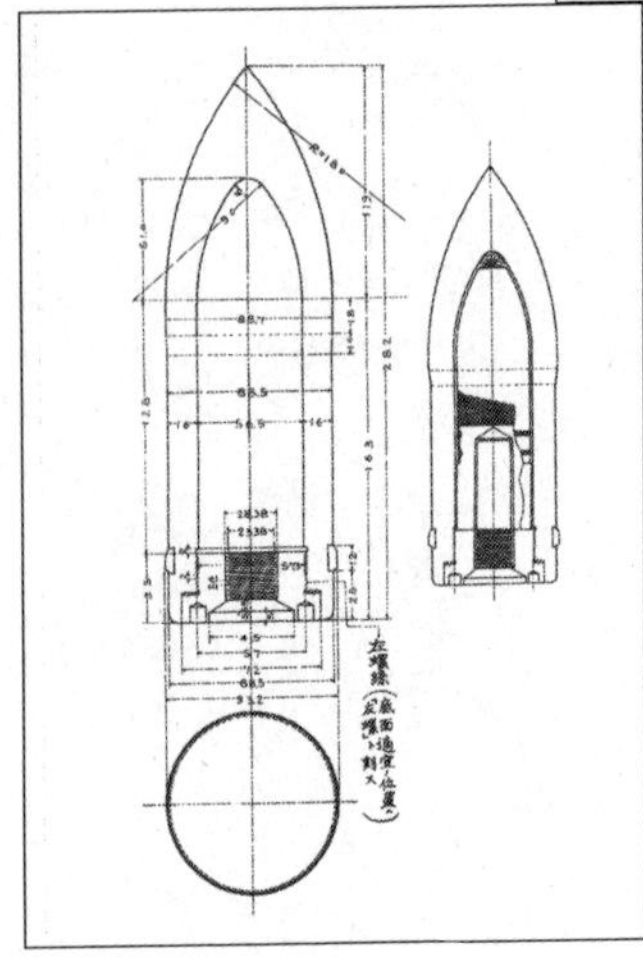

鋼銅製九糎速射加農弾薬鋳鉄破甲榴弾（丁）7・6kg

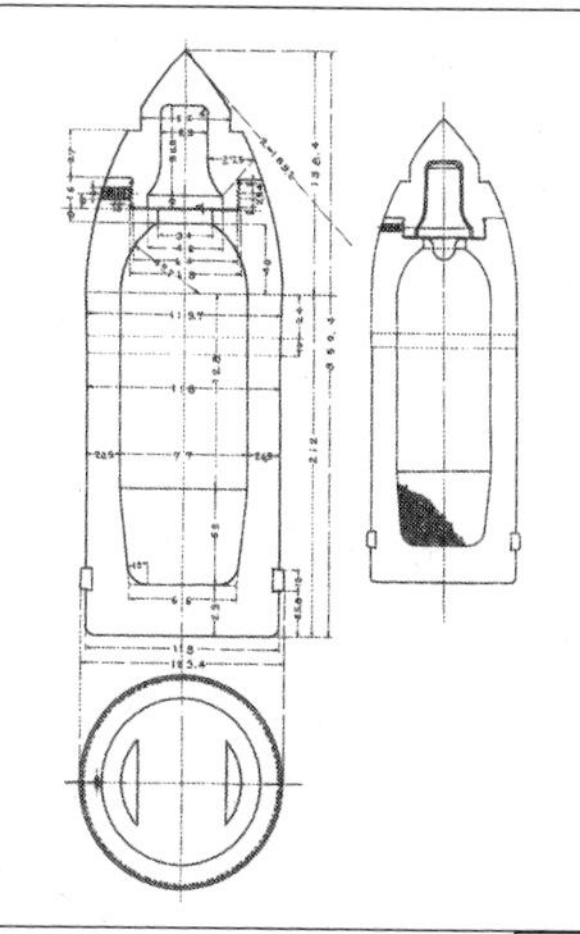

十二糎加農弾薬鋳鉄破甲榴弾(丁)16・48kg

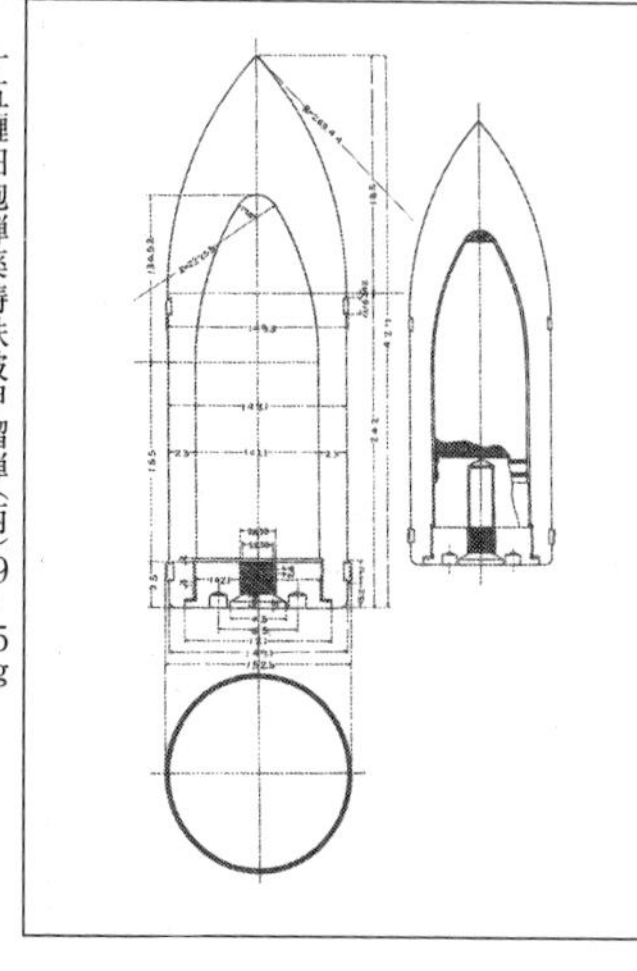

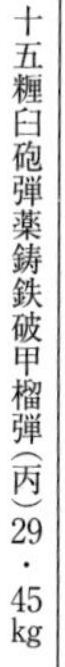

十五糎臼砲弾薬鋳鉄破甲榴弾(丙)29・45kg

克式三十五口径十五糎加農弾薬堅鉄弾（乙）51kg

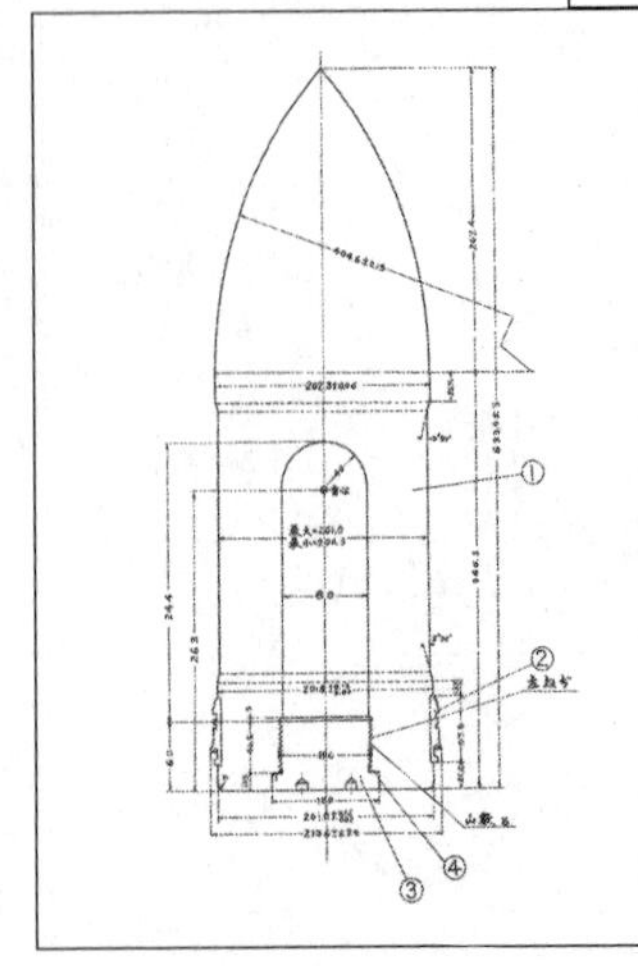

砲塔四十五口径二十糎加農弾薬代用弾（填砂）

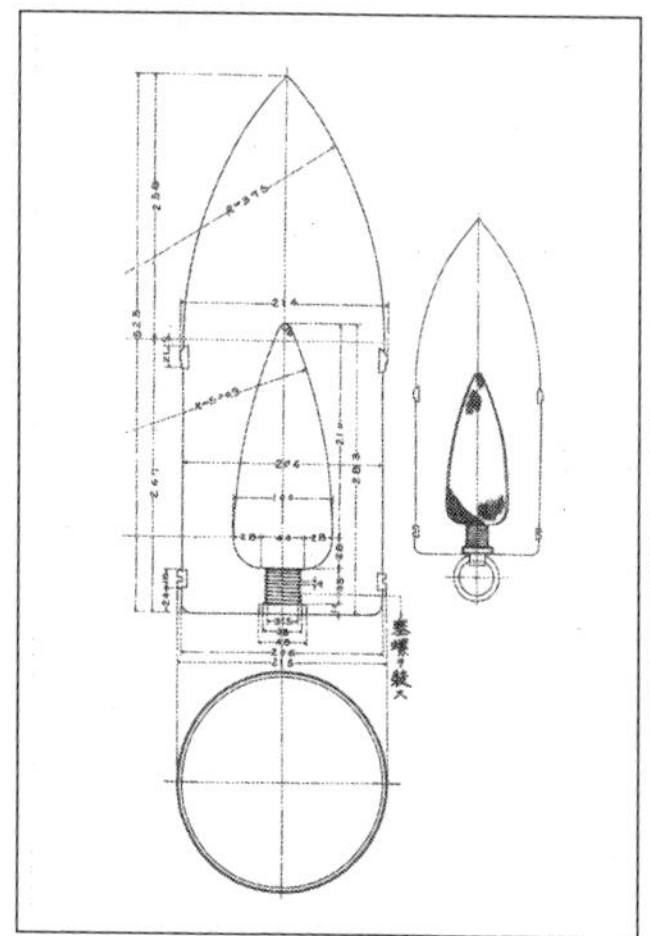

克式二十五口径二十一糎加農弾薬堅鉄弾92kg

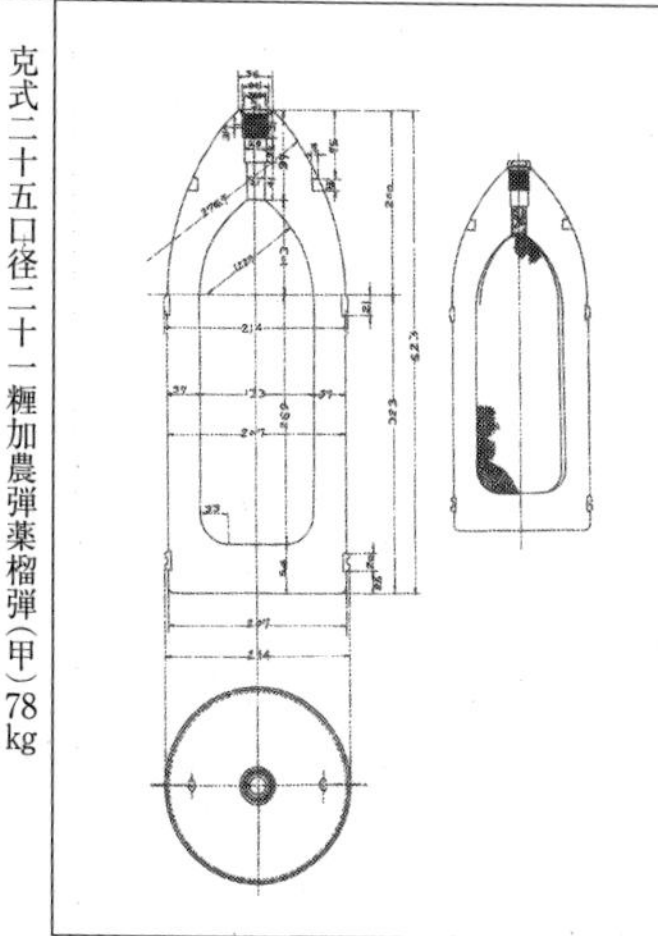

克式二十五口径二十一糎加農弾薬榴弾(甲)78kg

克式二十四糎加農弾薬榴弾（丁）２１５kg

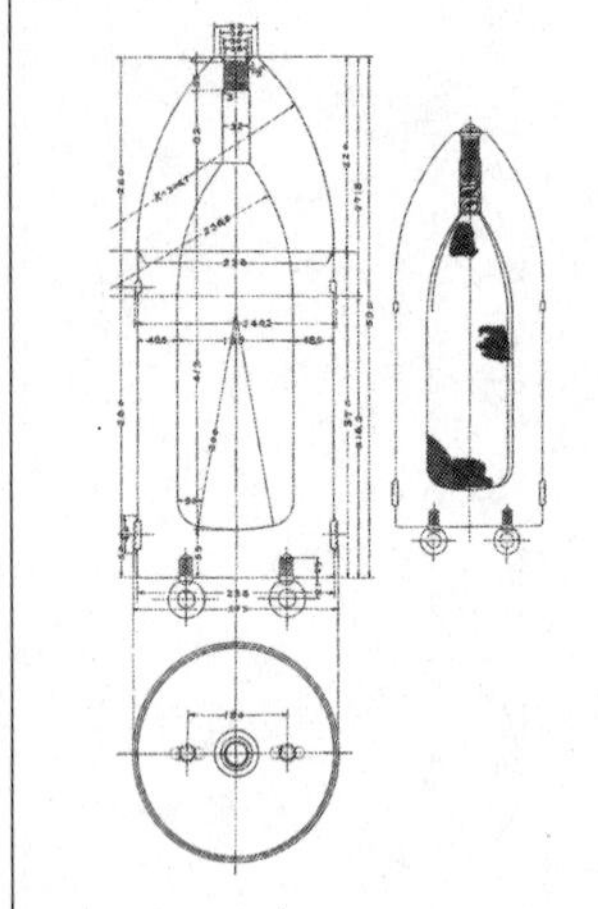

二十六口径二十四糎加農弾薬榴弾１２５・８kg

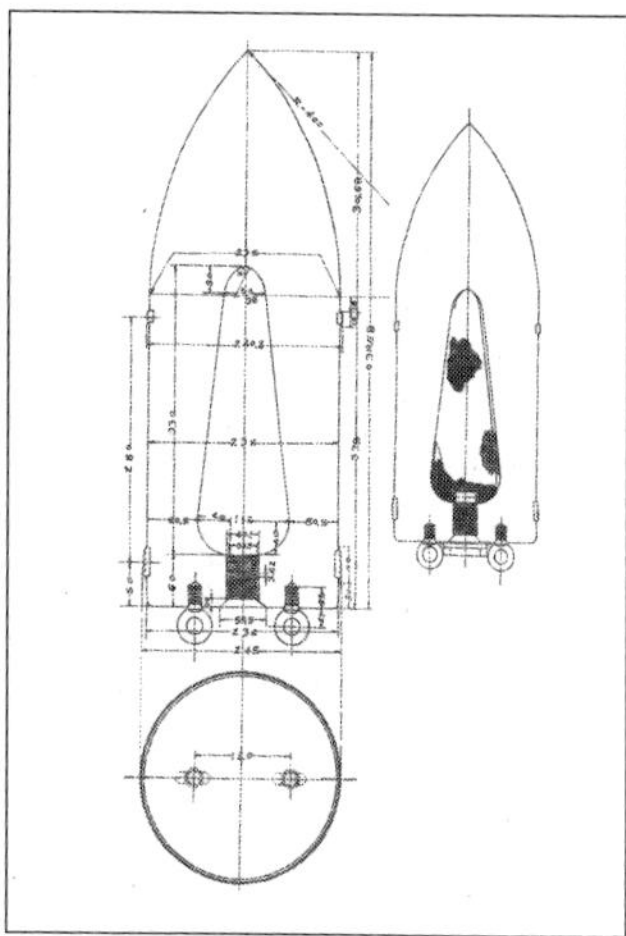

二十六口径二十四糎加農弾薬堅鉄弾１５０kg

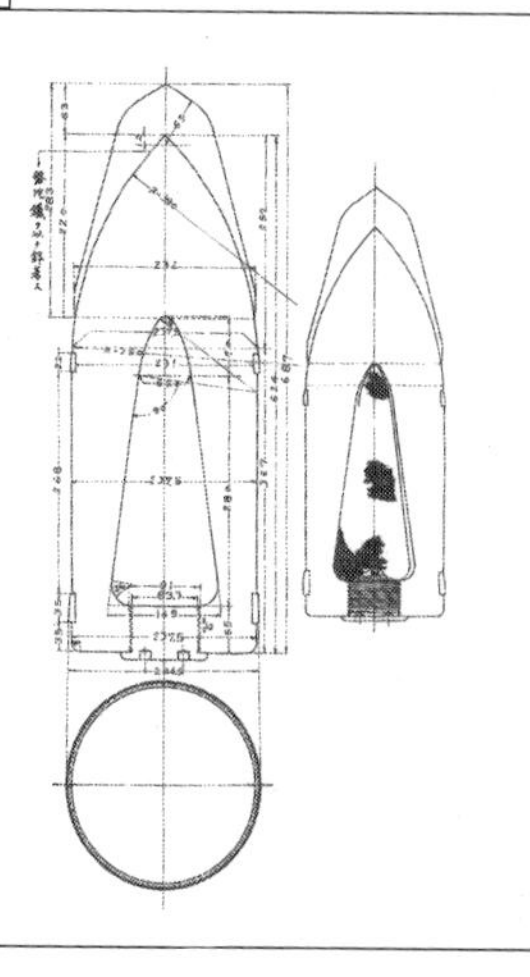

斯式三十六口径二十四糎加農弾薬被帽弾１７５kg

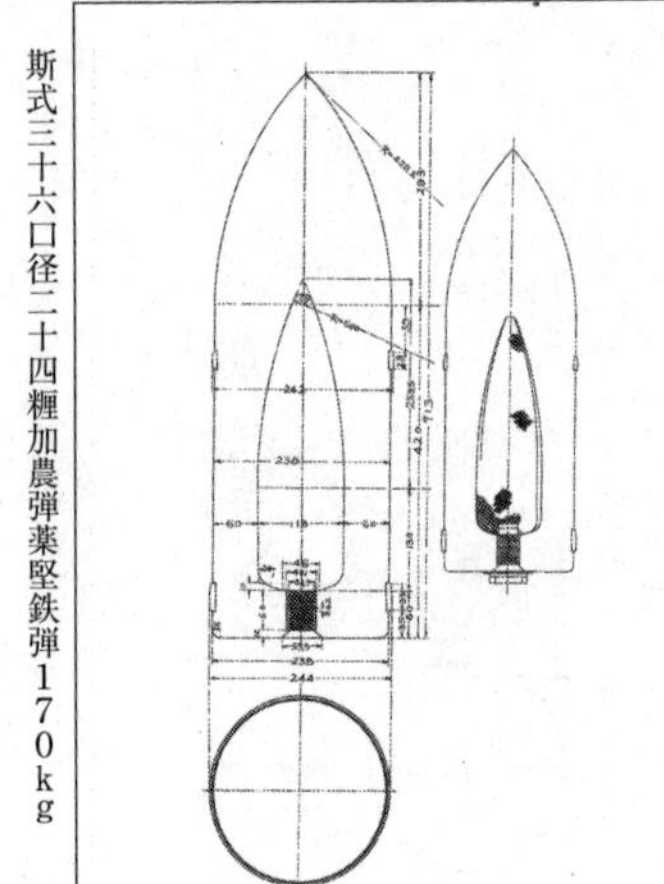

斯式三十六口径二十四糎加農弾薬堅鉄弾170kg

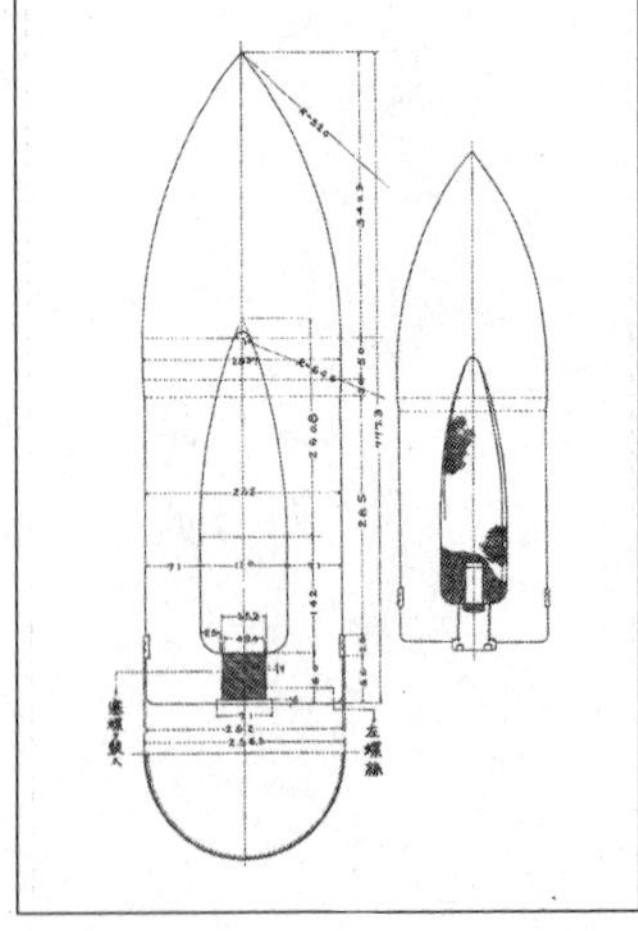

安式十吋加農弾薬堅鉄弾(乙)208kg。アームストロング社製。日清戦争鹵獲

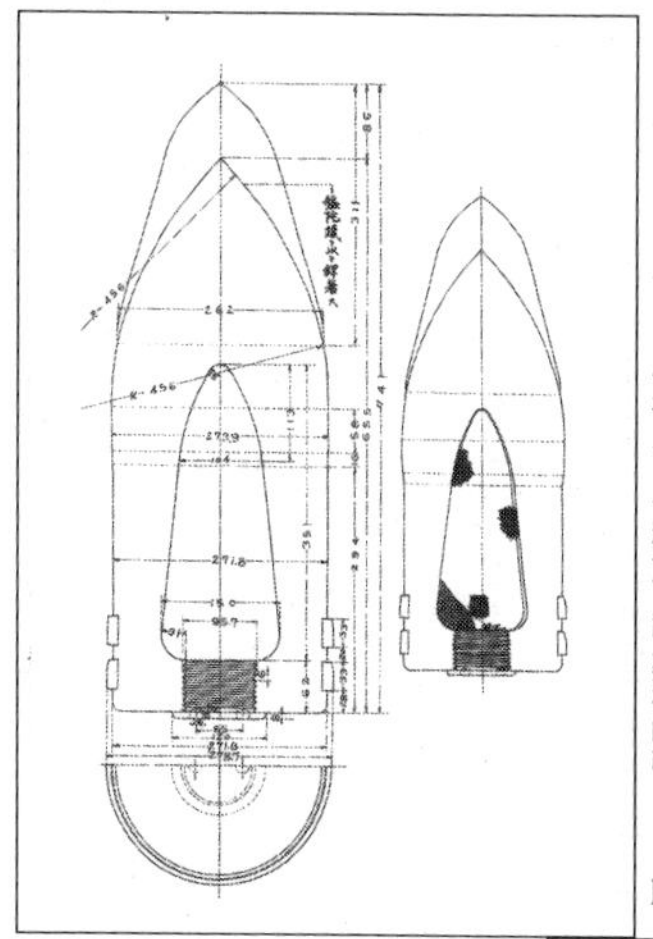

斯加式四十口径・克砲塔二十七糎加農弾薬被帽弾250kg

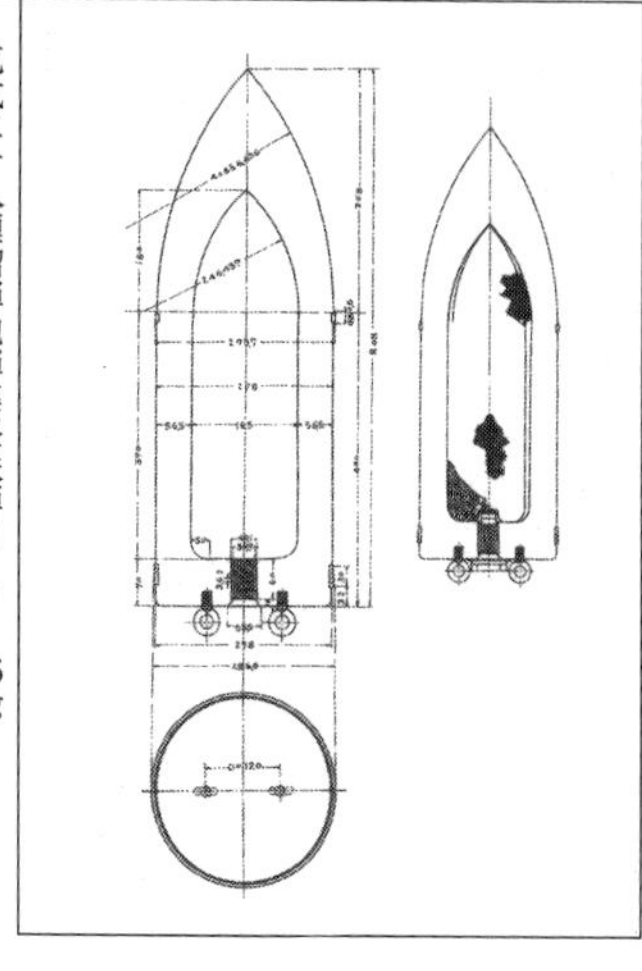

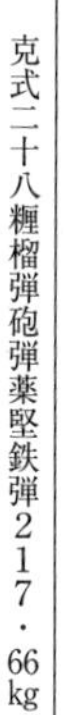

克式二十八糎榴弾砲弾薬堅鉄弾217・66kg

克式十糎半速射加農　鋳鉄破甲榴弾甲廃止、鋳鉄破甲榴弾乙廃止、鋳鉄破甲榴弾丙廃止、鋳鉄破甲榴弾丁廃止、榴弾廃止、榴霰弾甲廃止、榴霰弾乙廃止

克式三十五口径十糎加農　鋳鉄破甲榴弾甲廃止、鋳鉄破甲榴弾乙存置、鋳鉄破甲榴弾丙存置、鋳鉄破甲榴弾丁存置、榴弾甲存置、榴弾乙存置、榴弾丙存置、榴弾丁廃止、榴弾戊存置、榴霰弾乙存置、榴霰弾丙存置

二十八糎榴弾砲　破甲榴弾廃止、堅鉄破甲榴弾甲廃止、堅鉄破甲榴弾乙存置（堅鉄破甲榴弾）、堅鉄破甲榴弾丙廃止、堅鉄弾甲廃止、堅鉄弾乙廃止、堅鉄弾丙存置（堅鉄弾）

克式二十八糎榴弾砲　堅鉄破甲榴弾廃止、破甲弾甲廃止、破甲弾乙存置（破甲弾）、堅鉄弾甲廃止、堅鉄弾乙存置（堅鉄弾）、榴弾廃止

二十四糎臼砲　堅鉄破甲榴弾廃止、堅鉄弾廃止

二十三糎臼砲　堅鉄破甲榴弾廃止、堅鉄弾甲存置、堅鉄弾乙存置

克式十五糎臼砲　鋳鉄破甲榴弾廃止、榴弾廃止、榴霰弾廃止

鋼銅製九糎速射加農　破甲榴弾存置、鋳鉄破甲榴弾甲存置、鋳鉄破甲榴弾乙存置、鋳鉄破甲榴弾丁存置、榴弾存置、榴霰弾乙廃止、榴霰弾丙存置（榴霰弾）

斯加式九糎速射加農　破甲榴弾存置、鋳鉄破甲榴弾甲存置、鋳鉄破甲榴弾乙存置、

鋳鉄破甲榴弾丙存置、鋳鉄破甲榴弾丁存置、榴弾存置、榴霰弾甲存置、榴霰弾乙存置、代用弾甲廃止、代用弾乙存置（代用弾）

七糎半速射加農　榴弾存置、榴霰弾廃止、破甲弾存置、堅鉄弾存置

馬式五十七密砲　破甲弾乙存置（破甲弾）、堅鉄弾存置

四十七密砲　破甲弾存置（破甲弾甲）、榴弾存置

九糎加農　鋳鉄破甲榴弾甲存置、鋳鉄破甲榴弾乙存置、鋳鉄破甲榴弾丙存置、鋳鉄破甲榴弾丁存置、鋳鉄破甲榴弾戊存置、鋳鉄破甲榴弾己存置、榴弾存置、榴霰弾甲存置、榴霰弾乙存置、霰弾廃止

要塞整理要領　大正八年四月　極秘

一、東京湾要塞

砲台	現在の砲種および砲数	整理案
猿島第一	加式二十八口径二十七加二	廃止
第二	二十三口径二十四加四	廃止
走水高	加式鋼製二十八口径二十七加四	同左　走水砲台と改称
低	斯加式三十六口径二十七加四	廃止　火砲は由良要塞高崎第一

		へ移す
花立台	十二加四	廃止
	十五臼四	廃止
	九臼四	廃止
	二十八榴八	二十八榴四
観音崎第二	二十六口径二十四加六	廃止
第三	二十八榴四	同左　観音崎砲台と改称
第四	克式三十五口径前心軸十五加四	廃止
南門	鋼銅製二十六口径九速加四	廃止
	鋼銅製二十六口径十二速加三	廃止
三軒家	加式鋼製二十八口径二十七加四	廃止
	馬式十二速加二	廃止
大浦	九加二	廃止御裁可済
	九臼四	廃止御裁可済
腰越	九加二	廃止御裁可済
	九臼二	廃止御裁可済

海堡第一	十九加一	廃止
	斯加式十二速加四	同左
	昇降砲架二十八榴一二	同左
第二	斯加式隠顕砲架四十口径二十七加四	同左
	砲塔四十五口径二十七加二	同左
	参砲塔四十口径十五加四	同左
	克砲塔四十口径十五加四	同左
第三	十五速加六	十五速加四
	十速加八	同左
千代ヶ崎	十二加四	廃止
	二十八榴六	同左
	十五臼四	廃止
西浦	二十三口径三十榴四	同左　大正六年一二月六日起工、目下工事中
三崎第一	二十三口径三十榴四	同左　大正七年一二月一日起工、目下工事中

第二		四十一榴四
高麗山		四十一榴四
予備砲		四五式十五加四
		三八式十加四
	三八式野二四	野二四
	三一式速山一二	山一二
		十二榴一二
		十五臼六
		九臼六
	三八式機関銃四二	機関銃四二

二、由良要塞

砲台	現在の砲種および砲数	整理案
由良方面		
生石山第一	二十八榴六	同左
第二	二十八榴六	同左
第三	斯式三十六口径二十四加四	同左

	二十六口径二十四加四	廃止
第四	斯式三十口径二十七加四	同左
第五	克式四十口径十二速加四	同左
真野谷		十六口径三十榴四
高崎右翼	安式隠顕砲架三十五口径二十四加二	斯加式三十六口径二十七加四（東京湾走水要塞から充用）
左翼	克式二十五口径前心軸二十四加六	十五速加四（右翼を第一、左翼を第二に改称）
成山第一	克式三十五口径中心軸二十一加六	廃止御裁可済
	克式三十五口径中心軸十五加二	廃止御裁可済
赤松山	九加六	廃止御裁可済
伊張山	九加四	廃止御裁可済
友島方面		
友島第一	斯式三十口径二十七加四	同左
第二	加式鋼製二十八口径二十七加四	同左
第三	二十八榴六	同左

第四	二十八榴六	同左
第五	斯加式十二速加六	同左
虎島	斯加式九速加四	同左
深山方面		
男良谷	斯加式十二速加四	同左
加太	三十口径二十七加四	同左
田倉崎	二十八榴六	同左
	三八式野四	廃止
西ノ庄	十二加六	廃止
	三八式野二	廃止
佐瀬川	九加六	廃止
鳴門方面		
門崎	克式三十五口径前心軸二十四加二	同左
	斯加式九速加二	同左
笹山	二十八榴六	同左
行者嶽	二十六口径二十四加六	同左

柿原	九加四	廃止
	三八式野六	廃止
	二十八榴六	同左
予備砲		野八
	四一式山一二、三一式速山四	山一二　四一式山一二は大正九年交付予定
		十二榴八
		十五臼六
	九臼八	九臼六
	三八式機関銃四〇	機関銃三四

三、豊予要塞

砲台	整理案	
高島第一	斯加式十二速加四	十二速加は対馬大平のものを充用
第二	斯加式十二速加二	十二速加は下関龍司山のものを充用
第三	十六口径三十榴四	
佐田岬第一	斯加式十二速加四	十二速加は対馬大平のものを充用

第二　十五速加四
第三　十六口径三十榴四
第四　十六口径三十榴四
第五　十六口径三十榴四
第六　十六口径三十榴四
予備砲　四五式十五加四
七・五速加四
野四
山一二
十二榴四
九臼六
機関銃二〇

四、下関要塞

砲台	現在の砲種および砲数	整理案
火ノ山第一	二十八榴四	廃止
第二	二十八榴四	廃止

	第三	二十三口径二十四加八	廃止
	第四	十二加四	廃止
		二十八榴二	廃止
		十五臼四	廃止
門司		加式三十口径二十四加一	廃止
		安式三十口径二十四加一	廃止
筋山		二十六口径二十四加四	廃止
田ノ首		加式鋼製二十八口径二十七加四	斯加式十二速加四　龍司山より充用
老ノ山		二十八榴一〇	二十八榴四
龍司山		斯加式十二速加六	十二速加四は田ノ首、二は豊予へ移す
		十五臼二	廃止御裁可済
		九臼四	廃止御裁可済
一里山		十二加四	廃止御裁可済
		十五臼四	廃止御裁可済
戦場ケ野		十二加八	廃止

	十五臼四	廃止
富野	十二加八	廃止御裁可済
	十五臼二	廃止御裁可済
高蔵山	十二加六	廃止御裁可済
	十五臼六	廃止御裁可済
矢筈山	九加四	廃止御裁可済
	十五臼四	廃止御裁可済
金比羅山	二十八榴八	二十八榴四
	十二加四	廃止
六連		十六口径三十榴四
室津下		二十三口径三十榴四
蓋井島		四十一榴四
八幡岬		四十一榴四
予備砲		四五式十五加四
		三八式十加八
		七・五速加四

三一式速射野一二、三八式野八　野二〇
三一式速山一二　山八
十二榴一二
十五臼六
九臼六
三八式機関銃三四　機関銃三四

五、壱岐要塞
砲台　整理案
勝本第一　砲塔三十五加二
　第二　砲塔三十五加二
　第三　砲塔三十五加二
馬渡島　二十三口径三十榴四
加唐島　二十三口径三十榴四
鷹島　二十八榴四
壱岐大島　二十三口径三十榴四
的山大島　二十三口径三十榴四

予備砲	四五式十五加四
	三八式十加四
	野一二
	山一六
	十二榴一二
	十五臼六
	九臼一二
	機関銃四〇

六、対馬要塞

砲台	現在の砲種および砲数	整理案
大平高	斯加式十二速加四	廃止御裁可済
低	斯加式十二速加四	廃止御裁可済
城山附属	九臼四	廃止御裁可済（大平要塞の火砲は豊予要塞へ移す）
上見坂	九加四	廃止
	三一式速野四	廃止

根緒	二十八榴四	廃止
	十二加四	廃止
多功崎	克式二十五口径中心軸二十四加二	廃止
姫神山	二十八榴六	同左
折瀬ヶ鼻高		斯加式三十六口径二十七加四（火砲は広島湾要塞岸根砲台より充用）
低	斯加式十二速加二	同左
郷山	二十八榴四	同左
樫岳	二十八榴四	同左
廻		三十六口径二十七加四（大阪陸軍兵器支廠のものを備える）
千俵蒔山		砲塔三十五加二
豆酘崎		砲塔三十五加二
湊		砲塔三十五加二
豊		二十三口径三十榴四

松無山		砲塔三十五加二
神山		砲塔三十五加二
碇隈山		砲塔三十五加二
予備砲		四五式十五加四
		七・五速加四
	三八式野四九、三一式速野一五	廃止
	三一式速山三八	山二八
		十二榴八
	十五臼二四	十五臼一二
	九臼八	九臼二四
	三八式機関銃六〇	機関銃五〇

七、鎮海湾要塞

砲台	現在の砲種および砲数	整理案
外洋浦	二十八榴六	同左
猪島	二十八榴六	同左
猪島西	三一式速野四	廃止

南	三一式速野四	廃止
絶影島第一		砲塔三十五加二
第二		砲塔三十五加二
張子嶝		砲塔三十五加二
長承浦		二十三口径三十榴四
予備砲		四五式十五加四
		三八式十加二
		七・五速加八
	三一式速野八	野四
	三一式速山一二	山一六
		十二榴一二
		九臼一二
	三八式機関銃一二	機関銃三四

八、佐世保要塞

砲台	現在の砲種および砲数	整理案
高後崎	斯加式九速加四	廃止

小首	克式三十五口径中心軸二十四加四	廃止
	克式三十五口径前心軸十五加二	廃止
丸出山	克式三十五口径中心軸二十四加四	十五速加四
	二十八榴四	廃止
石原岳	克式三十五口径十加六	廃止御裁可済
	九臼四	廃止御裁可済
牽牛崎	二十八榴六	廃止
	十二加四	廃止
	十五臼四	廃止
前岳	十二加六	廃止御裁可済
	十五臼四	廃止御裁可済
面高	二十八榴四	廃止
	九臼二	廃止
	斯加式十二速加四	同左
志々伎		十六口径三十榴四
江ノ島		二十三口径三十榴四

松島第一		三十口径二十七加四（広島湾鷹ノ巣低砲台より火砲を移す）
第二		二十三口径三十榴四
予備砲	三一式速野八、三八式野八、 三吋速野四、三一式速山八	七・五速加四 山二〇 十二榴八 十五臼六 九臼六
	三八式機関銃三二	機関銃二八

九、長崎要塞

砲台	現在の砲種および砲数	整理案
神ノ島	二十八榴八	二十八榴六
同低	斯加式九速加四	同左
蔭ノ尾島	斯加式九速加四	同左
予備砲	三八式野四	廃止

	三一式速山一二	山八
		十二榴四
	三八式機関銃一二	機関銃一八

一〇、基隆要塞

砲台	現在の砲種および砲数	整理案
木山	二十八榴六	同左
白米甕	安式二十八口径八吋加四	廃止
万人頭	鋼銅製九速加二	廃止
社寮島	加式三十口径二十七加四	同左
	三一式速野二	廃止
槓仔寮	二十八榴六	同左
	鋼銅製九速加二	廃止
深澳	十二加六	廃止
	三一式速野四	廃止
大武崙	九加四	廃止
	三一式速野四	廃止

牛稠嶺	克式二十五口径前心軸二十一加四	廃止
公山尾	安式二十八口径六吋加四	廃止御裁可済
八尺門	安式二十八口径八吋加三	廃止御裁可済
予備砲	十二加八	廃止
	九加一八	七・五速加四
	三一式速野二八	野四
	三一式速山四八	山一六
		十二榴八
	十五臼一六	廃止
	九臼一二	同左
	三八式機関銃二四	機関銃二四

一一、澎湖島要塞

砲台	現在の砲種および砲数	整理案
漁翁島		
外按社		砲塔三十五加二
西嶼西堡塁	二十八榴六	同左　西砲台と改称

東堡塁　安式二十八口径十二吋加四　十五速加四　東砲台と改称
附属　鋼銅製九速加四　廃止
内按社　克式二十四口径十二加六　廃止
九臼四　廃止

澎湖島

天南　鋼銅製九速加二　廃止御裁可済
安式二十八口径十吋加二　廃止御裁可済
大山堡塁　安式二十八口径十吋加四　十五速加四　大山砲台と改称
鶏舞塢山　二十八榴六　廃止
三一式速野四　廃止
拱北山第一　二十八榴六　廃止
第二　克式三十五口径中心軸十五加六　廃止
十五臼四　廃止
第一框舎　三一式速野四　廃止
第二框舎　三一式速野二　廃止
猪母水　砲塔三十五加二

予備砲	九加六	三八式十加八
	三一式速野一四	野三六
	三一式速山八	廃止
		十二榴八
	十五臼四	廃止
	九臼八	廃止
	三八式機関銃三六	機関銃四〇

一二、旅順要塞

砲台	現在の砲種および砲数	整理案
揚家屯高	斯加式四十五口径十五速加二	同左
低	二十八榴四	同左
潮口	二十八榴四	同左
城頭山	斯加式四十五口径十五速加四	廃止、火砲は大連要塞大孤山西へ移す
鶏冠山低	二十八臼四	廃止御裁可済
饅頭山	五十口径七半速加二	廃止御裁可済
黄金山高	二十八臼四	同左

低	四十五口径二十五加五	同左
附属	五十口径七半速加二	廃止
模珠礁	五十口径七半速加四	廃止
嶗嵂嘴低	二十三臼六	廃止
南夾板嘴	四十五口径十五速加四	同左
	五十口径七半速加二	廃止
予備砲	五十口径七半速加六	廃止
	三八式野八、三一式速野五二	野一二
	三一式速山一二	山八
	馬式五十七密速五	廃止
	四十七密速二四	廃止
		十二榴一二
	三八式機関銃三六	機関銃二〇

一三、大連要塞

砲台	現在の砲種および砲数	整理案
台子山	二十八榴四	廃止

砲台	現在の砲種および砲数	整理案
老虎	二十八榴四	同左
三山島第一		砲塔三十五加二
第二		砲塔三十五加二
第三	二十八榴四	同左
大孤山東	二十八榴四	同左
西		斯加式四十五口径十五速加四（旅順要塞城頭山より火砲を移す）
小平島		二十三口径三十榴四
予備砲		四五式十五加四
		野二〇
		山八
		十二榴一六
		機関銃二四

一四、元山要塞

砲台	現在の砲種および砲数	整理案
大島第一	五十口径七半速加四	同左　大島砲台と改称

第二	馬式五十七密速二	廃止
薪島第一	二十八榴四	同左
第二	五十口径七半速加四	同左
虎島第一	五十口径七半速加四	同左
第二	二十八榴六	同左
第三	三十口径二十七加四	同左
第四	馬式五十七密速二	廃止
予備砲	三一式速野一六	野八
	三一式速山一〇	山一二
		十二榴四
		九臼六
	三八式機関銃二四	機関銃二四

一五、舞鶴要塞

砲台	現在の砲種および砲数	整理案
葦谷	克式二十八榴六	廃止
浦入	斯加式十二速加四	同左

金岬	克式三十五口径中心軸二十一加四	廃止
	克式三十五口径前心軸十五加四	同左
槙山	十五臼四	廃止御裁可済
建部山	十二加四	廃止
吉坂峠	克式三十五口径中心軸十二加二	廃止
	十二加六	廃止
	九臼六	廃止
成生岬		二十三口径三十榴四
新井崎		十六口径三十榴四
予備砲	三八式野一〇	野四
	三一式速山二〇	山一六
		十二榴八
	九臼二	九臼六
	三八式機関銃二二	機関銃二〇

一六、津軽要塞

砲台	現在の砲種および砲数	整理案

(上)九糎臼砲。後方にガトリング機関砲と保式機関砲
(下)鋼製十五糎臼砲。運搬時は砲身を後方の托架に載せる

（上）鋼製十五糎臼砲。高低照準機歯孤
（下）二十三糎臼砲。ロシア製。前方に突出した大きな駐退機

(上)二十三糎臼砲。旅順要塞予備砲。2個の小さな駐退機
(下)二十四糎綫臼砲。二十八糎榴弾砲とほぼ同じイタリア式

西口方面		
白神岬第一	二十三口径三十榴四	
第二	二十三口径三十榴四	
龍飛岬第一	二十三口径三十榴四	
第二	二十三口径三十榴四	
東口方面		
汐首岬第一	二十三口径三十榴四	
第二	二十三口径三十榴四	
大間崎第一	二十三口径三十榴四	
第二	二十三口径三十榴四	
函館方面		
薬師山	十五臼四	廃止御裁可済
御殿山第二	二十八榴六	廃止御裁可済
千畳敷	二十八榴六	同左
	十五臼四	廃止
谷地頭南方	九臼四	廃止

予備砲　三八式野一四　野八
三一式速山一八　山二四
十二榴一二
十五臼四　十五臼一二
九臼四　九臼一二
三八式機関銃一八　機関銃三二
四五式十五加二〇

一七、室蘭要塞
砲台　整理案
室蘭　砲塔三十五加二
予備砲　四五式十五加四、七・五速加四、野四、十二榴四、機関銃一〇

東京湾要塞西浦および三崎砲台砲床据付
東京湾要塞に増設された三崎および西浦両砲台に七年式三十珊長榴弾砲各四門の砲床鉄部据付工事を実施した。
三崎砲台

工事着手　大正九年二月一日、落成同年九月十五日
職工人夫延日数　八九五人
費用　予算三三二八円、実費二八一三円
火砲は十月下旬油壺湾に揚陸のうえ、試製ホルト一二〇馬力牽引車および技術本部試製の運搬車を使用して運搬し、引続き据付を実施する。
西浦砲台
工事着手　大正八年四月二十六日、落成大正九年九月十五日
職工人夫延日数　九八〇人
費用　予算二六一九円、実費二三九六円
火砲は第一次の運搬据付終了後、運搬路を調査決定のうえ、火砲の竣工を待って着手する。

要塞整理要領追加　極秘
一、奄美大島要塞
堡塁砲台　砲種砲数
渡連　二十三口径三十榴四

薩川　二十三口径三十榴四
蘇刈　十五速加四
西古見　十五速加四
江仁屋離　十五速加四
安喜原　七・五速加四
実久　七・五速加四
予備砲　山砲八、高射砲八、機関銃一二

二、父島要塞

堡塁砲台　砲種砲数
大村第一　四五式二十四榴四
振分山　十五速加四
大村第二　十五速加四
洲崎　七・五速加六
予備砲　山砲八、高射砲四、機関銃一二

要塞整理費年割額　大正九年二月二十五日

大正九年二月二十六日陸軍省工兵課より築城部本部長へ、要塞整理にともなう砲台建築費年割額が決定した旨通知があった。

	総額（要塞整理費）	土地買収費	建設費
	三四七一万四六九三	四二六万一五六〇	三〇四五万三一三三
大正九年度支出額	二六万五一九九	五万	二一万五一九九
大正十年度	一四一万四七〇五	三三万四六九〇	一〇八万一五
大正十一年度	一七九万四七〇五	三五万五一三〇	一四三万九五七五
大正十二年度	二三一万八六一五	五九万一六五三	一七二万六九六二
大正十三年度	二一九万二二一四	六九万四一七七	一四九万八〇三七
大正十四年度	九九万六六一八	四五万五一三〇	五四万一四八八
大正十五年度	九九万六六一八	四〇万五一三〇	五九万一四八八
大正十六年度	九九万六六一八	三五万五一三〇	六四万一四八八
大正十七年度	五九三万四八五〇	四〇万五一三〇	五五二万九七二〇
大正十八年度	五九三万四八五〇	三二万五一三〇	五六〇万九七二〇
大正十九年度	五九三万四八五〇	二三万五一三〇	五六九万九七二〇
大正二十年度	五九三万四八五一	五万五一三〇	五八七万九七二一

要塞建設実行委員設置　大正九年八月

要塞整理実施にともないその実行上の調査、立案、審議に任じるため、下記の委員を編成した。

委員長　築城部本部長

委員　陸軍省軍事課長、同砲兵課長、同工兵課長、同銃砲課長、同器材課長、参謀本部第一部長、同第三課長、航空部本部長、技術本部第一部長、同第二部長、兵器本廠長、軍事調査委員一、築城に関し特に学識経験ある者若干、海軍軍令部参謀一、築城部本部部員一

要塞建設実行委員長へ与える訓令

要塞建設実行委員は要塞建設実施細則の示すところにより、別に下付すべき各要塞建設要領書にもとづき、各堡塁砲台の任務と地形とを考慮し、近時戦闘の特性に鑑み、なお一般軍事界進歩の趨勢を洞察し、慎重審議をもって詳密な計画を立案し、要塞防備施設の完壁を期すべし。

要塞建設実施細則制定の理由

一、現行の要塞建設実施細則は明治三十六年の制定で、その内容は築城部および兵

器廠を実行機関とし、技術審査部の審査を経てこれを実施するよう定めているが、現制技術本部には議員制度を廃した結果要塞建設に関する諸般の事項を審議する便がないのみならず、今回の要塞整理にあたっては築城の新方式を採用し、その実施の完璧を期すため各方面の責任者を網羅した調査立案審議の機関を設ける必要があると認め、新たに第一項の規程を設けた。

二、前項実行委員の設置にともない、委員および築城部、兵器廠担任の業務を明らかにするほか、その審議の手続を簡素にし、建設実行の迅速を期す。

要塞建設実施細則

第一条　新たに要塞の建設を要するとき、もしくは既設要塞に大なる変更を要するときは、通常築城部本部長を長とする要塞建設実行委員を設ける。

第二条　陸軍大臣は必要の都度要塞建設要領書を委員長に下付し、期限を定めて詳細な調査を行わせる。

第三条　委員長は前条の建設要領書にもとづき、実施上の細件を審議立案し、図書をもって復申する。

第四条　陸軍大臣は前条の図書を裁決し、かつその竣工期日を定め、兵器本廠長および築城部本部長に工事の実施を命じる。

第五条　築城部本部長は工事実施の命を受ければ、各工事の設計図書を調整し、実行委員の審議を経たうえ、その実施を伺い出る。ただし軽易な変更および重要でない補助建設物はこの限りでない。
第六条　築城部本部長は前条ただし書きの営造物を建築するときは着手、竣工の期日および予算金額を軍務局工兵課長に通報する。
第七条　工事の変更を要するとき築城部本部長は実行委員の審議を経て、これを陸軍大臣に伺い出る。
第八条　堡塁砲台その他諸営造物の敷地は図案調整のうえ、これに照らし編入の手続を行う。しかし価格上の関係もしくは工事に急を要するなどの場合においては、築城部本部長は見込をもって区域を定め、あらかじめこれを買収編入することができる。
第九条　土地編入に関する手続は陸軍営繕事務規定の定めるところによる。
第一〇条　築城部本部長は各工事が竣工したときは、三か月以内に竣工図書を調整し、陸軍大臣に報告する。
第一一条　兵器本廠長は第四条の命を受けたときは、備砲諸費見積書を調整し、かつ着手順序を定め、工事の実施を伺い出る。

第一二条　兵器本廠長は火砲の配備および備砲工事が終ったときは、これを陸軍大臣に報告する。

要塞再整理　戦史叢書　陸軍軍戦備

大正十一年二月太平洋防備制限条約調印にともない、陸軍はかねて計画していた壱岐、対馬、鎮海湾など朝鮮海峡要塞系および津軽要塞の改変新設に進んだ。

陸軍は大正十二年度予算に要塞整理に関する経費（経常費平年約一九四万円、臨時費合計約一億二三六三万円）を計上し、要塞整理期間を四年延長（大正十二年度以降一二か年）して、同年二月要塞再整理要領を策定した。本再整理要領は海軍から軍縮のため不要となった大口径艦載砲塔砲多数の保管転換を受け、これを要塞火砲として活用することにしたものである。

九月一日の関東大震災により東京湾要塞の防禦営造物は大被害を受けた。陸軍は十一月東京湾要塞応急施設要領を決定するとともに、翌十二月朝鮮海峡系および津軽要塞建設工事実施を命じた。

十三年七月第四九回特別議会で防禦営造物復旧費（臨時費合計約三七七三万円、一〇か年継続費）が成立した。その後数年間は豊予要塞の建設および東京湾要塞震災復旧を継続するとともに、壱岐、対馬、鎮海湾および津軽要塞工事を実施した。

大正十一年度要塞整理案　各要塞重要兵備一覧

室蘭　砲塔三〇（二五）加二、四五式一五加四、野砲八、高射砲二、臨時高射砲二、高射機関銃二、機関銃一〇、一五〇糎電灯一、移動無線二

津軽　二八榴六、三〇榴八、砲塔三〇（二五）加六、四五式一五加一二、三八式一二榴一二、一五臼一二、九臼八、野砲一二、山砲二四、高射砲一〇、臨時高射砲六、高射機関銃一〇、機関銃三二、一五〇糎電灯四、二〇〇糎電灯三、移動無線三、固定無線一

東京湾　二八榴一〇、三〇榴四、二七加四、砲塔三〇（二五）加四、七年式一五加四、七年式一〇加八、三八式一〇加四、三八式一二榴一二、野砲二〇、山砲一二、十一年式七加一八、高射砲一八、臨時高射砲八、高射機関銃一八、機関銃四二、一五〇糎電灯一〇、二〇〇糎電灯六、移動無線四

父島　三十榴四、七年式一五加八、一五臼二、九臼四、野砲四、山砲八、高射砲四、臨時高射砲七、高射機関銃四、機関銃八、一五〇糎電灯二

舞鶴　二八榴六、三八式一二榴八、一五臼四、九臼四、野砲八、山砲一二、高

射砲六、臨時高射砲四、高射機関銃四、機関銃二〇、一五〇糎電灯一、移動無線二

由良　二八榴三六、二四加六、二七加一二、三八式一二榴八、一五臼六、九臼四、野砲八、山砲一〇、高射砲一〇、高射機関銃四、機関銃三二、一五〇糎電灯二、移動無線二

豊予　三〇榴八、砲塔三〇（二五）加二、七年式一五加四、三八式一二榴四、九臼四、野砲八、山砲一二、高射砲六、臨時高射砲二、高射機関銃四、機関銃二〇、一五〇糎電灯三、二〇〇糎電灯一、移動無線二

下関　二八榴八、二七加四、砲塔三〇（二五）加四、三八式一二榴一二、一五臼八、九臼六、高射砲一四、臨時高射砲八、高射機関銃六、機関銃三四、一五〇糎電灯四、移動無線二

佐世保　二八榴四、二四加四、砲塔三〇（二五）加六、三八式一二榴八、一五臼八、九臼六、野砲四八、山砲一二、高射砲六、臨時高射砲六、高射機関銃六、機関銃二八、一五〇糎電灯四、二〇〇糎電灯一、移動無線二

長崎　二八榴四、砲塔三〇（二五）加二、三八式一二榴四、野砲八、山砲八、高射砲四、臨時高射砲四、高射機関銃四、機関銃一八、一五〇糎電灯二

壱岐　砲塔三〇（二五）加二、砲塔四〇加四、四五式一五加四、三八式一〇加四、三八式一二榴一二、一五臼四、九臼四、野砲一二、山砲一六、高射砲一〇、臨時高射砲一二、高射機関銃一〇、機関銃四〇、一五〇糎電灯四、二〇〇糎電灯三、固定無線一

対馬　二八榴一四、砲塔四〇加八、三八式一二榴八、一五臼一二、九臼八、野砲一二、山砲二四、高射砲六、臨時高射砲八、高射機関銃一〇、機関銃三二、一五〇糎電灯三、二〇〇糎電灯五、移動無線二、固定無線一

鎮海湾　二八榴一二、三〇榴四、砲塔四〇加四、三八式一〇加四、三八式一二榴一二、九臼六、野砲八、山砲一六、高射砲八、臨時高射砲八、高射機関銃六、機関銃三〇、一五〇糎電灯四、二〇〇糎電灯二、移動無線二、固定無線一

永興湾　二八榴一〇、三八式一二榴四、一五臼四、九臼四、野砲八、山砲八、高射砲二、臨時高射砲二、高射機関銃二、機関銃二〇

旅順　二八榴八、三八式一二榴一二、一五臼八、九臼八、野砲一六、山砲八、高射砲六、臨時高射砲四、高射機関銃二、機関銃二〇、一五〇糎電灯一、移動無線二

大連　二八榴一二、砲塔三〇（二五）加二、七年式一五加四、四五式一五加四、三八式一二榴一二、一五臼八、野砲一六、山砲六、高射砲一〇、臨時高射砲六、高射機関銃四、機関銃二四、一五〇糎電灯六、移動無線二

奄美大島　三〇榴八、七年式一五加一二、一五臼四、九臼八、野砲一二、山砲八、高射砲八、臨時高射砲二、高射機関銃四、機関銃一二、一五〇糎電灯三、移動無線二

基隆　二八榴一二、二七加四、四五式一五加四、三八式一二榴八、一五臼一二、九臼六、野砲一二、山砲一二、高射砲四、臨時高射砲二、高射機関銃二、機関銃二四、一五〇糎電灯一、移動無線三、固定無線一

澎湖島　二八榴一八、砲塔三〇（二五）加四、四五式一五加八、三八式一〇加八、三八式一二榴八、一五臼八、九臼八、野砲三六、高射砲一〇、臨時高射砲四、高射機関銃二、機関銃四〇、一五〇糎電灯三、移動無線三

備考

一、本案は大正十一年要塞整理案第一期に応じるもので、当時成立した予算により概ね実施可能であった。

二、このほかに各要塞とも在来の旧式砲を有する。

三、東京湾の兵備は震災の復旧整理案に応じるものとする。
四、次の火砲は予備とする。
四五式一五加、三八式一〇加、三八式一二榴、一五臼、九臼、野砲、山砲、十一年式七加

要塞再整理の概要　大正十一年十二月

陸軍軍備整理と陸軍予算の概要（抜粋）　陸軍省

華府会議において締結された海軍制限条約（第一九条）にもとづき、父島および奄美大島両要塞を現状のままとし、かつ要塞備砲の一部を海軍より保管転換を受けることになった結果、既定の要塞整理計画を更新し、要塞整理費の総額において一〇六三万余円を節約し、かつ完成年度を四か年延長して最終年度を大正二十四年度とし、改算した予算の範囲内において完成の予定である。

東京湾要塞復旧備砲作業着手順序表　大正十三年七月

	砲台	砲種砲数	年次
改築又は撤去	第一海堡	二十八榴四	大正十三年

新設

第二海堡	砲塔十五加八	大正十三年
第一海堡	砲塔十五加四	大正十四、十五年
走水	四五式十五加四	大正二十二年度まで
剣ヶ崎	砲塔十五加四	大正十五、十六、十七年
城ヶ島	砲塔二十五加四	大正十五、十六年
大房崎	砲塔二十加四	大正十六、十七、十八年
洲崎	三十榴長四	大正十四、十五年

要塞再整理第一期備砲着手計画表　大正十三年七月

要塞	砲台	砲種砲数	年次
壱岐	若宮島	砲塔四十加二	大正二十年
	黒崎	砲塔四十加二	大正十八年
	的山大島	砲塔四五口径三十加二	大正十五年
対馬	棹尾島	砲塔四十加二	大正二十三年
	豊	砲塔四十加二	大正十九年
	豆酘	砲塔四十加二	大正二十二年

	竜ヶ崎第一	砲塔五十口径三十加二	大正十六年
鎮海湾	張子嶝	砲塔四十加二	大正十七年
	長承浦	砲塔四十加二	大正二十年
豊予	鶴見崎	砲塔四五口径三十加二	大正十七年
	佐田岬	七年式十五加四	大正十四年
下関	蓋井島	砲塔四五口径三十加二	大正二十年
	大島	砲塔四五口径二十五加二	大正二十三年
佐世保	江ノ島	砲塔四五口径三十加二	大正二十三年
	志々岐	砲塔四五口径二十五加二	大正二十四年
大連	老虎第二	砲塔四五口径三十加二	大正二十二年
東京湾	大島第十	砲塔五〇口径三十加二	大正十九年
	洲崎	砲塔四五口径三十加二	大正十八年
	試験砲	砲塔四五口径三十加二	大正十三年
	試験砲	砲塔四五口径二十五加一	大正十五年
津軽	汐首崎	七年式三十榴長四	大正十七年
	大間崎	砲塔四五口径三十加二	大正十六年

龍飛崎　　砲塔四五口径三十加二　　大正二十年
尻屋崎　　砲塔四五口径三十加二　　大正二十年

備考一、予定年割額および砲塔改修作業の進捗などにより多少変更することあるべし。
二、大正一四年七月、経費繰延の関係上、着手年次を全体的に一年ずつ先送りした。

旅順要塞戦備演習　大正十三年九月　旅順要塞司令部　軍事機密

兵備一覧表
老虎尾地区
潮口砲台　永久堡塁砲台　二十八榴四、堅鉄弾一五四
　臨時附属砲台　三一式速野二、榴弾一〇六、榴霰弾一〇六
　機関銃二（歩兵第二三聯隊）
城頭山砲台　永久堡塁砲台　十五速加四、堅鉄弾六七、堅鉄破甲榴弾六七
饅頭山砲台　永久堡塁砲台　七半速加二、堅鉄弾八八、破甲弾八八
嶗嵂嘴地区
黄金山高砲台　永久堡塁砲台　二十八臼四、堅鉄弾一一二

黄金山低砲台　永久堡塁砲台　二十五加五、堅鉄弾九九
南夾板嘴砲台　同附属砲台　七半速加二、堅鉄弾八八、破甲弾八八
　永久堡塁砲台　十五速加四、堅鉄弾六八、堅鉄破甲榴弾六八
　同附属砲台　七半速加二、堅鉄弾六四、破甲弾六四
　機関銃二（歩兵第二三聯隊）
臨時塩廠砲台　三一式速野二、榴弾一〇九、榴霰弾一〇九
内区
臨時白玉山高射砲台　臨時高射野砲一、榴霰弾七〇
移動砲隊　三一式速山二、榴弾一一五、榴霰弾一一五
機関銃隊　機関銃四

大正十四年東京湾防御施設

東京湾要塞の兵備は大正十二年の震災復旧により改められたが、要塞整理費に余裕があれば伊豆大島に砲塔三〇加二門を備砲する計画だった。

海軍の防御施設
第一障碍線　剣崎・浮島の線　機雷線二線

第二障碍線　千駄崎・金谷の線　機雷線八線
第三障碍線　海堡線　基準網一線
第四障碍線　軍港防波堤入口　魚雷防御網一線
海軍高角砲は二子山を中心として約六門を配置

第四章　昭和

砲台火砲据付調査表　大正〜昭和十五年

一、東京湾要塞

金谷　七年式十五加四
　起工大正十三、一、二十九　竣工大正十三、三、三十　据付費二三四四
　七　応急施設費

走水第二　七年式十加四
　起工大正十三、二、十五　竣工大正十三、三、十二　据付費二八九二
　応急施設費

千駄崎　七年式十加四

起工大正十四、三、二　竣工大正十四、三、三十一　据付費一六七二
応急施設費

洲崎第二　七年式三十榴長四
起工大正十四、五、一　竣工大正十四、九、三十　据付費二七五二六
震災復旧費

剣ヶ崎　参砲塔十五加四
起工大正十四、八、一　竣工大正十五、四、三十　据付費三九五六七
震災復旧費

城ヶ島　砲塔四十五口径二十五加四
起工大正十四、七、十五　竣工大正十五、十一、六　据付費四二七八三
震災復旧費

第一海堡　克式砲塔四十口径十五加四
起工大正十五、十一、二十五　竣工昭和二、九、三十　据付費二六七五
三　震災復旧費

千代ヶ崎　砲塔四十五口径三十加二
起工大正十三、七、二十九　竣工大正十四、十二、十五　据付費一三六

八七二　要塞整理費

洲崎第一　砲塔四十五口径三十加二

起工昭和四、十二、十　竣工昭和五、十一、三十　据付費一〇六七九八

要塞整理費

大房岬　砲塔二十加四

起工昭和三、四、二　竣工昭和三、九、八　据付費三五七九八　震災復旧費

花立　九六式十五加一

起工昭和十三、一、七　竣工昭和十三、九、十六　据付費二四三二　震災復旧費

二、下関要塞

蓋井嶋　四五式十五加改造固定式㊕四

起工昭和九、六、十五　竣工昭和九、九、十二　据付費九六六六

大島　四五式十五加改造固定式四

起工昭和十一、六、三　竣工昭和十一、七、三十　据付費九二七九

白島　十一年式七加四

観音崎　　起工昭和十一、十、七　竣工昭和十一、十一、八　据付費三四一八
　　　　　十一年式七加三
蓋井嶋第二　起工昭和十二、十一、四　竣工昭和十二、十二、九　据付費二五九一
　　　　　十一年式七加二
　　　　　起工昭和十三、十一、二　竣工昭和十三、十二、十一　据付費三〇四
　　　　　三
蓋井嶋第二　十一年式七加　増二
　　　　　起工昭和十四、六、七　竣工昭和十四、七、十一　据付費二五五四
沖ノ島　　四五式十五糎聯装加農二基
　　　　　起工昭和十四、七、十三　竣工昭和十四、十一、二十五　据付費一三
　　　　　五八〇
角島　　　ラ式十五加四
　　　　　起工昭和十六、一、二十三　竣工昭和十六、六、二十五　据付費一五
　　　　　五二九

三、対馬要塞

龍崎第一　砲塔五十口径三十加二

豊　起工昭和二、九、二十九　竣工昭和三、九、十三　据付費一〇一七七八
　砲塔四十五口径四十加二
　起工昭和五、十一、一　竣工昭和七、八、三十一　据付費九五〇六九

龍崎第二　砲塔五十口径三十加二
　起工昭和七、九、一　竣工昭和十、二、十五　据付費六〇三九〇

郷崎　四五式十五加改造固定式二
　起工昭和十、十、三　竣工昭和十、十一、三十　据付費六二四三

郷崎　四五式十五加改造固定式　増二
　起工昭和十一、十、十一　竣工昭和昭和十一、十二、二　据付費四九九六

大崎山　四五式十五加改造固定式二
　起工昭和十一、四、一　竣工昭和十一、五、三十一　据付費五二四八

海栗島　四五式十五加改造固定式三
　起工昭和十二、二、二十　竣工昭和十二、四、十　据付費五八三四

棹崎　四五式十五加改造固定式四
　起工昭和十二、十、十　竣工昭和十二、十二、七　据付費五四八六

竹崎　四五式十五加改造固定式二
　起工昭和十二、十二、七　竣工昭和十三、一、三十一　据付費五九六八
西泊　四五式十五加改造固定式二
　起工昭和十三、二、一　竣工昭和昭和十三、三、三十一　据付費四八七
　九
豆酘崎　試製十五糎聯装加農二基
　起工昭和十三、十、三十　竣工昭和十三、十二、三十　据付費六一七四
四、鎮海湾要塞
張子嶝　砲塔四十五口径四十加二
　起工昭和三、十、二　竣工昭和四、十一、九　据付費一一四九七二
張子嶝第二　四五式十五加改造固定式四
　起工昭和九、十、三　竣工昭和九、十一、三十　据付費七一八一
只心　四五式十五加改造固定式三
　起工昭和十二、七、十四　竣工昭和十二、九、十五　据付費六九九六〇
絶影島　十一年式七加四
　起工昭和十三、十、三十一　竣工昭和十三、十二、三　据付費一九〇

一

機張　九六式十五加四

起工昭和十七、十、一　竣工昭和十七、十一、二十　据付費一四五三

九

張子嶝第三　十一年式七加四

起工昭和十四、一、二十九　竣工昭和十四、三、六　据付費二六八八

五、津軽要塞

大間第一　砲塔四十五口径三十加二

起工大正十五、六、二十一　竣工昭和二、十、二十　据付費一二四六

〇二

汐首岬第一　七年式三十榴長四

起工昭和五、四、十二　竣工昭和五、八、二十　据付費二八七一〇

白神岬　四五式十五加改造固定式四

起工昭和十一、六、十一　竣工昭和十一、八、十　据付費八一五五

龍飛崎　四五式十五加改造固定式四

起工昭和十二、六、十四　竣工昭和十二、八、十八　据付費七五六〇

汐首岬第二　九六式十五加四
　起工昭和十五、四、十　竣工昭和十五、五、三十一　据付費六五三二

六、壱岐要塞

的山大島　砲塔四十五口径三十加二
　起工大正十四、十二、二十五　竣工大正十五、十、三十　据付費七六二
　二八

黒崎　砲塔四十五口径四十加二
　起工昭和四、十一、五　竣工昭和五、十一、二十七　据付費八二九〇四

小呂島　四五式十五加改造固定式二
　起工昭和十、七、一　竣工昭和十、八、二十一　据付費八二三三

名烏島　四五式十五加改造固定式㊕一
　起工昭和十、十二、三　竣工昭和十一、一、十五　据付費六七三〇

名烏島　四五式十五加改造固定式二
　起工昭和十二、一、六　竣工昭和十二、二、二十五　据付費六三二二

渡良大島　四五式十五加改造固定式三
　起工昭和十二、四、十二　竣工昭和十二、六、九　据付費六七六九

生月　九六式十五加二
　起工昭和十六、十、十七　竣工昭和十六、十一、二十六　据付費九五四一

七、豊予要塞

高嶋第二　七年式三十榴長四
　起工大正十二、一、二六　竣工大正十二、四、三〇　据付費九〇三九七

佐田岬第一　七年式十五加四
　起工大正十四、五、九　竣工大正十四、七、十　据付費二三〇二〇

佐田岬第二　七年式三十榴短四
　起工昭和二、六、二十五　竣工昭和二、九、三十　据付費一九五八七

鶴見崎　砲塔四十五口径三十加二
　起工昭和三、九、一　竣工昭和四、十、十　据付費九四六七七

高嶋第三　斯加式十二速加四
　起工昭和八、十、二十　竣工昭和九、三、一　据付費四六七二

八、舞鶴要塞

(上)洞窟陣地から砲口を覗かせる十一年式七糎加農
(下)四五式十五糎加農。防楯を装着していない

（上）四五式十五糎加農。砲床組立作業中。長大な薬筒
（下）四五式十五糎聯装加農。米軍レポート所載の写真

(上)ラ式十五糎加農。鹵獲砲。ラインメタル社製
(下)九六式十五糎加農(移動式)。要塞には固定式が配備された

（上）九六式十五糎加農。大射角発射の瞬間
（下）七年式三十糎短榴弾砲。略称は「三十榴短」

(上)七年式三十糎長榴弾砲。伊良湖射場における竣工記念写真
(下)試製四十一糎榴弾砲。富津射場における竣工記念写真。海岸要塞配備は中止

新井崎　克式三十五口径中心軸二十一加四
　　起工昭和十、五、一　竣工昭和十、九、三十　据付費二五九三五
九、佐世保要塞
江ノ島　四五式十五加改造固定式四
　　起工昭和十、一、十五　竣工昭和十、三、十五　据付費八二一三
一〇、永興湾要塞
薪島第二　十一年式七加四
　　起工昭和九、九、二十二　竣工昭和九、十一、三十　据付費一八六六
一一、羅津要塞
城亭端　九六式十五加四
花端　九六式十五加四
　　起工昭和十五、七、十一　竣工昭和十五、十、二十八　据付費一三四五〇
一二、宗谷要塞
宗谷　九六式十五加二
西能登呂　九六式十五加二
　　起工昭和十五、九、六　竣工昭和十五、十、二十三　据付費四五八六

東京湾要塞の現況について

天皇陛下陸軍重砲兵学校へ行幸の際上奏　昭和三年五月　於小原台

（本言上は図を指しつつ行うものとす）

一、任務について

当要塞の任務は東京湾内に侵入せんとする敵艦艇を撃攘しかつ敵の攻撃に対し横須賀軍港を掩護するにあります。

二、永久砲台について

現在ありまする永久砲台はこの図の通りでありましてこれを只今御出で遊ばされる小原砲台に近き点より順次申し上げますれば走水第一砲台に二十七糎加農四門、同第二砲台に十糎加農四門、三軒家第一砲台に二十七糎加農四門、同第二砲台に十二糎加農二門、観音崎砲台に十五糎加農四門、第一海堡に二十八糎榴弾砲四門、十五糎加農四門、十二糎加農四門、千代ヶ崎砲台に砲塔三十糎加農二門、二十八糎榴弾砲六門、千駄崎砲台に十糎加農四門、前方に進みまして剣崎砲台に砲塔十五糎加農四門、三崎砲台に三十糎榴弾砲四門、城ヶ島砲台（これは未だすべて完成とまでは至りませぬが戦時使用には支障ありませぬ）これに砲塔二十五糎加農四門、対岸に渡りまして洲ノ崎砲台に三十糎榴弾砲四門、金谷砲台に十五糎加農四門あります。以上で大中口径火砲合計六二門となります。

これら火砲の威力圏は大体図のとおりでありましてその外線は横須賀軍港より大約五万メートルとなっております。後刻築城本部長の言上致しまする大島に砲台ができますればこの威力圏はさらに増大致しまして大約六万メートルに及ぶことになります。

有事の際における戦闘指導要領について

本年度におきましては以上申上げました諸砲台の大部の外に各種中小口径砲約五〇門、機関銃四〇挺および電灯約一〇基などをもちまして海軍の諸施設と相まって大体次のように戦闘を行う計画に致しております（防禦一般図を指す）。

（一）敵艦隊に対し湾口を杜絶しかつ横須賀軍港を掩護するには城ヶ島砲台、三崎砲台および洲ノ崎砲台を主とし富浦臨時砲台（十五糎加農三門）、剣崎砲台および千代ヶ崎砲台を補助としこれに任ぜしめます。

（二）敵小艦艇の侵入に対しては剣崎および富浦臨時砲台を第一線とし、金谷砲台、千駄崎砲台を第二線とし、観音崎砲台、走水第二砲台、第二海堡臨時十糎加農砲台四門、第一海堡十二糎加農砲台を第三線とし海軍の施設（機械水雷の線、潜水艦防禦網の線、第一、第二、第三の哨戒線）および防禦艦艇と協力しまして防止を期しております。

三、防空につきましては火砲および機関銃若干をもちまして要塞の直接自衛を行い、軍港上空は主として海軍の防備に俟つことに致してあります。

東京湾要塞の概況は以上の通りでございますが臣ら益々奮励帝都関門の防備を全うし聖恩の万分の一に報い奉らんことを期します。

要塞再整理修正計画

昭和八年三月軍事情勢の変化にともない国防上の要請特に防備制限区域に対する兵器の整備、防空兵器の増備などの必要に迫られ、要塞再整理要領に修正を加えた。これにもとづき陸軍は未着手の大口径砲塔砲台などの構築を取止め、その予算をもって防空兵器および対潜水艦用火砲の増加整備に努めた。

昭和九年から朝鮮海峡要塞系中の壱岐、対馬、鎮海湾および舞鶴要塞に対し、その予備火砲を展開する工事を始めた。ウラジオストックに増加されつつあるソ連の潜水艦に対処し、大陸との交通を確保するための施策であった。その後さらに朝鮮海峡要塞系の各要塞および津軽要塞に逐次予備火砲による砲台の構築を計画し、昭和十年から一一年にわたりそれぞれ起工した。

海軍は昭和十一年末には海軍軍備制限条約を廃棄することとしていた。これにともない参謀本部は十一年九月要塞再修正計画を策定した。昭和十七年以降太平洋方面第一線要塞の本格的整備を新予算で実施することとし、差しあたり既定予算の範囲で従来の要塞整理事業を補足するに止まり、新たに建設を計画したのは宗谷、羅津、幌莚および高雄要塞であった。

臨時要塞兵備　昭和三年

父島　四五式二十四榴四、三八式十二榴四、四五式十五加四、三八式十加四、鋼製九糎臼砲四、三八式野砲八、四一式山砲八、三年式機関銃一六

奄美大島　四五式二十四榴一二、三八式十二榴八、四五式十五加四、三八式野砲一二、四一式山砲八、三年式機関銃二四

壱岐要塞　砲塔三十加二、二十八榴四、鋼製十二糎速射加農二、三八式十加四、斯加式九糎速射加農二、三八式野砲一八、三一式山砲六、三年式機関銃一

○

室蘭　四五式十五加四、三八式野砲八、四一式山砲四、臨時高射砲二、三年式

中城湾　機関銃一〇
加式十二糎速射加農二、克式十二糎加農二、斯加式九速加八、三八式野砲一八、臨時高射砲二、三年式機関銃一二
狩俣　克式十二加四、克式十加四、三八式野砲一八、三年式機関銃一二
船浮　斯加式十二速加二、斯加式九速加四、三八式野砲四、四一式山砲四、臨時高射砲二、三年式機関銃八
高雄　克式十五加二、斯加式九速加四、三八式野砲八、臨時高射砲四、三年式機関銃八

砲台新設にともなう観測所整備計画　昭和三年五月二十八日　極秘

東京湾　洲崎第二　七年式三十榴長四門、垂直基線観測所一（昭和六年度）
城ヶ島　四十五口径砲塔二十五加二基四門、地上基線（垂直基線兼用）主観測所二、垂直基線観測所一（三年度）
大房崎　砲塔二十加二基四門、垂直基線観測所一（四年度）
剣崎　参砲塔十五加二基四門、垂直基線観測所一（五年度）
大島第一　五十口径砲塔三十加一基二門、地上基線（垂直基線兼用）主観

測所三（六年度、中止）

洲崎第二　四十五口径砲塔三十加一基二門、垂直基線観測所二（五年度、六年度各一）

三崎　七年式三十榴長四門、垂直基線観測所一（八年度中止）

津軽　大間崎第一　四十五口径砲塔三十加一基二門、垂直基線観測所一（四年度）、同一（八年度中止）

汐首崎　七年式三十榴長四門、垂直基線観測所一（五年度）

龍飛崎　四十五口径砲塔三十加一基二門、垂直基線観測所二（七年度中止）

尻屋崎　四十五口径砲塔三十加一基二門、垂直基線観測所二（八年度中止）

豊予　鶴見崎　四十五口径砲塔三十加一基二門、垂直基線観測所二（四年度、五年度各一）

壱岐　的山大島　四十五口径砲塔三十加一基二門、垂直基線観測所二（四年度、五年度各一）

黒崎　砲塔四十加一基二門、地上基線（垂直基線兼用）主観測所二

若宮島　砲塔四十加一基二門（五年度、六年度各一）、垂直基線観測所一（六年度）

下関　蓋井島　四十五口径砲塔三十加一基二門、垂直基線観測所二（十一年度中止）

大島　四十五口径砲塔二十五加二基二門、垂直基線観測所二（九年度中止）

対馬　龍崎第一　五十口径砲塔三十加一基二門、垂直基線観測所二（四年度、五年度各一）

豆酘　砲塔四十加一基二門、垂直基線観測所二（九年度中止）

豊　砲塔四十加一基二門、地上基線（垂直基線兼用）主観測所二（六年度一、七年度一中止）、垂直基線分観測所一（七年度中止）

棹尾崎　砲塔四十加一基二門、地上基線（垂直基線兼用）主観測所二（十年度中止）、地上基線分観測所一（十年度中止）

佐世保　江ノ島　四十五口径砲塔三十加一基二門、垂直基線観測所二（十年度中止）

志々岐　四十五口径砲塔二十五加二基二門、垂直基線観測所二（十年度中止）

鎮海湾　張子嶝　砲塔四十加一基二門、地上基線（垂直基線兼用）主観測所二（四年度、五年度各一）

長承浦　砲塔四十加一基二門、地上基線（垂直基線兼用）主観測所二（八年度中止）

大連　老虎第二　四十五口径砲塔三十加一基二門、垂直基線観測所二（九年度中止）

備考　整備年次昭和七年以降のものは修正計画により中止。

昭和四年における重砲兵配備

第一師団横須賀重砲兵聯隊　横須賀
第四師団深山重砲兵聯隊　深山
第七師団函館重砲兵大隊　函館
第十二師団下関重砲兵聯隊　下関
佐世保重砲兵大隊　佐世保

鶏知重砲兵大隊　鶏知
第十六師団舞鶴重砲兵大隊　舞鶴
第二十師団馬山重砲兵大隊　馬山
備考一、基隆重砲兵大隊、馬公重砲兵大隊は台湾軍に属す。
　二、旅順重砲兵大隊は関東軍に属す。

要塞備砲工事に関する所管変更　昭和七年七月

編制および規定の改正にともない要塞備砲工事の管掌は陸軍技術本部から陸軍築城部へ移管された。

東京湾要塞備付要塞司令部保管仮兵器表　昭和九年六月

堡塁砲台	砲種砲数	弾種弾数
走水第二	七年式十糎加農四	破甲榴弾一二〇〇、榴霰弾一二〇〇
観音崎	克式三十五口径前心軸十五糎加農四	破甲榴弾二四〇、榴霰弾三二〇、榴弾二四〇

第一海堡第一　斯加式十二糎速射加農四　破甲榴弾六〇〇、榴霰弾一二〇〇、榴弾六〇〇

　　第二　克砲塔十五糎加農四　破甲榴弾二四〇〇

千代ヶ崎　二十八糎榴弾砲六　破甲榴弾五四〇、堅鉄弾五四〇

三崎　七年式三十糎長榴弾砲四　破甲榴弾八〇〇

城ヶ島　砲塔四十五口径二十五糎加農四　被帽徹甲弾三〇〇、被帽型通常弾一〇〇

洲崎第一　砲塔四十五口径三十糎加農二　被帽徹甲弾一五〇、被帽型通常弾五〇

　　第二　七年式三十糎長榴弾砲四　破甲榴弾八〇〇

剣ヶ崎　参砲塔十五糎加農四　破甲榴弾二四〇〇

大房崎　砲塔二十糎加農四　一号徹甲弾六〇〇、通常弾二〇〇

千駄崎　七年式十糎加農四　破甲榴弾一二〇〇、榴霰弾一二〇〇

金谷　七年式十五糎加農四　破甲榴弾一二〇〇、榴霰弾一二〇〇

予備　馬式十二糎速射加農二　破甲榴弾二〇〇、榴霰弾四〇〇、榴弾二〇〇

三八式十糎加農四　破甲榴弾一六〇〇

三八式野砲二〇・臨時高射砲一四　榴霰弾七五〇〇、榴弾四五〇〇

三一式速射山砲一二　榴霰弾三〇〇〇、榴弾一八〇〇

三年式機関銃二六　実包四二万

要塞再整理修正計画要領にともなう兵器処理　昭和九年八月七日

上から要塞、砲種砲数、堡塁砲台の処理

基隆要塞

深澳　十二加六　即時廃止、撤去

大武崙　九加四　即時廃止、偽砲台として自然のまま存置

牛稠嶺　克式二十五口径前心軸二十一加四　四五式十五加整備後に廃止
公山尾　安式二十八口径六吋加四　即時廃止、偽砲台として自然のまま存置
木山　十八榴二　撤去し高雄臨時要塞引当として当分存置
楨仔寮　二十八榴二　撤去し高雄臨時要塞引当として当分存置
　　鋼銅製九速加二　撤去のうえ予備として存置
万人頭　鋼銅製九速加二　撤去のうえ予備として存置

澎湖島要塞
西嶼東　安式二十八口径十二吋加四　即時廃止
内垵社　克式二十四口径十二加六　即時廃止、偽砲台として自然のまま存置
　　鋼製九臼四　即時廃止、撤去
大山　安式二十八口径十吋加四　四五式十五加の大部整備後に廃止
拱北山第一　二十八榴六　四五式十五加の大部整備後に廃止
拱北山第二　十五臼四　即時廃止、撤去
天南　鋼銅製九速加二　予備として存置、撤去済
西嶼西・鶏舞塢山　二十八榴四　内二門は天南演習砲台に移して存置、他の二門は

即時廃止、撤去済

津軽要塞
千畳敷　二十八榴二　即時廃止
十五臼四　即時廃止
谷地頭南方　九加四　即時廃止

東京湾要塞
走水　斯加式三十六口径二十七加四　即時廃止
三軒家　加式鋼製二十八口径二十七加四　即時廃止
馬式十二速加二　撤去のうえ予備として存置、撤去済
第一海堡　昇降砲架二十八榴四　即時廃止

由良要塞
生石山第二　二十八榴六　優良火砲四門を演習砲台として存置、他の二門は即時廃止
生石山第三　斯式三十六口径二十四加四　演習砲台として存置
斯加式三十六口径二十四加四　現在のまま予備として存置
行者嶽　二十六口径二十四加六　優良火砲四門を予備として残し他は即時廃

止

高崎右翼　安式三十五口径隠顕砲架二十四加二　即時廃止

高崎左翼　克式二十五口径前心軸二十四加六　即時廃止

成山第一　克式三十五口径中心軸二十一加六　即時廃止

友島第二　加式鋼製二十八口径二十七加四　即時廃止

友島第四　二十八榴六　即時廃止

男良谷　斯加式十二速加四　現状のまま予備として存置

西ノ庄　十二加六　即時廃止

柿原　二十八榴六　即時廃止

　九加四　即時廃止

下関要塞

火ノ山第一　二十八榴四　即時廃止

火ノ山第二　二十八榴四　即時廃止

火ノ山第三　二十三口径二十四加八　即時廃止

筋山　二十六口径二十四加四　即時廃止

田ノ首　加式鋼製二十八口径二十七加四　即時廃止

老ノ山　　二十八榴六　即時廃止
戦場ヶ野　十五臼四　即時廃止
　　　　　十二加八　即時廃止
金比羅山　二十八榴四　演習砲台として存置
　　　　　十二加四　即時廃止
対馬要塞
姫神山　二十八榴六　四五式十五加整備後廃止
上見坂　九加四　即時廃止
根緒　二十八榴四　即時廃止
　　　十二加四　即時廃止
樫岳　二十八榴四　即時廃止
多功崎　克式二十五口径中心軸二十四加二　即時廃止
鎮海湾要塞
猪島　二十八榴六　砲塔四十五口径三十加完成後廃止
　　　三八式野砲八　予備とする
佐世保要塞

高後崎　斯加式九速加四　鎮海湾要塞に転用
小首　克式二十五口径中心軸二十四加四　江ノ島七年式十五加砲台完成後廃止
丸出山　克式二十五口径中心軸二十四加四　江ノ島七年式十五加砲台完成後廃止
　二十八榴四　江ノ島七年式十五加砲台完成後廃止
面高　二十八榴四　江ノ島七年式十五加砲台完成後廃止するも偽砲台として自然のまま存置
　斯加式十二速加四　現状のまま予備として存置
　鋼製九臼二　即時廃止
牽牛崎　二十八榴六　当分存置し要すれば演習砲台に振替
　十五臼四　即時廃止
　十二加四　即時廃止
長崎要塞
蔭ノ尾　斯加式九速加四　二門は撤去のうえ予備とし、二門は豊予に予備として増加
神ノ島　二十八榴四　即時廃止
旅順要塞

台子山　二十八榴四　即時廃止
揚家屯高　斯加式四十五口径十五速加二　演習砲台として存置
揚家屯低　二十八榴四　演習砲台として存置
潮口　二十八榴四　即時廃止するも偽砲台として自然のまま存置
鶏冠山低　二十八臼四　即時廃止
黄金山高　二十八臼四　即時廃止
黄金山低　四十五口径二十五加五　即時廃止するも偽砲台として自然のまま存置
模珠礁　五十口径七半速加二　一門は饅頭山に移し一門は鎮海湾へ移す
嶗嵂嘴低　二十三臼六　即時廃止
南夾板嘴　斯加式四十五口径十五速加四　即時廃止
　五十口径七半速加二　鎮海湾へ移す

舞鶴要塞
金岬　克式三十五口径中心軸二十一加四　撤去のうえ予備として存置
　克式三十五口径前心軸十五加四　撤去のうえ予備として存置
吉坂峠　克式三十五口径中心軸十二加二　撤去のうえ予備として存置
　十二加六　即時廃止

鋼製九臼六　即時廃止

永興湾要塞

大島第二　馬式五十七粍速加二　撤去のうえ予備として存置

虎島第四　馬式五十七粍速加二　撤去のうえ予備として存置

虎島第三　三十口径二十七加四　即時廃止

砲塔（火砲）教育ノ参考　昭和十一年二月　陸軍重砲兵学校練習生隊　㊙

砲塔号令報告一覧表より砲塔長の号令を抜粋

砲塔長の号令に対し、砲小隊長、砲分隊長、一番ないし五番および方向照準手、換装室分隊長、六、七、一三番砲手、給弾薬室分隊長および砲手は指示された作業を行い、終了後上官に報告する。報告は最後に砲塔長に上がり、砲塔長は次の号令をかける。

（始動）基弁開け↓試動始め↓（平行規正）平行規正↓砲塔準備宜し↓第二点↓砲側第二点宜し↓平行規正止め↓（装填）被帽徹甲弾↓（照準）電計照準・目標三〇〇〇・方向右航進・二万↓電計照準始め↓左二〇〇増せ↓定値照準・方向一〇〇・二万二〇〇〇↓右八つ増せ↓方向分画板照準↓眼鏡照準・目標一〇〇・方向右航進・方向一

○右↓五右へ↓（発射）指命単発（連続単発・指命斉発・連続斉発）↓（弾種変更）被帽型通常弾↓右被帽型通常弾↓（射撃中止）撃方待て（始め）↓撃方止め↓基弁閉め

「撃て」の号令は砲小隊長がかける。

東京湾要塞観音崎聴測所建設要領書　昭和十一年七月　軍事機密

昭和十一年七月十一日参謀総長閑院宮載仁親王は陸軍大臣寺内寿一に対し、要塞再整理及東京湾要塞施設復旧修正計画要領にもとづき、東京湾要塞聴測所を建設するよう命じた。所要費用は震災復旧費支弁とした。

一、任務

東京湾に潜入する敵艦船特に潜水艦を捜索し、その位置の標定に任じる。

二、位置

観音崎付近

三、築設要領

（一）聴測所は首線を真方位概ね七七度とし、その左右各々約九〇度の範囲を聴測し得るように施設する。

（二）聴測所は特殊聴測機による聴測設備を具備する。

兵器表乙号改正案　昭和十一年十一月　陸軍省兵器局　軍事機密

一、東京湾要塞

堡塁砲台	砲種砲数	弾種弾数
走水第二	七年式十糎加農四	破甲榴弾一二〇〇、榴霰弾一二〇〇
観音崎	克式三十五口径 前心軸十五糎加農四	破甲榴弾二四〇、榴霰弾三二〇
第一海堡第一	斯加式十二糎速射加農四	破甲榴弾六〇〇、榴霰弾一二〇〇
第二	克砲塔十五糎加農四	破甲榴弾二四〇〇
千代ヶ崎	二十八糎榴弾砲六	破甲榴弾五四〇、堅鉄弾五四〇
三崎	七年式三十糎長榴弾砲四	破甲榴弾四〇〇
千駄崎	七年式十糎加農四	破甲榴弾一二〇〇、榴霰弾一二〇〇
剣ヶ崎	参砲塔十五糎加農四	破甲榴弾二四〇〇
城ヶ島	砲塔四十五口径 二十五糎加農四	被帽徹甲弾三〇〇、被帽型通常弾一〇〇

金谷　七年式十五糎加農四　破甲榴弾三〇〇、榴弾二〇〇、尖鋭弾二〇〇、榴霰弾一〇〇

大房崎　砲塔四十五口径　一号徹甲弾六〇〇、通常弾二〇〇
二十糎加農四

洲崎第一　砲塔四十五口径　被帽徹甲弾一五〇、被帽型通常弾五〇
三十糎加農二

第二　七年式三十糎長榴弾砲四　破甲榴弾四〇〇

予備　馬式十二糎速射加農二　破甲榴弾二〇〇、榴弾二〇〇、榴霰弾四〇〇

三八式十糎加農四　破甲榴弾一六〇〇

三年式機関銃一四　実包一四万

高射機関銃四　実包四万

二、下関要塞

堡塁砲台	砲種砲数	弾種弾数
老ノ山	二十八糎榴弾砲四	破甲榴弾三〇〇、堅鉄弾三〇〇
金比羅山	二十八糎榴弾砲四	破甲榴弾三〇〇、堅鉄弾三〇〇

蓋井島　四五式十五糎加農改造固定式㊕四　破甲榴弾三〇〇、榴弾二〇〇、尖鋭弾二〇〇、榴霰弾一〇〇

大島　四五式十五糎加農改造固定式四　破甲榴弾三〇〇、榴弾二〇〇、尖鋭弾二〇〇、榴霰弾一〇〇

白島　十一年式七糎加農四　榴弾四〇〇、高射尖鋭弾四〇〇

予備　斯加式十二糎速射加農四　破甲榴弾・榴弾一六〇〇、榴霰弾一二〇〇

十一年式七糎加農三　榴弾三〇〇、高射尖鋭弾三〇〇

十四年式十糎高射砲一二　高射尖鋭弾四八〇〇

三年式機関銃七六　実包七六万

高射機関銃八　実包八万

三、鎮海湾要塞

堡塁砲台　砲種砲数　弾種弾数

外洋浦　二十八糎榴弾砲六　破甲榴弾五四〇、堅鉄弾五四〇

猪島　二十八糎榴弾砲六　破甲榴弾五四〇、堅鉄弾五四〇

張子嶝第一　砲塔四十五口径四十糎加農二　被帽徹甲弾一〇〇

第二　四五式十五糎加農改造固定式四　破甲榴弾三〇〇、榴弾二〇〇〇、尖鋭弾二〇〇、榴霰弾一〇〇

予備　斯加式九糎速射加農四　榴弾四〇〇、破甲榴弾四〇〇、榴霰弾八〇〇

十一年式七糎加農四　榴弾八〇〇、高射尖鋭弾八〇〇

七糎半速射加農三　榴弾・破甲榴弾九〇〇

三八式野砲一〇　榴弾一五〇〇、榴霰弾二五〇〇

十四年式十糎高射砲一二　高射尖鋭弾四八〇〇

四一式山砲四　榴弾六〇〇、榴霰弾一〇〇〇

三年式機関銃三二　実包三二万

高射機関銃八　実包八万

四、旅順要塞

堡塁砲台		砲種砲数	弾種弾数
旅順方面	饅頭山	七糎半速射加農二	破甲榴弾・榴弾六〇〇
	黄金山附属	七糎半速射加農二	破甲榴弾・榴弾六〇〇
大連方面	老虎	二十八糎榴弾砲四	堅鉄弾三六〇、破甲榴弾三六〇

三山島	二十八糎榴弾砲四	堅鉄弾三六〇、破甲榴弾三六〇
大孤山	二十八糎榴弾砲四	堅鉄弾三六〇、破甲榴弾三六〇
予備	十一年式七糎加農四	榴弾八〇〇、高射尖鋭弾八〇〇
	三八式野砲八	榴弾一二〇〇、榴霰弾二〇〇〇
	十四年式十糎高射砲六	高射尖鋭弾二四〇〇
	三年式機関銃一四	実包一四万
	高射機関銃八	実包八万

五、津軽要塞

堡塁砲台	砲種砲数	弾種弾数
汐首崎第一	七年式三十糎長榴弾砲四	破甲榴弾四〇〇
大間崎第一	砲塔四十五口径三十糎加農二	被帽徹甲弾一五〇、被帽型通常弾五〇
白神岬	四五式十五糎加農改造固定式四	破甲榴弾三〇〇、榴弾二〇〇、尖鋭弾二〇〇、榴霰弾一〇〇
千畳敷	二十八糎榴弾砲四	破甲榴弾三六〇、堅鉄弾三六〇
予備	三八式野砲八	榴弾一二〇〇、榴霰弾二〇〇〇

	十四年式十糎高射砲四	高射尖鋭弾一六〇〇
	三年式機関銃一〇	実包一〇万
	高射機関銃四	実包四万

六、対馬要塞

堡塁砲台	砲種砲数	弾種弾数
姫神山	二十八糎榴弾砲六	破甲榴弾五四〇、堅鉄弾五四〇
折瀬ヶ鼻	斯加式十二糎速射加農二	破甲榴弾三〇〇、榴霰弾六〇〇、榴弾三〇〇
郷山	二十八糎榴弾砲四	破甲榴弾三六〇、堅鉄弾三六〇
郷崎	四五式十五糎加農改造固定式四	破甲榴弾三〇〇、榴弾二〇〇、尖鋭弾二〇〇、榴霰弾一〇〇
豊	砲塔四十五口径四十糎加農二	被帽徹甲弾一〇〇
海栗島	四五式十五糎加農改造固定式四	破甲榴弾三〇〇、榴弾二〇〇、尖鋭弾二〇〇、榴霰弾一〇〇
龍ノ崎第一	砲塔五十口径三十糎加農二	被帽徹甲弾一五〇、被帽型通常弾五〇

第二　砲塔五十口径三十糎加農二　被帽徹甲弾一五〇、被帽型通常弾五〇

大崎山　四五式十五糎加農改造固定式二　破甲榴弾一五〇、榴弾一〇〇、尖鋭弾一〇〇、榴霰弾五〇

予備　四一式山砲八　榴弾一二〇〇、榴霰弾二〇〇〇

三年式機関銃一八　実包一八万

高射機関銃二　実包二万

七、長崎要塞

堡塁砲台　砲種砲数　弾種弾数

小首　克式三十五口径前心軸十五糎加農二　堅鉄弾一二〇、榴弾一二〇、榴霰弾一六〇

江ノ島　四五式十五糎加農改造固定式四　破甲榴弾三〇〇、榴弾二〇〇、尖鋭弾二〇〇、榴霰弾一〇〇

神ノ島　二十八糎榴弾砲四　破甲榴弾三六〇、堅鉄弾三六〇

神ノ島低　斯加式九糎速射加農四　破甲榴弾六〇〇、榴弾六〇〇、榴霰弾一二〇〇

予備　斯加式十二糎速射加農四　破甲榴弾四〇〇、榴霰弾八〇〇
斯加式九糎速射加農四　破甲榴弾三〇〇、榴弾三〇〇、榴霰弾六〇〇
三八式野砲一二　榴弾一八〇〇、榴霰弾三〇〇〇
十四年式十糎高射砲二　高射尖鋭弾八〇〇
三年式機関銃一六　実包一六万
高射機関銃四　実包四万

八、基隆要塞

堡塁砲台	砲種砲数	弾種弾数
木山	二十八糎榴弾砲四	破甲榴弾三六〇、堅鉄弾三六〇
白米甕	安式二十八口径八吋加四	被帽弾・被甲弾八〇、堅鉄弾二八〇、破甲榴弾二四〇、榴弾一二〇
社寮島	加式三十口径二十七糎加農四	被帽弾・被甲弾八〇、堅鉄弾二八〇、破甲榴弾二四〇、榴弾一

二〇

槓仔寮　二十八糎榴弾砲四　破甲榴弾三六〇、堅鉄弾三六〇

牛稠嶺　克式二十五口径前心軸二十一糎加農四　被帽弾・被甲弾二〇〇、榴弾八〇

予備　鋼銅製九糎速射加農四　破甲榴弾六〇〇、榴弾六〇〇、榴霰弾一二〇〇

三八式野砲一〇　榴弾一五〇〇、榴霰弾二五〇〇

十四年式十糎高射砲二　高射尖鋭弾一二〇〇

三年式機関銃一四　実包一四万

高射機関銃四　実包四万

九、澎湖島要塞

堡塁砲台　砲種砲数　弾種弾数

西嶼西　二十八糎榴弾砲四　破甲榴弾三六〇、堅鉄弾三六〇

附属　鋼銅製九糎速射加農四　破甲榴弾・榴弾二〇〇〇、榴霰弾一二〇〇

大山　安式十吋加農四　被帽弾・徹甲弾八〇、堅鉄弾二八〇、

鶏舞埼山	二十八糎榴弾砲四	破甲榴弾二四〇、榴弾一二〇
拱北山第一	二十八糎榴弾砲六	破甲榴弾三六〇、堅鉄弾三六〇
第二	克式三十五口径十五糎加農六	破甲榴弾五四〇、堅鉄弾五四〇 破甲榴弾・榴弾一八〇〇、榴霰弾一二〇〇
予備	鋼銅製九糎速射加農二	破甲榴弾三〇〇、榴霰弾六〇〇、榴弾三〇〇
	三八式野砲二〇	榴弾二〇〇〇、榴霰弾三〇〇〇
	三年式機関銃一八	実包一八万
	高射機関銃二	実包二万

一〇、由良要塞

堡塁砲台	砲種砲数	弾種弾数
生石山第一	二十八糎榴弾砲六	破甲榴弾四五〇、堅鉄弾四五〇
第四	斯式三十口径二十七糎加農四	被帽弾・破甲弾八〇、破甲榴弾二〇〇、堅鉄弾二二〇、榴弾一〇〇
第五	克式四十口径十二糎速射加農四	被帽弾二〇〇、破甲榴弾二〇〇、

友島第一　斯式三十口径二十七糎加農四　榴霰弾八〇〇、榴弾四〇〇
　　　　　　　　　　　　　　　　　　　被帽弾・破甲弾八〇、破甲榴弾二〇〇、堅鉄弾二二〇、榴弾一〇〇
　第三　　二十八糎榴弾砲六　　　　　　破甲榴弾四五〇、堅鉄弾四五〇
　第五　　斯加式十二糎速射加農六　　　破甲榴弾六〇〇、榴弾六〇〇、榴霰弾一二〇〇
虎島　　　斯加式九糎速射加農四　　　　破甲榴弾四〇〇、榴霰弾八〇〇、榴弾四〇〇
加太　　　三十口径二十七糎加農四　　　被帽弾・破甲弾八〇、堅鉄弾二二〇、破甲榴弾二〇〇、榴弾一〇〇
田倉崎　　二十八糎榴弾砲六　　　　　　破甲榴弾四五〇、堅鉄弾四五〇
門崎　　　克式三十五口径前心軸二十四加二　破甲弾・堅鉄弾四〇
　　　　　斯加式九糎速射加農二　　　　破甲榴弾二〇〇、榴弾二〇〇、榴霰弾四〇〇
笹山　　　二十八糎榴弾砲六　　　　　　破甲榴弾四五〇、堅鉄弾四五〇
予備　　　二十六口径二十四糎加農四　　破甲榴弾二〇〇、堅鉄弾三〇〇、

斯式三十六口径二十四糎加農四　榴弾一〇〇
被帽弾・破甲弾八〇、堅鉄弾二二〇、破甲榴弾・榴弾三〇〇
斯加式十二糎速射加農四　破甲榴弾四〇〇、榴弾四〇〇、榴霰弾八〇〇
十四年式十糎高射砲二　高射尖鋭弾八〇〇
三年式機関銃四　実包四万
高射機関銃二　実包二万

一一、豊予要塞

堡塁砲台	砲種砲数	弾種弾数
高島第二	七年式三十糎長榴弾砲四	破甲榴弾四〇〇
第三	斯加式十二糎速射加農四	破甲榴弾四〇〇、榴霰弾八〇〇、榴弾四〇〇
佐田岬第一	七年式十五糎加農四	破甲榴弾三〇〇、榴霰弾一〇〇、榴弾二〇〇、尖鋭弾二〇〇
第二	七年式三十糎短榴弾砲四	破甲榴弾四〇〇

鶴見崎　砲塔四十五口径三十糎加農二　被帽徹甲弾一五〇、被帽型通常弾五〇

予備　斯加式九糎速射加農四　破甲榴弾八〇〇、榴霰弾八〇〇

三八式野砲八　榴弾一二〇〇、榴霰弾二〇〇〇

四一式山砲四　榴弾六〇〇、榴霰弾一〇〇〇

三年式機関銃一二　実包一二万

高射機関銃二　実包二万

一二、壱岐要塞

堡塁砲台　砲種砲数　弾種弾数

黒崎　砲塔四十五口径四十糎加農二　被帽徹甲弾一〇〇

的山大島　砲塔四十五口径三十糎加農二　被帽徹甲弾一五〇、被帽型通常弾五〇

名鳥島　四五式十五糎加農改造固定式㊕二　破甲榴弾一五〇、榴弾一〇〇、尖鋭弾一〇〇、榴霰弾五〇

四五式十五糎加農改造固定式二　破甲榴弾一五〇、榴弾一〇〇、尖鋭弾一〇〇、榴霰弾五〇

小呂島　四五式十五糎加農改造固定式四　破甲榴弾三〇〇、榴弾二〇〇、尖鋭弾二〇〇、榴霰弾一〇〇

予備　三八式野砲八　榴弾一二〇〇、榴霰弾二〇〇〇

十四年式十糎榴弾砲二　高射尖鋭弾八〇〇

四一式山砲四　榴弾六〇〇、榴霰弾一〇〇〇

三年式機関銃二四　実包二四万

高射機関銃二　実包二万

一三、舞鶴要塞

堡塁砲台	砲種砲数	弾種弾数
葦谷	克式二十八糎榴弾砲六	破甲榴弾五四〇、堅鉄弾五四〇
浦入	斯加式十二糎速射加農四	破甲榴弾六〇〇、榴弾六〇〇、榴霰弾一二〇〇
新井崎	克式三十五口径匡床式二十一加四	被帽弾・破甲弾八〇、堅鉄弾二八〇、破甲榴弾二四〇、榴弾一二〇
予備	克式三十五口径前心軸十五糎加農四	堅鉄弾・破甲榴弾三〇〇、榴弾三〇〇、榴霰弾四〇〇

三八式野砲六　　榴弾九〇〇、榴霰弾一五〇〇
十四年式十糎高射砲二　　高射尖鋭弾八〇〇
三年式機関銃四　　実包四万
高射機関銃二　　実包二万

一四、永興湾要塞

堡塁砲台	砲種砲数	弾種弾数
薪島第一	二十八糎榴弾砲四	破甲榴弾三六〇、堅鉄弾三六〇
第二	十一年式七糎加農四	榴弾四〇〇、高射尖鋭弾四〇〇
虎島第一	七糎半速射加農四	榴弾・榴霰弾九二〇
第二	二十八糎榴弾砲六	破甲榴弾五四〇、堅鉄弾五四〇
予備	三八式野砲八	榴弾一二〇〇、榴霰弾二〇〇〇
	馬式五十七粍速射砲四	榴弾二〇〇〇
	三年式機関銃一二	実包一二万
	高射機関銃二	実包二万

陸軍砲塔改修費年度割　昭和十二年四月五日

昭和十年十二月十二日通牒の陸軍砲塔改修費年度割は工事一部中止のため、同十一年三月三十一日海軍と協議の結果変更となったが、同十二年一月十五日通牒の陸軍砲塔改修費年度割についても海軍と協議の結果、再び下記のように変更された旨、陸軍省次官より陸軍兵器本廠長および陸軍築城部本部長へ通牒された。

旧砲塔名　年度割

呉海軍工廠　四十糎砲塔　赤城二番　昭和七年七万五六七三、計七万五六七三

赤城四番　七年二一万七〇六七、八年四二万四二五三、九年一万、十年四二万四二五三、十一年二万五〇〇〇、計六七万九三二〇

赤城五番　八年三万一五二六、九年一五万、十年七万、十一年五万二二〇〇、計三〇万三七二六

横須賀海軍工廠　三十糎砲塔　生駒後部　七年七二六〇、八年二万二〇〇〇、九年一万二二二一、十年一万七八四六、

計五万九三二七

計七年三〇万、八年四七万七七七九、九年一七万二二二一、十年九万〇八四八、十一年七万七二〇〇、合計一一一万八〇四六

昭和十三年度以降要塞整備の大要

昭和十二年八月参謀本部は「要塞再整理及東京湾要塞施設復旧再修正計画要領細項計画」を作成した。

一、整備方針

（一）兵器の整備、砲台の建設などの着手順序は作戦上の要求および業務の便否、年度予算などを考慮し、機を失せざるごとく参謀総長と陸軍大臣が協議決定する。

（二）兵器はなるべく要塞防衛以外の作戦に転用容易なるものを採用し、かつ要塞総予備兵器を努めて大ならしむ。（編者注：総予備兵器とは不時の要求に応じるため兵器本・支廠が管理する兵器で、部隊支給の兵器に紐付けられた予備兵器とは異なる）

（三）砲台の建設にあたりては特に左記事項に着意するものとする。

①築城の素質、強度、偽装などは状況判断を基礎とし、いたずらに画一主義に陥らざること。
②施設の程度特に補助建設物の平時施設および戦時施設の区分を適正ならしむること。
③通信施設は戦時の軍隊区分に即応せしむること。
（四）警備弾薬は各要塞毎に整備貯存するも、その他の弾薬は全要塞現有弾薬庫をかれこれ融通し貯存する。
（五）予備兵器格納庫は各要塞毎に整備する。ただしその庫積の算計にあたりては兵器廠、重砲兵隊保管兵器などにして戦時支給せらるべきものおよび備付兵器はこれを控除するものとする。総予備兵器はその格納庫を大連および佐賀関付近に新設し格納するほか、東京湾要塞予備兵器格納庫などに格納す。而してその収容区分に関しては参謀総長と陸軍大臣が協議決定す。
（六）太平洋方面第一線要塞の本格的整備は昭和一七年以降新予算の獲得を俟ちて行うを本則とす。
（七）本細項計画は情勢の変化に応じ参謀総長と陸軍大臣が協議決定し所要の変更を加えることあり。

二、兵器の製作

宗谷要塞 九六式十五加八、下関要塞 同四、大連要塞 同四、羅津要塞 同八

総予備　九〇式二十四列車加三（口径その他に関しては爾後さらに研究する）、七年式三十榴長一、七年式三十榴短八（軍備充実費をもって整備する）、九六式十五加五〇（砲種は爾後の研究により変更することあり）、八八式七糎高射砲八二、同高射観測具九〇、高射機関砲一〇二（砲種は爾後の研究により変更することあり）

三、築造施設

宗谷要塞　宗谷砲台一五加四（放列陣地のみの施設）、西能登呂砲台一五加四（〃）

津軽要塞　汐首崎砲台一五加二（三〇榴を抽出した後施設）

下関要塞　角島砲台一五加四（一門は戦時に備砲する）、蓋井島砲台七加二、六連砲台七加二（交通路および砲座を施設）

鎮海湾要塞　張子嶝砲台七加四、絶影島砲台七加四

大連要塞　老虎砲台一五加四、大孤山砲台七高二

羅津要塞　城亭端砲台一五加四、慶興砲台一五加四（要すれば砲座を施設）

父島要塞　第二砲台一五加四（備砲のみ）

このほか要すれば警備弾薬庫、予備兵器格納庫および総予備兵器格納庫を施設する。

四、修正の要点

砲塔四十加　修正計画一〇門、昭和七年度備砲六、昭和十一年度改修二、一部改修着手二

再修正計画備砲六、総予備二、改修中止二

砲塔五十口径三十加　修正計画四、昭和七年度備砲二、昭和十一年度備砲四

砲塔四十五口径三十加　修正計画一二、昭和七年度備砲一〇、昭和十一年度改修二

再修正計画備砲一〇、総予備二

七年式三十榴長　修正計画一六、予備四、昭和七年度備砲一六、昭和十一年度製作三

再修正計画総予備二〇

七年式三十榴短　修正計画四、予備四、昭和七年度備砲四、製作四（攻城砲に一時転用）

再修正計画総予備八

九〇式二十四列車加　修正計画予備八、昭和七年度一門製作

再修正計画総予備四

十五加　修正計画一六、予備七〇、昭和七年度備砲八、製作二四、昭和十一年度備砲五四
再修正計画備砲九四、予備一四、総予備五〇
十一年式七加　修正計画予備三一、昭和七年度製作一八、昭和十一年度備砲八、製作一三
再修正計画備砲二七、予備四
高射砲　修正計画予備二〇四、昭和七年度製作六五、昭和十一年度製作一〇一門
再修正計画予備二四四門
高射用観測具　修正計画一〇二、再修正計画一二三
高射機関砲　修正計画一〇二、再修正計画一〇二
二米電灯　修正計画一一、昭和七年度一一、再修正計画一一
一米五十電灯　修正計画一九、予備四九、昭和七年度一二施設、製作二三、昭和十一年度一九施設、製作一八、再修正計画六五
一米十電灯　修正計画四、昭和七年度二施設、昭和十一年度二施設、再修正計画四
九十糎電灯　修正計画五一、昭和七年度三一施設、昭和十一年度二〇施設、再修正計画五一

九十糎探照灯　修正計画六
七十五糎探照灯　修正計画一二
水中聴音機　修正計画一三、再修正計画五
無線機　修正計画八〇、昭和七年度製作一二、昭和十一年度製作四三、再修正計画
　　五五

昭和十三年度砲塔準戦備準備書　砲台守備隊

一、砲台諸元表
砲塔は生駒前部砲塔五号、三〇センチ砲塔二門一基、昭和三年起工、七年九月完成
砲身長一四・六三二m、射角三三・五度、旋回角度二七五度（右一四〇度、左一三五度）、射程二万六四〇〇m、砲塔重量一万キロ、水圧一〇〇馬力二基、気電室三二馬力一基、八馬力一基、送風機室一〇馬力モーター、水揚五馬力、冷却用一〇馬力発動機

	標高	坪数
砲塔	六六・六一m	二二・五八八坪
地区司令所	一九二・一m	三五四七坪

前山第二観測所　一四〇m　　一七六〇坪

第一観測所より各地への距離

雀島八一三二m、大房崎八六〇六、明鐘崎二万一九八六、千駄ヶ崎二万八〇七六、

観音崎砲台三万二二二四

砲塔と観測所の距離

第一観測所一四三四m方向一四六四、第二観測所二五八一m方向一五〇一

砲塔と第一観測所間および第一観測所と第二観測所間は通視できる。

座標

砲塔　X八一二〇四・〇五　Y八四九九三・五六　H六六・〇二五

第一観測所　X七九九八〇・七一　Y八四八二一・九四　H一九二・九四八

第二観測所　X七八六三一・三七　Y八四七八〇・九九　H一四一・二二三

視界

砲塔　右視界一七八〜左視界一七七八

第一観測所　右視界七七三〜左視界二三三八、後方視界六七〇〜八七〇

第二観測所　右視界一五一〜左視界二二八四

遮蔽角

前方約九度―一万一〇〇〇m、第一観測所の方向五・五度―七五〇〇m

連続発射操作秒時

右砲二八・三秒、左砲二八・九秒（昭和十年十月、射距離二万m、各砲二〇発平均）

発射弾数

	強装	常装	弱装	減装	計	空包
右砲	三	二六	三一	九〇	一三〇	六〇
左砲	三	二九	三二	一〇四	一六八	五五

発動機燃料消費量

八馬力　二ℓ／時　照明時のみ

三二馬力　二〇ℓ／時　空気圧搾四〇〜九〇k

一〇〇馬力　揮発油三九ℓ／時、石油二九ℓ／時

動力作製所要時間

機関の種類	項目	所要時間	摘要
主水圧機関	運転用意	三分	中休後のもの
		六分二二秒	朝の第一回のもの

水圧宜しまで（運転用意を含む）
七分　　中休後のもの
一二分五秒　朝の第一回のもの
運転用意を実施しているとき水圧宜しまで
四分
運転止めより点検手入を終わるまで
一一分

主圧搾二五馬力焼玉
運転用意　六分　　焼玉を加熱してあるときは約二分短縮
圧搾機宜しまで（運転用意を含む）
八分三〇秒
運転止めより操作が終わるまで
八分二〇秒　曲軸室点検を含む

副気電七馬力焼玉
運転用意　四分一〇秒
送電始めまで（運転用意を含む）

四分四〇秒

運転止めより操作が終わるまで　三分

操法に要する水量

測定項目	所要水量
制限試動	一cm
下部揚弾試動	五八cm
上部揚弾および装填試動	九九cm
高低試動	一m二七cm
方向試動	六m八四cm
一砲一発発射に要する水量	八五cm
斉発発射に要する水量	一m九〇cm
方向二〇〇m移動に要する水量	二三cm

試動所要時間

項目	所要時間
(一)「定位置に就け」より就き終わるまで	二分

（二）試動用意	九分～一二分
①砲室試動用意	九分～一二分
②旋回手試動用意	六分～八分
③換装室の試動用意	七分～九分
④給弾薬室の試動用意	二分～四分
（三）試動	一〇分～一四分
⑤基弁開け	三〇秒～一分
⑥水圧弁開け	一分三〇秒～二分
⑦制限試動	四〇秒～一分
⑧下部揚弾試動	二分～三分
⑨閉鎖機切換え	三〇秒～一分
⑩高低排気	二〇秒
⑪旋回用意	三〇秒
⑫方向試動	六分～八分
⑬高低試動	二分三〇秒～四分
⑭装填試動	二分～三分

（四）平行規正　一〇分〜二〇分

二、編成

砲台長　〇〇大尉　附属　〇〇曹長
観測小隊長　〇〇少尉　附属　〇〇軍曹
砲塔長　〇〇少尉　武器掛〇〇軍曹
砲小隊長　〇〇准尉　給養掛〇〇軍曹
機関小隊長　〇〇曹長
弾薬小隊長　〇〇軍曹
段列長　〇〇准尉　附属〇〇軍曹、〇〇火工軍曹
右砲分隊長　〇〇軍曹
左砲分隊長　〇〇軍曹
換装室分隊長　〇〇軍曹
給弾薬室分隊長　〇〇伍長
右弾薬分隊長　〇〇上等兵
左弾薬分隊長　〇〇上等兵
水圧室分隊長　〇〇軍曹

気電室分隊長　　〇〇軍曹
観測分隊長　　　三
通信分隊長　　　〇〇伍長
兵区分
砲小隊　要塞砲塔手二〇（内高射機関銃手三）、普通兵一四
弾薬小隊　普通兵二一
機関小隊　要塞砲塔機関手一〇、普通兵四
観測小隊　観測手一〇、通信手一〇
段列　高射機関銃手四、ガス兵四、火工兵五、その他一四
　　計一四一
三、戦備作業人員配当表

戦備日時	第〇〇日	第〇〇日	第〇〇日
砲塔射撃準備	砲塔下士官四 機関下士官三 砲塔兵一五 機関兵三	砲塔下士官三 砲塔兵九 機関兵八	砲塔下士官四 機関下士官三 砲塔兵一八 機関兵一一

対空警戒射撃設備	砲塔下士官一	砲塔下士官一	砲塔下士官一
	高射機関銃手三	高射機関銃手三	高射機関銃手三
火工作業および弾薬運搬	火工下士官一	火工下士官一	火工下士官一
	火工兵三	火工兵三	火工兵三
	人夫二四	人夫二四	人夫二四
		砲塔下士官一（運搬）	
		砲塔兵九（運搬）	
		機関兵三（運搬）	
砲内外地上警戒	機関下士官一	機関下士官一	機関下士官一
	砲塔兵五	砲塔兵五	砲塔兵五
	機関兵三	機関兵三	機関兵三
ガス保護設備	ガス下士官一	ガス下士官一	ガス下士官一
	ガス兵二	ガス兵二	ガス兵二

観測通信設備

四、砲塔射撃準備

（一）砲小隊

日次	時刻	作業要目・配当人員
四日	午後	兵器および防禦営造物受領、火砲各部点検研究　塔下一、塔兵二、職工一
五日	午前	火砲通気、通水準備、通水　塔下一、塔兵二、職工一
	午後	通水試験、通気試験、充液、充気　塔下四、塔兵一五、職工二
六日	午前	一砲の作動試験準備、塞環の結合、同作動試験　塔下一、塔兵二、職工一
	午後	一砲の作動試験準備、塞環の結合、旋回作動試験準備、発砲電路の点検、照準電路の点検　塔下四、塔兵一五、職工一
七日	午前	一砲の作動試験、旋回作動試験、駐退液充液　塔下三、塔兵七、職工一
	午後	砲身進退試験、射角板点検、覘線（そせん）検査、照準具抵抗環摺動点検、移動載弾架および同軌条手入　塔下三、塔兵九
八日	午前	観砲平行点検、観測所と連繋する摺動点検、平行規正、標点点検　塔下三、塔兵九
	午後	砲腔格納鉱油除去、試験射撃準備　塔下三、塔兵九

九日　午前　操法教育　全員
　　　午後　試験射撃　全員

（二）機関小隊

日次　時刻　作業要目・配当人員

四日　午後　兵器および防禦営造物受領、百馬力一基試運転準備、百馬力試運転、水圧機関試運転　機下一、機兵三、職工一

五日　午前　主気電機関試運転準備、気電室気蓄筒充気送水　機下一、機兵三
　　　午後　送水および送気　機下三、機兵一一、職工一

六日　午前　一砲の作動試験準備、塞環の結合、同作動試験　機下一、機兵二
　　　午後　揚水喞筒試運転、運転教育、百馬力一基試運転準備　機下三、機兵一一

七日　午前　送水、百馬力一基試運転　機下三、機兵八
　　　午後　送水、送気、冷却水装置組立、冷却水槽冷却機関の試運転　機下三、機兵八、職工一

八日　午前、午後　作業なし

九日　午前　操法教育　全員

午後　試験射撃　全員

砲小隊と機関小隊の設備上の区分

機関小隊は発動機から水圧ポンプ、水圧蓄力機、送水基弁を通って水圧水が送り出されるまで、砲小隊は水圧水が肱状枢管を通って砲室に入るところからを管理する。

（三）弾薬小隊

日次　時刻　作業要目・配当人員

七日　午前　固定載弾架の手入、運弾装置の手入および結合、弾薬運搬の整備塔下一、塔兵一八、機兵三

午後　弾薬運搬整備　塔下一、塔兵九、機兵三

八日　午前　弾薬運搬整備　塔下一、塔兵九、機兵三

九日　午前　操法教育　全員

午後　試験射撃　全員

五、弾薬調整運搬計画

（一）火工作業班の編成

人員　火工下士官　火工兵　助手（人夫）　男人夫　女人夫

点火薬包班　一　一　一　四

薬包調整班　一　三　八

炸薬填実班　一　四　一〇

（二）作業工程

日次	点火薬包	薬包	炸薬填実
四	一〇	一〇	三
五	三〇	三〇	一〇
六	八〇	八〇	一四
七	八〇	八〇	二〇
八	八〇	八〇	二〇
九	八〇	八〇	二〇
一〇	八〇	八〇	二〇
一一	八〇	八〇	二〇
一二	八〇	八〇	二〇
一三	八〇	八〇	二〇
一四	八〇	八〇	二〇
一五	四〇	四〇	七

（三）運搬

一日輜重車一両の輸送力（兵五）弾丸一四発、装薬二〇包（一〇発分）

六、観測通信設備作業計画

（一）高観測所

日次　時刻　作業要目・配当人員

四日　午後　密閉覆除去、主な抵抗環の点検、属品予備品検査具の整備点検　下一、兵二、人夫四

五日　午前　算砲電纜の導通点検、測遠機E速度変換器及概略方向板の装着、格納用鉱油及パテ類の除去　下一、兵二、人夫四

午後　各抵抗環・摺動環・電刷子の手入、算砲間電纜絶縁点検、観測所・砲側間電話連絡　下二、兵一二、人夫四

夜間　標点表一部の作製

六日　午前　各電刷子の点検（規正）、各電橋電源の接続、観測所内各抵抗環の摺動点検、測遠機垂直軸の規正、測遠機方向分画板の点検（規正点によ る）、観砲間隔抵抗器の規正　下一、兵九、人夫二

午後　観測所内における各平行規正、標点点検及摺動点検、各修正器の点検、

F標示器各切換器の点検、潜望鏡及標高器の規正　下一、兵九、人夫二

夜間　標点表及初照準諸元表の完成

七日　午前　算砲間の平行規正、算砲間の揺動点検、標点の綜合点検、各電橋の電源の規正及感度点検　下一、兵一〇、人夫一

午後　低観測所を使用する場合の測算平行規正及観砲間隔の規正、同上の標点点検　下一、兵一〇、人夫一

八日　終日　観測小隊教練（または中隊教練）、試験射撃に対する準備、所要の図及表の作成（射界、視界、写景図他）　下二、兵一二、人夫二

九日　試験射撃

（二）低観測所

日次　時刻　作業要目・配当人員

六日　午前　密閉覆の除去、格納用鉱油の除去、E速度変換器及概略方向板の装着　下一、兵三、人夫二

午後　各抵抗環・揺動環・電刷子の手入、測遠機垂直軸の規正、方向分画板の点検（規正点による）　下一、兵三、人夫二

七日　夜間　標点表及初照準諸元表の完成
　　　午前　潜望鏡及標高器の規正、概略抵抗測定器による抵抗環の摺動点検　下
　　　　　　一、兵二、人夫一
　　　午後　測算間平行規正、測算間標点点検　下一、兵二、人夫一
八日　終日　観測小隊教練（または中隊教練）、試験射撃に対する準備、所要の図
　　　　　　及表の作成（射界、視界、写景図他）下二、兵一二、人夫二
九日　　　　試験射撃

(三)　通信設備（電話回線）
高観測所・低観測所間　八八式附属
高観測所・砲室間　八八式附属
高観測所・事務室間　ソリットバック
砲室・地下室間　八八式附属
事務室・地下室間　電鈴式
地下室・火工作業場間　震動式

対馬要塞豆酘崎砲台備砲工事（四五式十五糎聯装加農）昭和十四年七月

昭和十三年六月二十五日陸軍技術本部は試製十五糎聯装加農竣工試験報告（軍事秘密）を陸軍省兵器局長、銃砲課長、整備局長へ提出した。

昭和十三年十月二十六日陸軍築城部本部長は対馬要塞豆酘崎砲台の備砲工事について陸軍大臣から実施の指令を受けた。

対馬要塞豆酘崎砲台備砲工事実施要領書　軍事極秘

一、本工事は対馬要塞豆酘崎砲台試製十五糎聯装加農二基を据付けることにある。

二、首線方向は豆酘崎砲台建築工事設計図書に示す通りで、方向角度板零分画は北緯三六度東経一二八度を原点とする子午線に平行する線の北に一致させるものとする。

三、工事竣工年月日は昭和十四年一月三十日とする。

四、据付工事の予算総額金七一〇〇円国防充備費要塞整理費砲台築造費建設費支弁とし、その仕分けは次のとおりとする。

（一）作業準備費六二四円九三銭
事務所工場開設費、作業用器材輸送費、作業用器材集積手入費、材料費

（二）運搬費九五三円六四銭
運搬路構築費、運搬用器材設備費、作業用器材運搬費、火砲運搬費、材料費

（三）火砲揚陸費九二八円五〇銭
　火砲集積所構築費、桟橋構築費、揚陸用器材設備費、火砲揚陸費、材料費
（四）火砲据付費九〇八円四四銭
　据付用器材設備費、砲床据付費、火砲上部据付費、火砲機能調整費、火砲手入格納費、材料費
（五）復旧費一三二三円八五銭
　事務所工場撤去費、運搬設備撤去費、据付設備撤去費、揚陸設備撤去費、作業用器材手入費、作業用器材修理費、同荷造費、地形復旧費、器材集積費、材料費
（六）雑費三二二円
　間接費、雑役費
（七）旅費一八三四円八銭
　職員、工員
（八）予備費二〇四円五六銭
五、本工事監督のため砲兵佐官一名を出張所に派遣する。
六、本工事実施のため左記人員を出張所に増員する。

准尉一名、雇員二名、工員一三名

七、作業実施方針

（一）火砲揚陸

A桟橋に仮揚陸を行い、団平船に積換え、B桟橋に曳航し、「シャース」により揚陸を実施する。

（二）火砲運搬

「シャース」により揚陸した火砲を台車に搭載し、小巻揚機により斜坂部の巻揚を実施する。山上において台車より卸下し、修羅台上に搭載、二箇所の砲座まで転子運搬を行う。

昭和一三年一二月三〇日対馬要塞豆酘崎砲台備砲工事は終了した。

昭和一四年五月一三日陸軍築城部本部長は対馬要塞豆酘崎砲台十五糎聯装加農砲床抗堪試験射撃を実施し、同年七月一一日竣工並砲床抗堪試験射撃終了報告を提出した。

昭和一五年三月二二日下関要塞司令官は要塞弾薬備付規則第七条にもとづき、下記のように警備弾薬貯蔵の認可を受けた。

砲台　砲種砲数　弾種弾数

蓋井島　四五式十五糎加農改造固定式㊕四門　破甲榴弾五二、九三式尖鋭弾四八
大島　四五式十五糎加農改造固定式四門　破甲榴弾五二、九三式尖鋭弾四八
沖ノ島　試製十五糎聯装加農二基四門　破甲榴弾五二、九三式尖鋭弾四八
蓋井島第二　十一年式七糎加農四門　九四式榴弾一〇〇、九〇式高射尖鋭弾一〇〇
白島　十一年式七糎加農四門　九四式榴弾一〇〇、九〇式高射尖鋭弾一〇〇

昭和十五年十月三十日陸軍省銃砲課は西部、中部、北部軍、朝鮮軍へ兵器部業務用として兵器図を送付した。その中で試製十五糎聯装加農を四五式十五糎聯装加農と記していることから、この間に制式制定がなされたものと思われる。なお七年式三十糎短榴弾砲の兵器図枚数が三七一枚に対して四五式十五糎聯装加農は五枚に過ぎないのは、火砲本体は四五式十五糎加農と変わるところはなく、聯装砲架のみの兵器図であることによると思われる。

兵器図枚数例　四五式十五糎聯装加農（五枚）、七年式三十糎短榴弾砲（三七一枚）、七年式三十糎長榴弾砲（二九二枚）、七年式三十糎長榴弾砲移動砲床（六〇枚）

遠用兵器処分

昭和十六年五月陸軍省兵器局銃砲課は押収兵器および残置廃兵器を含む遠用兵器について一括処理することを決めた。処理の方針は日本製鋼株式会社、大同製鋼株式会社、小倉製鋼株式会社その他必要と認める軍需用製鋼工場に払い下げるものとし、軍需品製造用原料以外に流用することは認められなかった。各地要塞備付廃砲撤去回収にともなう所要経費は臨時軍事費支弁とし、本年九月末日までに作業を完了するものとした。ただし支那事変押収兵器のうち大口径火砲五門、中口径火砲五門を神社奉納充当品として残置するものとした。

遠用兵器という用語は他に見られないが、使用にはほど遠い兵器、すなわち不用兵器という意味である。ここでは今回処分となった要塞保管の火砲をあげる。

東京湾要塞

　加式鋼製二十八口径二十七糎加農八門

　昇降砲架二十八糎榴弾砲一二門

　克砲塔二十七糎加農二門

十九糎加農一門
演習用二十四糎加農四門
演習用二十八糎榴弾砲八門
各種要塞砲弾丸一四五三個

下関要塞
二十三口径二十四糎加農八門
二十六口径二十四糎加農八門
加式鋼製二十八口径二十七糎加農四門
加式三十四口径二十四糎加農一門
安式三十口径二十四糎加農一門
加式鋼製二十八口径二十七糎加農四門

由良要塞
安式三十五口径隠顕砲架二十四糎加農二門
克式二十五口径前心軸二十四糎加農六門
克式三十五口径架匡式二十一糎加農六門
二十八糎榴弾砲八門（深山演習砲台の分）
二十四糎加農四門（深山演習砲台の分）

対馬要塞
克式二十五口径中心軸二十四糎加農一門

旅順要塞　斯加式四十五口径十五糎速射加農一〇門
　　　　　四十五口径二十五糎加農五門
　　　　　二十八糎臼砲八門（将来利用するため残置）
　　　　　二十三糎臼砲九門（将来利用するため残置）
　　　　　二十六口径二十四糎加農二門
　　　　　各種要塞砲弾丸六六三六個
長崎要塞　克式三十五口径中心軸二十四糎加農八門
澎湖島要塞　安式十吋加農二門
広島補給廠　三十五口径二十七糎加農四門
　　　　　斯加式三十六口径二十七糎加農四門
東京補給廠　斯加式四十五口径隠顕砲架二十七糎加農四門
　　　　　二十五口径隠顕砲架二十七糎加農一門
　　　　　各種要塞砲弾丸一三八個
名古屋補給廠　各種要塞砲弾丸一二二二個
大阪補給廠　各種要塞砲弾丸二四七七個
岡山補給廠　各種要塞砲弾丸四二四個

広島補給廠　各種要塞砲弾丸三三四六個
小倉補給廠　各種要塞砲弾丸四五六九個

昭和十六年度帝国陸軍国土防衛計画訓令による警急戦備

戦備に使用した砲台

三崎地区
　城ヶ島　砲塔二十五加四、三八式野砲四
　剣崎　参砲塔十五加四
金谷・千駄崎地区
　金谷　三八式十加四
　千駄崎　七年式十加四
館山地区
　見物　砲塔三十加二
　大房崎　砲塔二十加四
　洲ノ崎　三八式十加四
　伊戸　三八式野砲二
　試験射撃は各砲一門三発

要塞部隊の変遷の概要

一、戦前における要塞の区分は次のようであった。
一等　東京湾、下関、釜山
二等　津軽、対馬、長崎、基隆、澎湖島、高雄、羅津、壱岐
三等　舞鶴、由良、豊予、父島、奄美大島、永興湾
臨時　中城湾、狩俣、船浮（以上沖縄諸島）、根室、室蘭、宗谷、麗水、旅順、
　　占守島
二、昭和十六年七月七日、対馬、下関、壱岐、釜山、麗水、羅津、基隆要塞を、大東亜戦争開始までに東京湾、由良、豊予、津軽、永興湾、高雄、奄美大島、中城湾、船浮、父島の諸要塞を動員し、同年十一月対馬、下関、長崎、壱岐、麗水、羅津の編制を改めた。
三、昭和十七年九月、東京湾、由良、豊予、宗谷、釜山、永興湾、基隆、澎湖島、高雄、船浮、中城湾、奄美大島の編制を縮小したが、高雄は十九年春再びこれを強化した。また同年末以降大部の要塞司令部は混成旅団に、要塞重砲兵は単なる重砲隊に改編した。

大正・昭和年代における要塞火砲

砲塔四十五口径四十糎加農Ⅰ、Ⅱ、Ⅲ

口径四一〇ミリ、砲身長一万三八四〇ミリ、高低射界—二～＋三五度、方向射界±一五〇度、弾量一〇〇〇キロ、初速七六〇m／s、最大射程三万三〇〇m

砲塔五十口径三十糎加農Ⅱ、Ⅲ

口径三〇四・八、砲身長一万五六五九、高低射界—二～＋三三、方向射界±一四五、弾量四〇〇、初速八六〇、最大射程二万九六〇〇

砲塔四十五口径三十糎加農Ⅰ、Ⅱ

口径三〇四・八、砲身長一万四二六三、高低射界—三～＋三五、方向射界±一三五、弾量四〇〇、初速八一〇、最大射程二万七四〇〇

砲塔四十五口径三十糎加農Ⅲ、Ⅳ

口径三〇四・八、砲身長一万四一八一、高低射界—一～＋三五、方向射界±一三五、弾量四〇〇、初速八一〇、最大射程二万七四〇〇

砲塔四十五口径三十糎加農Ⅵ、Ⅴ

口径三〇四・八、砲身長一万四一三五、高低射界—一～＋三二・五、方向射界＋一四〇—一三五、弾量四〇〇、初速八一六・七

砲塔四十五口径二十五糎加農Ⅰ、Ⅱ

口径二五四、砲身長一万一八七〇、高低射界―二～+三五、方向射界±一七〇、
弾量二三五、初速八一〇、最大射程二万四六〇〇

砲塔四十五口径二十糎加農Ⅰ、Ⅱ
口径二〇六・四、砲身長九四八七、高低射界―三～+三〇、方向射界±一七〇、
弾量一一三・四、初速七六〇、最大射程一万八二〇〇

七年式十糎加農
口径一〇五、砲身長四七二五、放列砲車重量八三二六、高低射界―一〇～+二〇、
方向射界三六〇、弾量一八、初速五九八・七、最大射程一万五〇〇

七年式十五糎加農
口径一四九・一、砲身長七五一五、高低射界―八～+三〇、方向射界三六〇、弾
量四〇・二、初速八七五、最大射程二万二〇〇

七年式三十糎短榴弾砲
口径三〇五、砲身長五〇一五、放列砲車重量五万九二一七、高低射界―二～+七
三、方向射界三六〇、弾量三九八・七、初速四〇〇、最大射程一万二〇〇〇

七年式三十糎長榴弾砲
口径三〇五、砲身長七二三〇、放列砲車重量九万七七〇〇、高低射界―二～+七

三、方向射界三六〇、弾量三九八・七、初速五〇〇、最大射程一万五二〇〇
十一年式七糎加農
口径七五、砲身長三七五〇、放列砲車重量三七三四、高低射界−七〜＋八〇、方向射界三六〇、弾量六・五四、初速七二〇、最大射程一万三八〇〇
四五式十五糎加農
口径一四九・一、砲身長七五一五、放列砲車重量二万二八〇〇、高低射界−八〜＋三〇、方向射界三六〇、弾量四〇・二、初速八七五、最大射程二万二〇〇
四五式十五糎加農（改造固定式）
口径一四九・一、砲身長七五一五、放列砲車重量二万二八〇〇、高低射界−八〜＋四三、方向射界三六〇、弾量四〇・二、初速八七五、最大射程二万二六〇〇
九六式十五糎加農
口径一四九・一、砲身長七八六〇、放列砲車重量二万四三一四、高低射界−七〜＋四五、方向射界±六〇、弾量四〇・二、初速九〇七、最大射程二万六二〇〇

火砲の弾薬

一、被帽弾

鋼製で炸薬室を持つものとないものがある。弾頭に侵徹を容易にするため特殊鋼製の被帽を付け、信管は付けない。

二、破甲弾
被帽弾と同じで、頭部に被帽を付けない。

三、堅鉄弾
破甲弾と同じで、弾体は鋳鉄製。頭部を焼き入れし、多くは弾底信管を付ける。

四、徹甲弾
戦艦または巡洋艦の堅固な帯甲部に対し侵徹力を発揮するため、弾頭部の肉厚を厚くし被帽を付けた鋼製弾丸。炸薬量は弾量の約二%で弾底信管を付ける。海軍から保管転換を受けた砲塔加農に装備されていた。海軍製。

五、通常弾
戦艦または巡洋艦の堅固な帯甲部以外の部分に対し侵徹および破壊の効力を高めるため、徹甲弾よりも肉厚を減らして炸薬量を増やし、被帽を付けない鋼製弾丸。徹甲弾と同じ火砲に装備された。海軍製。

六、破甲榴弾
通常弾と同じ目的に使用された陸軍製の鋼製弾丸で野戦にも兼用する。炸薬量は弾量の約八％で弾底信管を付ける。一〇加、一五加、二四榴、三〇榴などの火砲に装備された。

七、鋳鉄製破甲榴弾
破甲榴弾と同じで鋳鉄製。弾底もしくは弾頭内部に信管を付ける。

八、榴弾
破甲榴弾よりさらに肉厚を減らして炸薬量を増加し、各種艦船の薄弱部に対する破壊効力と人員に対する殺傷効力を求める弾丸である。野戦と兼用のもので、砲塔を持たない一〇加、一五加などの中口径加農にのみ装備されていた。

なお予備火砲として要塞に備え付けられた各種野戦砲の弾丸は全く野戦弾薬と同じである。また高射兼用の十一年式七糎加農には対空射撃用の高射尖鋭弾が装備された。

弾丸を発射するための装薬には無煙綿火薬の紐状薬、帯状薬または方形薬を使用した。装薬量は射程距離に応じて増減する。三〇榴長の場合四号装薬七・五キロに対し一号装薬は三八・五九キロとなる。

要塞弾薬の整備

戦備の下令にあたり各堡塁・砲台、弾丸庫、火薬庫、弾丸支庫および火薬支庫に分蓄すべき弾薬の定数、弾種の配合および直ちに調整すべき弾薬の員数ならびに調整の順序は、一般の情況および補充の難易により要塞司令官がこれを定める。ただし弾薬の定数を定めるには一門につき概ね左の数量を標準とすべし。

海正面	大口径砲	砲戦砲	堡塁・砲台弾丸庫、火薬庫	六〇
			弾丸支庫および火薬支庫	九〇
		砲撃砲	堡塁・砲台弾丸庫、火薬庫	二〇
			弾丸支庫および火薬支庫	三〇
	中口径砲		堡塁・砲台弾丸庫、火薬庫	一六〇
			弾丸支庫および火薬支庫	二四〇
	小口径砲		堡塁・砲台弾丸庫、火薬庫	二〇〇
			弾丸支庫および火薬支庫	三〇〇
陸正面	大口径砲	砲戦砲	堡塁・砲台弾丸庫、火薬庫	六〇
			弾丸支庫および火薬支庫	九〇
		砲撃砲	堡塁・砲台弾丸庫、火薬庫	二〇
			弾丸支庫および火薬支庫	三〇

中口径砲	堡塁・砲台弾丸庫、火薬庫	一六〇
	弾丸支庫および火薬支庫	二四〇
小口径砲	堡塁・砲台弾丸庫、火薬庫	二〇〇
	弾丸支庫および火薬支庫	三〇〇
高射砲	堡塁・砲台弾丸庫、火薬庫	二〇〇
	弾丸支庫および火薬支庫	三〇〇

要塞重砲兵部隊の本土決戦準備

大本営は本土を中核とする戦備を強化するため、昭和二十年二月下旬から五月下旬の間三次にわたって兵備の拡充を発令し、沿岸防禦師団二九、決戦師団八、機動師団八、その他多数の混成旅団、混成聯隊、砲兵部隊などを動員し、かつ朝鮮海峡・五島列島の戦備を強化した。この兵備拡充と関連して逐次多数の重砲兵部隊が動員され、あるいは四月頃から満州の重砲兵部隊が内地に転用された。これに先立ち北朝鮮羅津および永興湾の要塞重砲兵聯隊主力も内地転用された。

配備の重点は敵の上陸が予想される南九州、特に志布志湾方面ならびに関東地区の九十九里浜、相模湾方面に置かれていた。火砲は重点方面に三〇榴、二八榴、二四榴、一五加などの大威力重砲を装備し、その他の方面には一五榴、一五臼、一〇加、九臼などの中口径砲を充当したが、火砲の数が足らず支給されないうちに終戦を迎えた部隊もあった。

また各地の要塞重砲兵聯隊も逐次野戦軍に編入された。小笠原兵団に属する父島要塞重砲兵聯隊は一九年五月重砲兵第九聯隊と改称、硫黄島失陥後の二十年三月第一〇九師団に編合された。また北千島重砲兵隊は一九年四月第九一師団に編合され、二十年七月独立重砲兵第七、第八中隊に改編された。

終戦時本土において野戦軍に属した要塞重砲兵部隊は次のとおりである。

第五方面軍（北海道、千島）
　宗谷要塞重砲兵聯隊、津軽要塞重砲兵聯隊
第一二方面軍（関東）
　東京湾要塞重砲兵聯隊、東京湾要塞第一砲兵隊、東京湾要塞第二砲兵隊
第一四方面軍（近畿、四国）
　由良要塞重砲兵聯隊
第一六方面軍（九州）
　下関要塞重砲兵聯隊、対馬要塞重砲兵聯隊、壱岐要塞重砲兵聯隊、重砲兵第十

七聯隊（長崎要塞重砲兵聯隊の改称）、重砲兵第十八聯隊（豊予要塞重砲兵聯隊の改称）、重砲兵第六聯隊（奄美大島要塞重砲兵聯隊の改称）

要塞用火砲の弾薬整備区分は要塞防禦教令に示されている。この教令に示す一門あたりの準備弾薬数は次のとおり。太平洋戦争においても変更はなかった。

区分	砲種		弾丸庫・火薬庫	弾丸支庫・火薬支庫	計
海正面	大口径砲	砲戦砲	六〇	九〇	一五〇
		砲撃砲	二〇	三〇	五〇
	中口径砲		一六〇	二四〇	四〇〇
	小口径砲		二〇〇	三〇〇	五〇〇
陸正面	大口径砲		六〇	九〇	一五〇
	中口径砲		一六〇	二四〇	四〇〇
	小口径砲		二〇〇	三〇〇	五〇〇
高射砲			二〇〇	三〇〇	五〇〇

要塞重砲兵隊騎銃携行数

澎湖島一三五〇、東京湾・由良各八〇三、津軽五一一、下関四三八、奄美大島九〇

○、豊予三六五、父島・対馬・鎮海湾・大連・旅順・基隆各七五○、舞鶴・佐世保各二九二、壱岐・元山（永興湾）各六○○、長崎二一九、室蘭一四一

砲塔加農補修細部計画　昭和十八年一月十八日　兵器行政本部

一、砲塔四十五口径四十糎加農第一号砲（張子嶝）

（一）砲塔の状況

本砲塔火砲は旧軍艦赤城一番用として計画されていたものを、海岸砲として使用できるよう計画を改め、製作した第一号砲を据付けたものである。

本砲塔は三十糎砲塔据付の経験を加味して製作し、動力機関は作動部の重量増加にともない主動力機関の数を増加した。主動力機関二基以上を使用すれば水圧出力十分であるが、副動力機関特に発電能力が不足しているので、これを増加するよう改修を要する。機関の形式、数量は左記のとおり。

主動力機関

七五馬力重油発動機付六○水馬力水圧喞筒三基

副動力機関

三二馬力ガソリン発動機付一五○気圧空気圧搾機および三・七キロワット発

電機一基

八馬力ガソリン発動機付八五気圧空気圧搾機および三・七キロワット発電機一基

（二）補修計画の起因

昭和十七年六月十八日兵器局長通牒により補修細部計画を立案することになった。

（三）補修細部計画ならびに実施要領

昭和十七年三月要塞備付砲塔加農巡回点検報告意見にもとづき、七五馬力重油発動機ならびに六〇水馬力水圧喞筒は発動機の出力が六六馬力となるよう、発動機および喞筒を改造することになったほか、各部四〇か所にわたり補修することになった。

二、砲塔四十五口径四十糎加農第二号砲（黒崎）

（一）砲塔の状況

本砲塔加農は旧軍艦赤城二番用として計画されていたものを、海岸砲として使用できるよう計画を改め、新たに製作した第二号砲を据付けたものである。

本砲塔は三十糎砲塔および四十糎第一号砲据付の経験に一部改修を加えたが、

第一号砲据付完了時期にはすでに大部分の設計製作を終っていたもので、各部の構造は第一号砲塔とほぼ同様である。動力機関も第一号砲塔と同様左記のものを装備している。

主動力機関

七五馬力重油発動機付六〇水馬力水圧喞筒三基

副動力機関

三二馬力ガソリン発動機付一五〇気圧空気圧搾機および三・七キロワット発電機一基

八馬力ガソリン発動機付八五気圧空気圧搾機および三・七キロワット発電機一基

(二) 補修計画の起因

昭和十七年六月十八日兵器局長通牒により補修細部計画を立案することになった。

(三) 補修細部計画ならびに実施要領

昭和十七年三月要塞備付砲塔加農巡回点検報告意見にもとづき、七五馬力重油発動機ならびに六〇水馬力水圧喞筒は発動機の出力が八二馬力、喞筒の出力六六水馬力となるよう、発動機および唧筒を改造することになったほか、各部三二か所にわたり補修することになった。

三、砲塔四十五口径四十糎加農第三号砲（豊）

（一）砲塔の状況

本砲塔は旧軍艦赤城三番用として計画されていたものを、海岸砲として使用できるよう計画を改め、新たに製作した第三号砲を据付けたものである。

本砲塔は第一号砲および第二号砲の据付試験の経験に鑑み、砲塔各部は取扱いやすいよう各種改修を含め製作した。また動力機関は主動力重油発動機を石油発動機に改めた。

主動力機関

一〇〇馬力石油発動機付七〇水馬力水圧唧筒三基

副動力機関

三二馬力ガソリン発動機付一五〇気圧空気圧搾機および一〇キロワット発電機一基

八馬力ガソリン発動機付一五〇気圧空気圧搾機および五キロワット発電機一基

（二）補修計画の起因

昭和十七年六月十八日兵器局長通牒により補修細部計画を立案することになった。

（三）補修細部計画ならびに実施要領

昭和十七年三月要塞備付砲塔加農巡回点検報告意見にもとづき、各部一九か所にわたり補修することになった。

四、砲塔五十口径三十糎加農第一及第二号砲（龍ノ崎）

（一）砲塔の状況

本砲塔は旧軍艦攝津の後部（第一号砲）および前部（第二号砲）主砲塔を海岸砲とするため、復坐機その他を改修し、先ず第一号砲を改修し据付けた後、この経験に鑑みさらに第二号砲に改修を加え据付けたものである。

本砲塔は四十五口径三十糎に比べて砲身重量が増大し、その照準には大馬力を要するはずであるが、動力機関は左記のように初期の三十糎と同様のものであるため、照準用水圧水量および照明用電力などが不足している状態である。

主動力機関

七五馬力重油発動機付六〇水馬力水圧喞筒一基

副動力機関

第一号砲塔

三二馬力ガソリン発動機付一五〇気圧空気圧搾機および三・七キロワット発電機一基

八馬力ガソリン発動機付八五気圧空気圧搾機および三・七キロワット発電機一基

第二号砲塔

三二馬力ガソリン発動機付一五〇気圧空気圧搾機および五キロワット発電機一基

八馬力ガソリン発動機付八五気圧空気圧搾機および五キロワット発電機一基

（二）補十計画の起因

昭和一七年六月十八日兵器局長通牒により補修細部計画を立案することになった。

（三）補修細部計画ならびに実施要領

昭和十七年三月要塞備付砲塔加農巡回点検報告意見にもとづき、第一、第二号砲とも七五馬力重油発動機の出力を八二馬力、喞筒の出力を六六水馬力となるよう改造するほか、各部二七か所にわたり補修することになった。

五、砲塔四十五口径三十糎加農第三号砲（大間）

（一）砲塔の状況

本砲塔火砲は旧軍艦伊吹の前部砲塔で、これを海岸砲とするため復坐機その他を改修し、据付けたものである。

砲塔操砲用の水力発生用の主動力機関ならびに砲塔内照明用の電力および圧縮空気製造用の副動力機関は左記のとおり。

主動力機関

七五馬力重油発動機付六〇水馬力水圧喞筒一基

副動力機関

二五馬力石油発動機直結三・七キロワット発電機および一五〇気圧空気圧縮機一基

七馬力石油発動機直結三・七キロワット発電機および八五気圧空気圧縮機一基

一五馬力石油発動機付一二水馬力水圧喞筒一基

（二）補修計画の起因

昭和十七年六月十八日兵器局長通牒により補修細部計画を立案することになった。

（三）補修細部計画ならびに実施要領

昭和十七年八月本砲塔を巡回点検した結果、各部一四か所にわたり補修することになった。

六、砲塔四十五口径三十糎加農第五号砲（洲ノ崎）

（一）砲塔の状況

本砲塔は旧軍艦生駒の前部砲塔で、これを海岸砲とするため復坐機その他を改修した。三十糎級保転改修砲塔としては最後に据付を完了したもので、他砲塔据付の結果不具合な箇所を最初から改修し、据付けたものである。

本砲塔操砲用の水力発生用の主動力機関ならびに砲塔内照明用の電力および圧縮空気製造用の副動力機関も最新の形式を採用した。

主動力機関

一〇〇馬力石油発動機付七〇水馬力水圧喞筒二基

副動力機関

三二馬力ガソリン発動機付一〇キロワット発電機および一五〇気圧空気圧縮

機一基
八馬力ガソリン発動機付五キロワット発電機および一五〇気圧空気圧縮機一基
本砲塔照明用電力は平時は市井電流を使用できるよう配電盤の部位に切換装置を設けている。
(二) 補修計画の起因
昭和十七年六月十八日兵器局長通牒により補修細部計画を立案することになった。
(三) 補修細部計画ならびに実施要領
昭和一七年八月本砲塔を巡回点検した結果、各部一〇か所にわたり補修することになった。
七、砲塔四十五口径二十五糎加農第一号及第二号砲(城ヶ島)
(一) 砲塔の状況
本砲塔火砲は旧軍艦安芸の副砲一番および二番で、これを海岸砲とするため旋回盤以上を利用し、匡礎を新調し、高低および方向照準を全部手動式に改め、据付けたものである。

砲塔据付後土地の変動により地盤が傾いたため、砲床もやや傾いたが、火砲の照準その他の機能には影響なし。

本砲塔は排煙用の圧縮空気を製造し、かつ照明用電力を得るため一二馬力石油発動機付一五〇気圧空気圧搾機および四キロワット発電機を有するが、砲塔と機関室との距離があり、圧搾空気の補充に困難しつつある。

砲側に弾丸置場がないため、臨時に土嚢で被覆する状況である。

（二）補修計画の起因

昭和十七年六月十八日兵器局長通牒により補修細部計画を立案することになった。

（三）補修細部計画ならびに実施要領

昭和十七年八月本砲塔を巡回点検した結果、各部五か所にわたり補修することになった。

八、砲塔四十五口径二十糎加農第一号及第二号砲（大房崎）

（一）砲塔の状況

本砲塔火砲は旧軍艦鞍馬の副砲で、これを海岸砲とするため旋回盤以上を利用し、匡礎を新調し、方向および高低照準を総て手力によって実施できるよう改めたものである。

本砲塔は排煙用の圧縮空気を製造するための一二馬力石油発動機付一五〇気圧空気圧搾機と照明用の八馬力ガソリン発動機付三・五キロワット発電機を有す。

発電機は両火砲の中間後方に発電機室を設け、ここに据付けてあるので比較的砲塔との連絡はとりやすいが、空気圧搾機は砲塔より約六〇〇メートルの位置に据付けてあるため、空気の補填に困難しつつある。

砲側には弾丸置場がないが、築城部本部にて計画中である。

(二) 補修計画の起因

昭和十七年六月十八日兵器局長通牒により補修細部計画を立案することになった。

(三) 補修細部計画ならびに実施要領

昭和十七年八月本砲塔を巡回点検した結果、各部四か所にわたり補修することになった。

既設砲台補備増強の参考　昭和十九年三月　陸軍築城部本部

空襲に対する被害を極限するには適切な築城の運用が必要であることは幾多の戦例

から事実であるにもかかわらず、砲台の現況を見ると補備増強に努めてはいるがその効果がともなわないものが少なくない。砲台の空襲対策は目下一日の猶予も許されない現況に鑑み、本書は労力および資材が不足している現下の情勢に即応して、部隊自らの兵力と現地物料とをもって実施できる方策につき研究したものである。

砲台の編成および素質などは敵の戦法、編成および装備に対応させるため、新設のものはもとより徹底した分散、遮蔽および掩護などに重点を置き施設すべきものであるが、既設のものに対しては偽装、遮蔽、偽素質および掩護施設などによりこれを補う必要がある。

これらの施設は方面により差異があるが、一般に巧遅を排して拙速を旨とし、漸進的構築法により随時戦力発揮に支障がないようにし、また岩盤、土体などを巧みに利用してセメントおよび鉄材などの使用を極力節減し、かつ輸送力を減殺しないため現地産の石材あるいは木材を主とすることに努め、また作業は原則として守備隊自らこれを実施するものとする。

各術工物の補備増強要領

一、砲座および照明座などは射界および照明界ならびに兵員の戦闘動作に支障のない範囲に土掩護体を構築し、かつ最寄りに兵員用待機所を設ける。

二、砲側弾薬置場は地下もしくは半地下構造とし、一砲座につき二か所以上に分置し、その入口はなるべく相対しないようにする。

三、砲撃、爆撃の公算が大きい場所における通信網および探照灯などの電纜は概ね地下五〇センチ（寒地では不凍層下まで）程度に埋設する。裸線および被覆不良なものは交通壕あるいは特設の壕内に架纜し、かつその線路は努めて分散するものとする。

四、地上建屋特に木造の弾薬庫、掩燈所および発電所など主要なものにはその周囲に土製掩体を設ける。その高さはなるべく軒下までとし、また建家壁より掩体までの距離は一メートル内外とする。

五、燃料庫は地下構造とし、少量ずつを数か所に分散して格納できるようにする。

六、主要術工物相互間には交通壕を、また所要の箇所に数人用の待機壕を分散して設ける。

七、以上の実施にあたっては次の事項に注意を要する。

（一）掩体の内側斜面は掩体の効果を大きくするため、なるべく急峻にする。斜面を急峻にするためには斜草を重畳するのが最適である。板および石積被覆は偽装上適当でないのみならず、資材および労力を多く要し、かつ板は保存命数が短く、また石材は砲撃、爆撃の際石材の破片により損害を受けることがある。やむを得ず板被覆を行う場合、その「控え」は鉄線に代えて細い丸太などを用いるものとする。

（二）掩体は規正の形状を避けて自然地に即応させ、かつその入口通路の準線は掩体を良好にするため術工物に対し屈曲させること。

（三）燃料庫は素掘可能な位置を選定して、なるべく洞窟式とすること。

（四）木材の連結は従来のようなボルトまたは鎹（かすがい）などに依存することなく、枘（ほぞ）、差込栓あるいは割楔を用いること。

八、偽素質の構築要領

敵の砲爆弾を吸収する手段として偽素質を施すのは効果が極めて大きい。その実施は野戦築城教範によるほか、偽素質爆撃の被害を真素質に及ぼさないようにするため、偽素質は少なくとも真素質の主要なものより概ね一キロ程度離隔する必要がある。

九、偽装

砲台の諸施設は一般に射界および照明界などを広く要求する関係上、偽装は通常困難とするが、工夫すれば手近にある有り合わせの資材をもって効果的なものを実施することができる。

（一）付近所在の樹木（なるべく常緑樹がよい）を移植して術工物をその陰影または遮蔽下に入れ、または術工物のため地形にはなはだしい波状形を呈するものに対しては、樹高の大小を按配して植栽することにより、特異な外観を消去させること。

（二）植樹により完全に偽装できない場合は、鉢植樹木、樹枝または偽装網などによりこれを補足する。偽装網は有り合わせの藁、縄、あるいは葛、蔓の類でもよい。その結着は風雪などによる損耗を防止するため角結とする方がよい。コンクリート面には戦闘動作に支障ない限り薄く土を置き、雑草を植栽すること。

各種爆弾（地上瞬発）弾片に対する各種防護壁体の安全距離
（陸軍築城部本部実験）

壁体の種類		一五kg爆弾	五〇kg	一〇〇kg	二五〇kg
鉄筋コンクリート					
	厚三〇cm		四m	五	一〇
	二〇		八	一〇	二〇
	一〇		一二	一五	四〇

厚七〇石積壁			五	一〇
土嚢厚七五・砂嚢厚五〇		五	六	一〇
煉瓦　厚三〇		八	一〇	一五
厚四五		五	八	一〇
厚五五		四	五	八
杉三センチ板張一重	五五	六〇	六五	七〇
二重	四五	五〇	五五	六〇
真竹三列組合せ		三〇	五〇	六〇

あ号作戦における要塞重砲兵戦闘の参考（抜粋）　昭和十九年六月三日

陸軍重砲兵学校　極秘

○通則

一、あ号作戦の要訣は敵の物質的量的威力を正当に判断し、これが対策を適切ならしめ、もって勝を制するにあり。このため常に士気を旺盛にし、戦闘準備の周到、訓練の精到を期し、もって一よく百を制するの戦力を充実するとともに、たとえ如何なる悲境に陥るも毅然として任務を遂行する気魄を養成すること特に緊要なり。

二、米軍の特性中要塞戦闘のため特に考慮すべき事項概ね左のごとし。

(一)飛行機をもって先ずわが航空勢力を撃滅し、制空権の獲得を図りたる後、防御施設、軍事上の要所などに対し徹底せる爆撃を行い、わが戦力の消耗を図る。このため逐次陸上の基地を推進するほか、有力なる海上機動部隊を使用す。

(二)攻撃は周到なる準備のもとに大胆に行う。このため飛行機、潜水艦などをもって詳細なる偵察を行うほか、さらに爆撃を行いつつ偵察す。而して真面目なる攻撃は絶対優勢なる態勢を整えるか、あるいはわが弱点に乗じる場合のほか通常これを避く。

(三)攻撃にあたりては鉄量を惜しまず、目的達成に必要なる量を使用す。したがってその砲爆撃は極めて熾烈なり。また斬新なる兵器の創造に勉め、これにより奇襲す。

(四)戦闘法は弾力性を有し、一度実施して成功せざれば直ちにその方法を改む。然れどもすでに成功せる方法は型の如く実施する傾向あり。

(五)敵の攻撃は成功の目途ある場合においては極めて執拗なるも、一度打撃を受くるや断念もまた早し。

（六）情報収集のため極めて少数の人員を奇襲上陸せしめ、長く潜伏駐留せしむることあり。
（七）火力を恐るること大なるをもって、わが準備せざるかあるいは準備十分ならざる正面をもとめて攻撃す。上陸攻撃において特に然り。
（八）上陸するや火力と機械力とをもって先ず堅固なる陣地を編成し、慎重にその地歩の拡大を図る。したがってこれに対する攻撃は一般に困難なり。然れども夜間の戦闘は拙にして白兵戦闘を好まざるをもって、夜間火力と相まって逆襲を敢行せばこれを突破し得べし。
三、要塞の戦闘は往々既往の施設に謬着（びゅうちゃく）し、受動に陥りやすし、宜しく敵の戦法を洞察し、創意に勉め、工夫を凝らし、もって敵に対し先手を打つの手段を講ずるを要す。
○戦闘準備
四、既往の戦例に徴するに、敵はわが陣地に対し熾烈なる砲爆撃を加え、その戦闘力を奪い、その成果を確認したる後上陸その他の企図に出づるを通常とす。ゆえに砲台その他の砲兵陣地は砲爆撃の洗礼に堪えたる後初めて威力を発揚する機会に際会すと言うも過言にあらざるをもって、この砲爆撃に対し如何にして人員、兵器、弾薬などの温存を図るべきやは戦闘準備上特に深甚の考慮を要する事項なり。

五、制空制海権ともに敵手に帰したる場合においては、敵は予想外の攻撃手段も講じ得るものなり。ゆえに戦闘準備は単に敵の至当なる企図に対し万全を期するのみならず、有する企図に応じ得る如く為し置くこと必要なり。また損害のため一部に欠陥を生ずるも直ちにこれに対処し得る如くあらかじめ対策を検討し置くを要す。

六、要塞戦闘の対象は潜水艦、水上艦艇および航空機にして三者各々その特徴を異にし、作戦の推移によりそのどれを主とすべきやに関し、時機的に異なるものあり。これらは単に戦闘準備上の特徴たるに留まらず、戦闘準備においてもその特徴にもとづく差異あるべきをもって、よく敵情を判断し、戦闘準備をその戦闘対象に一致せしむるの着意を要す。たとえば対潜戦闘のためにはその捜索可能範囲の狭小なるに鑑み、観測所の増設を必要とするが如き、対航空機の戦闘にありては所要に応じ一部の軽砲をして対空射撃に専念せしむるが如きこれなり。

七、既設砲台、探照灯などの施設は必ずしも現戦局に好適ならざるものあり。また要塞守備以後実施せる戦闘準備も敵の戦法、戦況などの変化により改変するを要することしばしばなり。ゆえにいたずらに既設設備、すでに実施せる戦闘準備などに拘泥することなく、溌溂たる意気をもって現情勢に即応せしむるとともに、将来を洞察してこれを改変するに吝（りん）ならざるを要す。而してこれが改変は常に計画的ならしめ、守備に欠陥を生ぜざらしむること必要なり。

○既設砲台の観測準備

八、敵の熾烈なる砲爆撃を考慮し、たとえ堅固なる観測所を有する場合においても予備の観測所を設置し置くを要す。また既設観測所にして防護十分ならざる場合あるいは位置、付近の地形などの関係上偽装困難なる場合においてはその視界最良なりといえどもこれに捉わるることなく、新たに本観測所に設置するを可とす。これらの観測所は任務の遂行に支障なき限り掩蔽良好なる位置に選定し、かつ堅固に構築す。この際洞窟式となし得ば極めて有利なり。

洞窟式観測所の天蓋は二〇〇キロ爆弾に対しても尋常土にありては約一五メートルを、岩盤にありてはその質に応じ二ないし三メートルの厚さを必要とす。

観測所の選定により掩蔽を良好ならしむるため視界を十分ならしむること能はざるときはその数を増加し、これらの綜合視界により任務達成に遺憾なからしむるの着意必要なり。

九、観測の施設は砲爆撃の爆風および震動などのため安定を害せざる如く堅固ならしむるを要す。これがため砲台鏡、双眼鏡などの脚は土嚢などをもって堅確に固定すること必要なり。爆風の影響を緩和するには観測所の入口を閉塞し、窓などは戦闘に支障なき部分を随時閉縮し得る如く設備するを可とす。観測所の窓などを閉縮せるときは広く海面を警戒すること能はざるをもって、観測所外に所要の監視所を増築す。観測所と監視所との間は伝声管などにより迅速確実に連絡し得るの処置を講ずるを要す。

一〇、既設砲台には精良なる測遠機ありといえども、敵の砲爆撃のため使用に堪えざるに至ることあるを考慮し、砲隊鏡、双眼鏡などの鏡内分画により距離測量をなし得る如く準備し、あるいは海上に浮標を設置するなど適時目測により射距離を決定し得るの準備をなし置くを要す。

一一、陸正面の戦闘に協力する砲台にありては重砲兵に準じ射撃諸元の決定、敵状捜索、射弾観測および連絡の施設をなすものとす。この際過誤を生せざる範囲において勉めて多くの標点を選定し、爾後の射撃諸元の決定を容易ならしむるの着意を必要とす。

一二、陸正面に対する基礎測地は海正面に対する測地と連繋し、地区隊長以上の指揮官統一実施するを通常とす。

○射撃準備

一三、射界の清掃は任務達成上必要なる最小限の範囲に止め、砲台の遮蔽に遺憾なからしむるを要す。而して対敵潜水艦射撃のためには射界を十分清掃せざるべからざるが如きも、これに対する射撃は通常間接照準射撃となると海岸、海底などの状態を精査するときは自らその行動区域の近極限を判断し得るをもって、これにもとづき清掃の範囲および程度を限定すべきものとす。

一四、他の火砲を超過して射撃するにあたり、爆風によりこれに危害を与えざるため射撃を中止すべき範囲は砲側に明確に標示するを要す。

　爆風による影響は火砲の口径、射距離、砲車間隔、射撃方向、砲車間の地形により異なるも、四五式十五加の実験によれば概ね左の如し。

(一)　砲車間隔三〇メートル、高低差四メートルの配置においては射角八度以上なるときは概して超過連続射撃をなし得るものと認むるも、爆塵などのため射撃操作は相当妨害せらる。

(二)　砲車間隔四五メートルにして前項の如き状態なるときは射角八度以上なるときは爆塵の影響は減少し、超過連続射撃をなし得るものと認む。

（三）砲車間隔三〇メートル以上にして射角二〇度以上なるときは平坦地においても概ね超過連続射撃をなし得るものと判断せらる。
（四）砲車間隔四五メートル（無墻壁）にして平坦地なるとき射角二〇度以下五度までにありては射撃方向首線の左右各々概ね七〇度以内なれば連続射撃に支障なし。
砲車間隔三五メートルなるときはこの限界は首線の左右概ね六〇度となり、砲車間隔三〇メートルなるときは辛うじて連続射撃に堪え得るものと判断せらる。
（五）砲車間隔三〇メートルにして平坦地なるもその中間に高さ二メートル八〇の墻壁を設くるときは、前項の状態において首線の左右各々六〇度以内の連続射撃は比較的容易となる。然れども爆塵および砲口焔に対する効果は大ならず。
一五、砲台の標高に応ずる射距離修正を為しある距離板を使用する火砲をもって陸正面の射撃を行う場合においては、陸地用の距離尺を使用せざるべからず。もし陸地用の距離板なきときは本射表により射角に応ずる距離目盛紙を準備し置くを可とす。
○探照班および水中聴測班の戦闘準備

一六、探照灯は砲爆撃の好目標となりやすきをもって、射光座はなし得れば砲台より四〇〇～五〇〇メートル離隔せしめ、かつこれに十分なる掩蔽設備を行うほか、地形これを許せば予備の射光座を準備し、適時迅速にその位置を変換し得る如く準備するを要す。

一七、探照灯の照射区域は戦闘の方針、探照灯相互および水中聴測機の配置などを考慮し勉めて限定し、これが掩護を容易ならしむるを要す。もし広き照射界を必要とする場合においては、なし得れば別に射光座を設け、軽易に探照灯を移動し得る如く準備し、各射光座の照射界を制限するを可とす。

一八、水中聴測班は水中聴測機の精度の記録を整理し、これを活用して聴測の適正を期すること必要なり。また水中聴測機は海象特に水温、海水の混濁などにより性能を変化し、かつ水中聴音機にありては海岸および海底の岩礁よりの反射音により、水中聴測機にありては波浪、潮流などのため生ずる雑音により目標の捕捉困難となるをもって、これらの影響を精査し置くこと緊要なり。

一九、水中聴測機は設置後時日の経過にともないその能力低下するをもって時々通航船舶などを利用してその機能を点検し、聴測機調整の資に供するを可とす。このため特に目標船を行動せしむるを可とすることあり。

（編者注：聴測機には空気路を利用するK型と遅延電路を利用する菊型があった）

○警戒

二〇、要塞は常時敵潜水艦および飛行機に対し警戒するを要す。

二一、海上および上空に対する警戒は広範囲にわたり不断に実施せざるべからざるをもって、全般の情勢、他部隊の配置などを考慮し、警戒の時機的地域的重点を定め、部署を適切にし、もって軍隊を過労に陥らしめざること緊要なり。

二二、上空に対する警戒は空襲、偵察などに対するもののほか、夜暗などを利用し奇襲を企図する落下傘もしくはグライダー部隊に着意するを要す。

○潜水艦に対する警戒

二三、敵潜水艦は左の如き場合においては要塞の威力圏内に侵入することあり。

（一）要塞に対し偵察せんとするとき、時として斥候間諜などを揚陸せしめんとするとき。

（二）泊地に在る艦船を攻撃せんとするとき。

（三）湾口など航路の集合部において船団を攻撃し、あるいはその行動を監視せんとするとき。

（四）湾口に機雷を敷設せんとするとき。
（五）電波兵器に対する自衛上島影を利用し、行動を秘匿せんとするとき。
（六）要塞付近に撃墜せられたる飛行機または撃沈せられたる艦船の搭乗員を救助せんとするとき。

二四、米国新型航洋潜水艦の速力は浮上したるとき最大一二ないし二四節（ノット）にして、潜没したるとき最大八ないし一二節なり。潜没して最大速力を出すときは概ね一時間にして電力を消耗すべきをもって、襲撃など特別なる場合のほか通常三ないし五節をもって行動す。時としてさらに微速をもって行動することあり。
　浮上して行動する場合においては聴音機により明瞭にかつ比較的遠距離より聴音し得るも、潜没して行動する場合の可聴距離は速度五ないし三節なるとき概ね三〇〇〇ないし二〇〇〇メートルにして、さらに微速なるときは聴音困難なり。特に米国潜水艦においては聴音困難にして可聴距離短縮す。

二五、潜水艦は防御力薄弱なるをもって、充電のため浮上する場合においては夜間を選ぶか、または遠き海洋において敵機の活動しあらざる時機を選定す。最近電波兵器の発達にともない夜間浮上する場合においても勉めて島嶼、岬角を利用する傾向あり。

二六、潜水艦は通常三隻をもって一隊となし、一方面の戦闘任務を担任するも、通信機関の発達にともない、二隊以上をもって一方面の戦闘任務を担任することあるに至れり。然れども要塞の近傍にありては単独にて行動することもまたしばしばなり。

二七、潜水艦は交通破壊のため通常予想航路の要点特に水道の出口、湾口の外方などに捜索網を張る。而して二隻以上散開する場合において各艦は一〇ないし一二浬離隔するを通常とす。

水深三〇メートル以下の海面において潜没して行動すること困難なるのみならず、魚雷発射も不能なるをもって昼間かくの如き浅き海域には潜入すること稀なり。

捜索のため潜望鏡を露出する時間は通常二ないし三〇秒なるも何等脅威を感ぜざるときは一分近くこれを露出することあり。

潜望鏡の露出長は通常三〇センチ内外なるも、波浪大なるときはこれ以上露出することあり。

二八、潜水艦は通常潜没して魚雷攻撃を行うも、武装せざる船舶に対しては浮上攻撃を行うことあり。魚雷攻撃における潜水艦の行動概ね左の如し。

（一）時々潜望鏡を露出し攻撃目標に接近す。当初六〇〇〇〜七〇〇〇メートルの距離に在りては攻撃目標観察のため、潜望鏡露出時間は約三〇秒内外とし、四〇〇〇〜五〇〇〇メートルに接近せば魚雷発射諸元決定のため一〇秒内外、三〇〇〇メートル以内においては約五秒を標準とし、数回潜望鏡を露出す。
魚雷発射は通常二〇〇〇メートル以内なり。時として接近後潜望鏡を用いることなく魚雷を発射することあり。また魚雷発射後はその効果を確認するため少時潜望鏡を露出することしばしばなり。
（二）之字運動の変針直後を攻撃すること多し。
（三）目標の斜前方より攻撃するを通常とするも、今次大戦の経験によれば側方、時として後方よりも攻撃しあり。
（四）二隻以上の潜水艦をもって攻撃する場合には、随時左右より集中射撃を行うを通常とす。
二九、接近航路を航行する船団に対しては通常陸岸に対し予想航路の外側より魚雷攻撃を行うも、時として航路の内側より攻撃することあり。特に最近電波兵器の進歩にともない、これによる捜索を避けるため陸岸に近く潜伏すること多きに至れり。

三〇、泊地に進入して攻撃を企図するときは出入路付近に沈座して掃海航路および水中障害物の位置を偵察したる後、潮流に乗じ、あるいは出入船舶に追尾して隠密に進入するか、またはいわゆる「辷り込み」（機関を短切に発動し、惰力を利用して前進する方法をいう）の方法により進入するを通常とす。然れども大胆なる敵は浮上状態をもって敏速なる進入を企図することあり。

海峡の通過を企図する場合も前項に準ず。

三一、潜水艦は海底電纜の切断を企図することあり。このため海図上に記載せられある電纜経路付近を行動す。而して潜水艦は深さ一〇〇メートル以上潜航することと困難なるをもって、これより浅き場所を選定するを通常とす。

○警戒の要領

三二、潜水艦に対する警戒にあたりては収集せる情報特にわが艦船の行動、天候、気象、海象、明暗の度などにもとづき、敵潜水艦の行動を判断し警戒の重点を定め、もって警戒の部署を適切ならしむること緊要なり。

海図などにより海底の状態、水深などを精査するときは潜没待機のおそれある区域、沈座区域など自ら判然し、警戒の部署を適切ならしめ得ること多し。湾口、水道などにおいて特に然り。

三三、潜没潜水艦に対する警戒の重点は当時の状況により異なるも概ね左の如し。
（一）海岸および海底の状態、潮流、海流などの関係より艦船の航路自ら制限せらるる場所。
（二）掃海水路の出口付近。
（三）航行船舶の付近特にその航進方向の前方。
（四）わが艦船港湾、掃海水路などを進入する場合においてはその後方。
（五）島影、高度低き太陽の方向などを利用し、敵が攻撃目標に対し近接容易なる方向。
三四、潜没潜水艦に対する監視区域は友軍艦船、水中聴測班の配置およびこれらの警戒能力などを考慮し、務めて限定するを要する。
潜望鏡を捜索するためには昼間にありては肉眼、眼鏡ともに約五〇〇密位ならしむるを可とす。
三五、潜没潜水艦の所在は直接潜望鏡を発見したる場合のほか、左の兆候により判断することを得。
（一）海面静かなるとき海水局部的にわずかに盛り上がり、その先端に何ものかを認めたるとき。

(二) 海面に何ものかが幅狭き尾を引きたるが如き状態を呈し、潮流に関係なく移動したるとき、時として移動する白波を認めたるとき。
(三) 海上に小なる反射光線を認めたるとき。
潜望鏡の対物鏡は太陽の光線を反射することしばしばあり。
(四) 海上に一列に点々たる油紋を認めたるとき。
潜航中時々油を漏洩することあり、急速に潜没したる場合において特に然り。
(五) 魚雷発射の兆候を認めたるとき。
魚雷を発射したるときは局部的に水面やや高く盛り上がり、時として水煙の上ることあり。また潜没の深度大なるときは多数の気泡円形に生ずることあり。
(六) 雷跡を発見したるとき。
雷跡は海面に連続して生ずる気泡により判断することを得。
三六、潜望鏡に対する捜索にあたりては、使用眼鏡の性能、観測所の標高などを考慮して前後に監視区域を配当すること必要なり。眼鏡の種類に応ずる潜望鏡の発見距離は天候、気象、波浪の状態、明暗の度、太陽の位置などにより異なるも、昼間天気晴朗にして靄(もや)なく、海上静穏なるときの潜望鏡発見距離の実験値概ね左の如し。

九八式測遠機・八八式海岸観測具眼鏡　約一万メートル
八九式十糎双眼鏡　約八〇〇〇メートル
八九式砲台鏡　約六〇〇〇メートル
七糎砲台鏡　約七〇〇〇メートル
砲隊鏡　約五〇〇〇メートル
六倍双眼鏡　約四〇〇〇メートル
肉眼　約二〇〇〇メートル

双眼鏡はこれを固定しあるときと否らざるときとにより著しく捜索に難易を生ずるをもって、これを固定して使用するを可とす。

また測遠機以外の眼鏡により捜索する場合においては潜望鏡を発見するや直ちに距離を概測し得る如く、鏡内横線を所要距離の海面に標定し、かつ横線の上下に現出する目標の距離を横線よりの隔たり（密位）により迅速に決定し得る如く訓練し置くこと必要なり。

三七、潜水艦は夜間通常浮上して行動し、この間電池の充電を行う。要塞の近傍に在りて連日潜没して行動する場合においては、夜間防備なき海岸または島嶼などに近接して浮上し充電、乗組員の休養などを行うことしばしばなるをもって、この機を巧みに捕捉するを有利とす。

三八、敵は潜水艦を利用して夜間隠密に斥候、間諜などを上陸せしめ情報収集に勉む。これらの揚陸点には上陸を予想し得ざるが如き局所といえども利用することしばしばなるに注意し、適時斥候などを派遣して警戒すること必要なり。

三九、潜水艦に対する警戒には水中聴測機、哨戒艦船、陸上よりの警戒などにより敵存在の兆候を把握したる場合のほか、勉めて探照灯の使用を避くるを可とす。而して水中聴測機によりその兆候を捕捉したる場合においてはなるべく水中聴測元を利用し、敵の位置を確実に捕捉したる後照射するを有利とす。

四〇、水中聴測元をもって照射したる際直ちに目標を捕捉し得ざるときは水中聴測の精度、目標に至る距離などを考慮して局照を行うものとす。

　菊型水中聴音機の聴測諸元を利用したる場合の局照範囲は状況により異なるも、距離四〇〇〇ないし六〇〇〇メートルにおいて二〇〇密位とし、局照のための射光旋回速度は一〇秒間に三〇ないし五〇密位ならしむるを可とす。

四一、水中聴音機による警戒にあたりては特に微音の捕捉に注意するを要す。而して聴音急に断絶するは「辷り込み」をなしある兆なり。「辷り込み」に対する聴音は概ね同間隔なるをもって、この間隔を把握せば通常爾後の捕捉容易なり。

四二、音響管制を実施せられある間は聴音の好機なるをもって、巧みにこの時機を利用すること必要なり。

四三、水中聴測班は水中聴測による警戒のほか海上警戒を併用し、もって警戒の適正を図るを要す。また指揮官は各種の聴測兆候に対し適時適正なる判断をなし得るの用意あるを要す。

○艦艇に対する警戒

四四、敵艦艇が堂々要塞の前面に進出して行う真面目なる砲撃その他の攻撃は絶対優勢なる航空部隊の掩護下に実施するを通常とす。ゆえに砲台は熾烈なる爆撃下にありても不断の海上警戒を行い、戦機を逸せざること極めて緊要なり。

四五、敵が要塞に近く基地を占領したる場合においては高速艇、魚雷艇などをもって夜暗濃霧などを利用して隠密に偵察を行い、あるいは奇襲を企図すべく、またレンジャー部隊あるいはコマンド部隊をもって奇襲することあるに着意するを要す。

○上陸攻撃に対する警戒

四六、要塞に対し上陸攻撃を企図する敵は砲台の威力面を避け、その外方に上陸し、あるいは砲台の火力の及ばざる死角を選ぶこと多し。また一見上陸困難なりと判断せらるるが如き海岸に対して上陸を敢行することあるに注意するを要す。

四七、敵の上陸方法はその発進基地よりの距離により異なるも、通常左の方法による。

敵基地との距離概ね二〇〇キロ以上なるときは輸送船

敵基地との距離概ね二〇〇キロ以内なるときは舟艇機動

輸送船による場合の泊地は陸上砲台の有効射程外に選定するを通常とするも、夜暗を利用し上陸点より三ないし四キロに近接して舟艇移乗を行い、輸送船は天明までに有効射程外に退避することあり。

四八、敵は上陸に先立ち飛行機をもって予想上陸点を綿密に偵察し、かつ写真撮影を行うを通常とす。ゆえに敵機の行動に注意せば予想上陸点を判断し得ることあり。然れども敵は往々欺騙行動をなすをもって、先入主たらしめざるの着意必要なり。

敵の予想上陸点を判断し得ば所要に応じ機を失せず警戒部署を変更するを要す。

四九、敵の予想上陸点に近く島嶼あるときは先ずここに砲兵を上陸せしめ、その掩護の下に上陸を企図することしばしばなるをもって警戒を怠らざるを要す。

五〇、上陸開始の時機はわが防御力、月明の有無などにより異なるも、わが防御力薄弱なるか暗夜においては通常払暁後に選定し、然らざる場合においては第一回揚陸部隊を天明前に達着せしむる如く選定すること多し。

五一、敵の上陸は数次にわたり行はるるをもって第一次上陸部隊達着後においても海上に対する警戒を続行し、後続上陸部隊を阻止するの準備を必要とす。

○有線通信

五二、有線通信網は勉めて溝設または埋設し、緊要なる回線特に射撃指揮用にありては直通とするを要す。

対潜水艦の集中射撃のためにはなし得る限り地区観測所および各砲台間に専用の一回線を特設するを要す。

五三、溝設は多数線の蝟集する部分に適するも、敵の空中捜索の端緒となりやすく、埋設は概ねこれに反するも故障の発見、補修困難なり。埋設の深さは砲爆弾の破片に対しては約一〇センチ、十五榴弾の全弾に対しては約一メートル、二〇〇キロ爆弾の全弾に対しては約六メートルを最小限とす。

○無線通信

五四、無線通信は地区隊本部と離隔せる中隊、監視哨または海上舟艇などの間に使用し、有線通信完備するときは勉めて使用せざるを本則とす。

五五、無線通信系は戦闘の各期に応じ適時系を変換し得る如く計画実施す。この際通信の速達度、通信容量および人員器材の節用の調和を適切ならしむるを要す。而して通常待機姿勢にありては多所一系とし、戦闘姿勢にありては二所一系または三所一系とするを可とする。

○その他の手段による連絡

五六、狼火、発煙信号は施設簡易にして軽易に利用し得るも、常時の監視を必要とし、かつ誤認せられやすし。ゆえに要塞司令官の連絡規定を厳守して通信の確実を期するとともに、地区隊長は軍隊および土民に対し類似の動作をなさしめざる如く監督指導すること緊要なり。

五七、敵機および敵水上艦船の跳梁時にありては旗旒、単旗、手旗などの通信は勉めてこれを避け、指向性ある回光通信、字号布板などを敵眼に遮蔽して配置し、副通信となすを可とす。また掩蓋下にある砲車を指揮し、または手旗通信に代わる信号として数字板を設け、数字略号による副通信をなすを可とすることあり。

五八、至近距離における射撃指揮には地下に埋設せる伝声管最も簡単にして有利に使用せられ、また逓伝、身振信号などは手旗現字通信不能なる時機においても簡単に使用せらるるものとす。この際その近傍に個人用退避壕を掘開すること緊要なり。

〇戦闘の実施

五九、敵はわが防備の堅固なる正面を避け、勉めて虚に乗せんとす。ゆえに地区隊長以下収集せる情報にもとづき適時敵の企図を判断して戦闘の重点を定め、これに応ずる如く部署すること緊要なり。このため要すれば既定の計画も断乎変更し、事前に対応の策を講ずるを要す。

六〇、火力万能の敵はまたわが有効なる一撃に辟易す。ゆえにいたずらに敵の攻撃に追随して受動の戦闘に陥ることなく、忍ぶべきは忍んでよく戦機を看破し、好機に乗じ一挙に敵を撃摧すること緊要なり。このため集中火力の発揮に勉め、また敵の水上艦艇に対しては特にこれを遠距離に阻止するを要する場合のほかわが有効威力圏内に入るを待ち、一挙に射撃を開始するを有利とす。

六一、敵の企図判断の正鵠を得るは要塞戦闘の目的達成上極めて重要なる事項とす。然れども戦闘終了後において初めて敵の企図を判断し得るが如きことなきを保し難きをもって、任務付与にあたり敵情判断を基礎として示すは慎重なる考慮を必要とするとともに、常に部下将校に対し敵情判断に関し綿密なる教育を施し、戦闘にあたり機微なる敵情判断を誤らざるの着意を必要とす。

○海上交通掩護戦闘

六二、海上交通掩護戦闘は敵の妨害に対し海上輸送を確保するを目的とし、その方式により左の如く区分す。

（一）港湾泊地を直接わが砲台の威力圏内に包擁し、輸送船の出入碇繋を掩護す（泊地掩護）

（二）接岸航路に沿い配置せる砲台の火力をもって輸送船の航行を逓送式に掩護す（逓送掩護）

敵の海峡通航を阻止して所望の海域に敵潜水艦の侵入を防止し、あるいは海上の要点を確保して友軍飛行機、海軍などの活動を容易ならしむるは間接的に海上交通を掩護しあるものとす。

六三、泊地掩護において泊地港湾をなすときは湾口の狭窄部特に掃海水路の出口付近において敵の攻撃を受けやすく、しかも輸送船はその外方において船団を編合あるいは解散するをもって、特にこれらの地点および時機において援護の確実を期すること必要なり。また泊地開放しあるときは何れの方面よりも敵の攻撃を受けやすきをもって、特に広正面の掩護を必要とす。この際敵潜水艦に対しては泊地の外方四キロ以内に警戒の重点を指向するを要す。

六四、逓送掩護においては接岸航路の外方に重点を置くべきも、近時敵潜水艦は陸岸に近く待機することあるをもって水深の状態によりては海岸近距離に対する警戒もまた軽視すべからず。而して接岸航路は海岸および海底の状態、海象などにより異なるも、距岸二ないし三キロ付近に選定せらるること多きをもって、潜水艦の魚雷攻撃を考慮せば距岸概ね六キロ以内に警戒の重点を置くを可とす。

六五、潜水艦に対する戦闘にあたり友軍駆潜艇などの攻撃を認むる場合には、これが行動を容易ならしむる如く射撃中止を行い、あるいは敵潜水艦を潜没せしむる如く射撃を行い、もって密接にこれに協力するを要す。

六六、潜水艦に対する射撃は直接輸送船の航行を掩護する場合においては、たとえその真偽不明あるいは撃滅の効果を期待し得ざるも、機を失せず射撃を開始し、敵を抑圧すること必要なるも、その他の場合においては効果なき過早の射撃を戒め、撃滅の効果を期待し得る好機を看破してこれを行うを要す。蓋し効果なき射撃は却って敵の警戒心を喚起し、遂にこれを撃滅の機を失するをもってなり。

水中弾の水中における一秒間の速度は一〇メートル、水中弾の効力半径一〇メートル、潜水艦に対しては下から破裂するのが最も有効である。三八式野砲の試製二式水中弾が水中で破裂すると、先ず水面に波が立ち、次いで気泡や爆煙が上る。

六七、潜水艦はわが射撃を受くるや深度を増し、あるいは方向を変換し、浮上潜水艦にありては迅速に潜没す。而して浮上状態より潜没したるときは潜没時の状況特に波紋、白波などによりその行動を判断し得ることあるをもって、これにもとづき爾後の射撃を適切ならしむるを要す。

潜水艦は深度一メートルを変換するため四ないし五秒を要し、警戒航行の浮上潜水艦急速に潜没する際は少なくも一分ないし一分三〇秒を必要とす。

潜水艦の潜没深度は艦種により差異あるも通常六〇ないし一〇〇メートルなり。

六八、わが輸送船団に対する敵潜水艦の雷跡を発見したる場合においては、砲台は直ちに雷跡起点付近に向い射撃するとともに、射弾により敵潜水艦の位置を知らしめ、その回運動を容易ならしむるを要す。

六九、敵潜水艦は数方向より同時に船団を攻撃する傾向あるをもって、戦闘間局部の戦況に注意を奪われ、他面に対する警戒を怠らざるを要す。

時として敵は船団と同時に護衛艦の攻撃を行うことあり。ゆえになし得る限り一部をもってこれが警戒を行はしむるを可とす。

七〇、水中聴測機などにより輸送船団の進路付近に潜水艦の潜在しあるを知るも、その位置を決定する能はざる場合、あるいは単に兆候を得たる場合においては輸送船団に対する敵潜水艦の魚雷発射区域を判断し、適時所要の砲兵をして射撃を行わしめ、敵潜水艦を抑圧することあり。この際特に少数の弾薬をもって目的を達する如く勉むるを要す。

○築城

七一、火砲および観測所に掩蓋を構築するにあたりては、掩蓋の耐弾効力と梁間との関係を考慮すること必要なり。而して梁間三メートル以上なるときは十分なる耐弾効力を与え得ざるをもって、砲座には梁間の大小に応じ軽または中掩蓋程度のものを構築し、別に掩砲所を設け、観測所にありては約二〇メートルを間して梁間三メートル以下の堅固なるものを数回構築するを可とす。

主要物料耐弾効力（メートル）

軟土

野砲三、十五榴六〜八、二十四榴一〇〜一二、五〇キロ爆弾八、一〇〇キロ爆弾一〇・五、二〇〇キロ爆弾一二・五、三〇〇キロ爆弾一五、五〇〇キロ爆弾一八・八

硬土・木材

野砲〇・九～二、十五榴二～八、二十四榴四～五・五、五〇キロ爆弾四・八、一〇〇キロ爆弾五・七、二〇〇キロ爆弾六・八、三〇〇キロ爆弾七・七、五〇〇キロ爆弾一一

礫石

野砲〇・八～一・五、十五榴一・八～二・五、二十四榴三・五～四・五、五〇キロ爆弾三・三、一〇〇キロ爆弾四・〇、二〇〇キロ爆弾五・〇、三〇〇キロ爆弾六・〇、五〇〇キロ爆弾七・五

岩盤

野砲〇・六、十五榴一・二、二十四榴一・七、五〇キロ爆弾一・〇、一〇〇キロ爆弾一・三、二〇〇キロ爆弾一・六、三〇〇キロ爆弾二・〇、五〇〇キロ爆弾三・〇

鉄筋コンクリート

野砲〇・五、十五榴一・〇、二十四榴一・三、五〇キロ爆弾〇・五、一〇〇キロ爆弾一・〇、二〇〇キロ爆弾一・三、三〇〇キロ爆弾一・五、五〇〇キロ爆弾二・〇

備考

（一）本表の数値は砲弾の射距離、爆弾の投下高度各四〇〇〇メートルにおける計
算数値
（二）野砲・十五榴は榴弾、二十四榴は破甲榴弾、爆弾は地雷弾（延期）を使用
（三）瞬発の場合は概ね威力は半減する
（四）略近値として十五榴弾と五〇キロ爆弾、二十四榴弾と二〇〇キロ爆弾とは同
一効力

○米空軍の攻撃要領

一、一般的慣用戦法

（一）来襲時機は当時の情勢により異なるも、航空母艦より来襲するときは天明後を通常とし、陸上基地を推進したる場合においては夜間を選ぶこと多し。

（二）昼間偵察の目的をもって来襲することしばしばにして、その高度は七〇〇〇～八〇〇〇メートルなり。而して大高度と快速とを利用し、概ね要地上空を直進通過す。射撃を受け若しくは戦闘機に追躡（ついじょう）せらるるときは方向を変じ、速度を増加し、迅速に逃避す。進入にあたりては好んで雲および太陽を利用す。

爆撃の目的をもって来襲する場合においては、敵機の編隊をもって逐次進入し、その高度は通常四〇〇〇～七〇〇〇メートルなり。時として数十機の大編隊をも

って高度一五〇〇メートル内外を威圧しつつ進入することあり。

　爆弾投下後は急旋回をなし高射砲火を避く。進入にあたりては太陽を利用し、また防空配備の弱点に乗ず。
(三) 夜間は数機の梯団となり、海岸線などを利用して要地付近上空に至る。時として要地に近づくまでに翼灯などを点じて航行に容易ならしめ、または日本軍飛行機と誤認せしめんとすることあり。
　要地付近に到着せば要地外周適宜の空域に待機し、照空灯の配置などを偵察し、防空配備の間隙を窺い、次いで一機ずつ、時として二機の編隊をもって逐次防空配備弱点方向より要地上空に進入して爆撃す。また進入にあたり一機をもって照明弾を投下し、防空部隊の注意を他に牽制し、他方面より進入し、あるいは同時数方面より、あるいはまた滑空して爆音を消し、高度を下げつつ進入することあり。

二、攻撃目標に対する捜索
(一) あるいは太陽方向より進入し、あるいは数高度にて、あるいは数方向より、あるいは数方向数高度にて同時に侵入し来る。この際要地周辺に旋回待機し、機を見て一斉に進入することあり。

（二）従来の常用航路に一小部隊を遊弋せしめわが軍を牽制し、主力をもって逆航路より進入す。
一部をもってわが戦闘機を高空に牽制し、主力をもって超低空にて進入爆撃す。

第一次編隊の戦闘機群をもって防空戦闘機群に挑戦しつつ退避し、これを戦闘圏外に誘致し、その間隙に乗じ第二次以後の編隊にて爆撃す。

一部の戦闘機にて防空陣地を攻撃し、この間爆撃機をもって他の目標を爆撃す。防空陣地攻撃の際発煙弾を用い目潰しを策する場合あり。
（三）雲上を飛行し来り雲間より急降下す。
友軍機の哨戒飛行中は雲上に隠れ、友軍機の着陸後これに膚接し攻撃し来る。

友軍機の帰還に追尾し攻撃す。
（四）低空にて飛来し、しばしば翼を左右に振りつつ近接し、友軍機と誤認せしむ。
（五）高空より滑空にて進入することあり。
三、艦爆の攻撃要領
艦爆は当初大編隊にて飛来し、防空圏外において小編隊に分離し、急降下により個々の目標を攻撃するを通常とす。その行動次の如し。

（一）高度六〇〇〇メートル付近より三〇〇〇メートル付近まで緩降下をなし、逐次単縦深に移り、該高度より降下角概ね四五度～八五度をもって一機毎に目標に急降下し、概ね高度一〇〇〇メートル付近にて爆弾を投下し、低空にて退避す。

（二）急降下直前の航路と急降下航路とは著しく方向を異にし、はなはだしきは一〇〇〇密位以上に及ぶ。また緩降下中にありても航路の大なる変換を行うこと多し。

終戦時における朝鮮海峡要塞系に属する諸砲台の兵備

要塞・砲台名	火砲	主要観測具	探照灯	水中聴音機
下関要塞				
角島	ラ式一五加四	九八式	移動式一五〇ミリ一	
蓋井島第一	四五式一五加四	九八式	移動式一五〇―一	
蓋井島第二	十一年式七加四	砲台鏡	移動式一五〇―一	海軍用一
観音崎固定	十一年式七加四	砲台鏡	移動式一五〇―一	
観音崎臨時	三八式野砲二	砲台鏡		

藍ノ島臨時	三八式野砲四	砲台鏡	移動式一五〇―一	
向島	十一年式七加四	砲台鏡	移動式一五〇―一	
大島	四五式一五加四	九八式	移動式一五〇―一	
沖ノ島	*四五式一五加四	九八式	移動式一五〇―一	海軍用一
壱岐要塞				
名鳥	四五式一五加四	九八式	移動式一五〇―一	海軍用一
黒崎	砲塔四〇加四	八八式	移動式一五〇―一	
小呂島	四五式一五加四	九八式	移動式一五〇―一	海軍用一
渡良	四五式一五加四	九八式	移動式一五〇―一	陸軍用一
馬渡	三八式野砲四	砲台鏡	移動式一五〇―一	海軍用一
印道寺	三八式野砲四	砲台鏡	移動式一五〇―一	
大島固定	砲塔三〇加四	八八式	移動式一五〇―一	海軍用一
大島臨時	三八式野砲二	砲台鏡	移動式一五〇―一	
生月	九六式一五加四	九八式	移動式一五〇―一	
対馬要塞				
豊	砲塔四〇加二	八八式	移動式二〇〇―一	

海栗	四五式一五加四	九八式	移動式一五〇―一	
棹尾崎	四五式一五加四	九八式	移動式一五〇―一	
西泊	四五式一五加二	九八式	移動式一五〇―一	
臼崎	三八式野砲二	砲台鏡	固定式九〇―一	
郷崎	四五式一五加四	九八式	移動式一五〇―一	海軍用一
竹崎	四五式一五加二	九八式	移動式一五〇―一	
小松崎	三八式野砲四	砲台鏡	固定式九〇―一	
折瀬崎	三八式野砲二	砲台鏡	固定式九〇―一	
龍ヶ崎	砲塔三〇加四	八八式	移動式二〇〇―一	
豆酘崎	*四五式一五加四	九八式	移動式一五〇―一	海軍用一
大崎	四五式一五加二	九八式	移動式一五〇―一	
釜山要塞				
張子嶝	砲塔四〇加二	八八式	移動式一五〇―一	
	二八榴四	応式		
	四五式一五加四	九八式		
	十一年式七加四	砲台鏡		

絶影島　十一年式七加四　砲台鏡　移動式一五〇―一
外洋浦　二八榴六　応式　移動式一五〇―一
　　　　三八式野砲四　砲台鏡
只心島　四五式一五加四　九八式　移動式一〇〇―一

一、下関要塞は潜水艦防御のため玄界灘の洋上に第一線を推進する必要に迫られた結果、本州および九州本土ならびにこれに近接した地域の兵備はすべて取り止め、洋上の離島である角島、井島、白島、大島および沖ノ島に砲台を構築して、これに一五加各四を整備することとし、昭和一五年全兵備を完成した。しかし対潜水艦戦闘に最も必要な水中聴測施設を欠いたため、その威力を発揮することなく終戦を迎えた。

二、大東亜戦争間壱岐要塞は海軍水中聴測機関の協力により、一五加砲台をもって数回効力不明の対潜水艦射撃を行ったほか、戦争末期の白昼、一万トン級の輸送船が敵潜水艦の魚雷攻撃を受け航行不能に陥った際、渡良砲台の一五加射撃により敵潜を駆逐し、輸送船を本島沿岸に収容した。

昭和二十年壱岐要塞においては砲塔以外の火砲は対空掩護の関係上洞窟内に移

動を命じられ、全火砲が移動を終わったのは八月上旬であった。七個の一五加砲台は自らの手により破壊した。
三、対馬要塞においても昭和二十年壱岐と同じく砲塔以外の全火砲を洞窟内に移動を命じられ、終戦までに約半数の移動を完了した。
四、壱岐および釜山要塞の砲塔と共同の射界を有する対馬要塞の豊および龍ヶ崎の両砲台は要塞司令部の交換機を経由し有線電話によりそれぞれ関係砲台と連絡できるよう設備された。
五、釜山要塞における水中聴測施設は陸上の建物ができた程度であった。
六、洋上の孤島に分散配置された各守備部隊が最も苦労したのは淡水の補給であって、この作業のため日常大きな労力を消費した。
七、＊沖ノ島の四五式一五加四門の実体は「四五式十五糎聯装加農」二基である。この火砲の制定経緯は不明であるが、昭和十五年三月二十二日の陸密第四九六号にその名称が見える。弾種は破甲榴弾五二発と九三式尖鋭弾四八発、計一〇〇発を貯蔵していた。これは蓋井島の四五式十五糎加農改造固定式㊕および大島の四五式十五糎加農改造固定式と同規模の貯蔵量である。これらの火砲は何れも四五式十五糎加農の本体は変わらず、それぞれ設置箇所の特性に合わせて砲床を改造したものであった。

　聯装加農は沖ノ島の地形に制限されて並列または梯形に配置することができず、かつ四門の火砲を遠く離して分置することもできないので、四五式十五糎加農砲身を二聯装とし防楯を付けた砲台据付火砲として昭和十一年五月要塞建設実行委員会の議決を経て直ちに設計に着手したものである。

　また対馬要塞豆酘崎砲台にも沖ノ島と同様に「四五式十五糎聯装加農」二基が設置された。

終戦時における諸砲台の兵備

この資料は北島驥子雄中将（大東亜戦争開戦時、第一砲兵隊司令官として香港、フィリピンを転戦した）が終戦後に終戦当時の各部隊長に対し送った質問書に対する回答である。

基隆要塞

砲台名	砲種砲数・守備兵力・摘要
槓仔寮砲台	二八榴四門、一八〇名、六門中二門は高雄要塞へ、地下防空壕連絡路完成

木山砲台　二八榴四門、一八〇名、六門中二門は高雄要塞へ、機動砲隊（野砲四）を臨時配属
社寮島砲台　加式二七加四門、二四〇名、一門を台北防備のため移動計画中
社寮島西砲台　小口径速射砲三門、社寮島砲台の守備
墺底砲台　臨時、安式八吋野砲四門、八〇名
金包里砲台　臨時、野砲二門、六〇名、高射を兼ねる
八尺門砲台　予備、二〇加四門、廃砲台なるも弾薬ありしため槓仔寮にて適時使用
金瓜石砲台　野砲二門、六〇名、高射を兼ねる
八斗子砲台　一〇加四門、一二〇名
白米甕砲台　安式八吋野砲四門、一八〇名
白米甕東砲台　三八式十加二門、二〇〇名
機動野砲　三八式野砲四門、六〇名、自動貨車四、乗用車、側車付二輪車各一
高射砲　十四年式十高四門、本部、牛稠嶺、平和台、潮見丘に配備
電灯　木山、八斗子は一五〇糎、社寮島は一〇〇糎、社寮島北は一五〇

羅津要塞　　　　　　　　　　　　　糎

砲台名　　　　砲種砲数・守備兵力・摘要

羅津砲台　　　四五式十五加二門、将校二名、下士官五名、兵六〇名

十四年式十高二門、将校二名、下士官四名、兵五〇名

照空灯三基、聴測機三機、将校三名、下士官五名、兵四五名

雄基砲台　　　三八式野砲四門、将校四名、下士官一一名、兵一二〇名

甘吐峰砲台　　三八式野砲四門、将校三名、下士官九名、兵一一〇名

落山砲台　　　四五式十五加二門、将校二名、下士官四名、兵五〇名

昭和一九年九月、羅津要塞重砲兵隊は東京湾および大島方面の警備のため連隊長以下主力（四五式十五加四門、照空灯四基、野砲四門）が内地へ転出した。

麗水要塞

砲台名　　　　砲種砲数・守備兵力・摘要

突山第一砲台　三八式野砲四門、将校四名、下士官兵七〇名

スペリー一メートル探照灯一基、海軍聴測機一機

突山中央砲台　四五式二十四榴一門、将校三名、下士官兵五〇名

突山北砲台　四五式十五加一門、将校三名、下士官兵五〇名
突山第二砲台　三八式野砲四門、将校四名、下士官兵七〇名
　スペリー一メートル探照灯一基
南海砲台　三八式野砲四門、将校四名、下士官兵七〇名
　スペリー一メートル探照灯一基、海軍聴測機一機

長崎要塞
砲台名　砲種砲数・守備兵力・摘要
伊王島第一砲台　応急（半永久構築）、二十八榴四門、将校四名、下士官兵一〇〇名、一メートル探照灯一基、海軍聴測機（菊型）一機
伊王島第二砲台　臨時、三八式十加四門、将校四名、下士官兵一〇〇名、一メートル探照灯一基、海軍聴測機（菊型）一機
伊王島第三砲台　臨時、三八式野砲二門、将校二名、下士官兵四〇名、高射平射兼用
式見砲台　臨時、三八式野砲四門、将校四名、下士官兵八〇名、一メートル探照灯一基
香焼砲台　臨時、九加四門、将校三名、下士官兵八〇名

蔭尾砲台　永久、九加二門、将校二名、下士官兵四〇名、一メートル探照灯一基

宗谷要塞

砲台名　砲種砲数・守備兵力・摘要

宗谷岬　九六式十五加四門、将校四名、下士官一五名、兵一七〇名、一五〇糎探照灯一基、海軍聴測機一機（三〇名程度）

西能登呂岬　九六式十五加四門、将校四名、下士官一五名、兵一七〇名、一五〇糎探照灯一基、海軍聴測機一機（三〇名程度）

納沙布岬　三八式十加四門、将校四名、下士官一二名、兵一〇五名

声問地区　三八式野砲四門、将校四名、下士官一二名、兵一〇五名

十九年海軍の通報により十五加約一〇〇発を樺太―宗谷地区より推定地域に射撃した。

同年稚泊(ちはく)連絡船の要求により、十五加一六発を大岬（宗谷岬）より、敵潜水艦前進方向の前方に対し射撃した。

澎湖島要塞

砲台名　砲種砲数・守備兵力・摘要

拱北山砲台　二十八糎四門、将校四名、下士官九名、兵六五名
鶏舞塢山砲台　二十八糎四門、将校四名、下士官九名、兵六五名
西嶼砲台　二十八糎四門、将校四名、下士官九名、兵六五名
九〇糎固定電灯一基、下士官一名、兵八名
漁滃島臨時砲台　四五式十五加二門、将校三名、下士官六名、兵三八名
スペリー式一五〇糎移動電灯一基、下士官一、兵八
喉角臨時砲台　三八式十加四門、将校四名、下士官九名、兵五五名
スペリー式一五〇糎移動電灯一基、下士官一、兵八
鳥嵌臨時砲台　三八式十二糎四門、将校四名、下士官七名、兵四六名
スペリー式一五〇糎移動電灯一基、下士官一、兵八
速射加農砲台　斯式九糎速射加農（固定）四門、将校四名、下士官七名、兵三五名
漁滃島移動野砲臨時砲台
三八式野砲四門、将校四名、下士官八名、兵三八名
虎井島移動野砲臨時砲台
三八式野砲四門、将校四名、下士官八名、兵三八名

裏正角移動野砲臨時砲台
　三八式野砲四門、将校四名、下士官八名、兵三八名
本島
　九〇糎固定電灯一基、下士官一名、兵八名
海軍水中聴音所　漁瀚島および本島各一か所

東京湾兵団最終の態勢　昭和二十年七月

兵団の作戦方針
配備の重点を館山周辺地区に保持し積極果敢なる攻勢動作と相まって敵の南房総上陸企図を水際に破砕するとともに三浦半島守備兵団と相協力し敵の東京湾口突破企図を阻止す
独立混成第九六旅団
　任務　平砂浦地区を占領す
　配属砲兵部隊　東要重第五中隊（一小隊欠）
第三五四師団
任務　千倉地区を占領、所要に応じ配属十五榴をもって館山沿岸に射撃を準備す
配属砲兵部隊　迫撃一六大隊（第五、六中隊欠）、東要重第三中隊

鴨川支隊（独立六五五大隊）
　任務　鴨川地区を占領す
　配属砲兵部隊　東要重第四中隊
金谷支隊（東要砲一）
　任務　浦賀水道に対する阻止射撃に任ず
　配属砲兵部隊　東要砲一（第二、三、四中隊欠）
船形支隊（歩兵一大隊）
　任務　火砲の掩護に任じ上陸を阻止す
　配属砲兵部隊　東要重第五中隊の一小隊、野重六第二中隊の一小隊
兵団砲兵隊
　任務　平砂浦、千倉、船形地区の戦闘に協力すると共に浦賀水道の突破を阻止す
　配属砲兵部隊　東要重（第三、第五中隊、第三大隊欠）、東要砲一（第二、三中
隊）
昭和二十年七月八日　海軍側より譲渡された火砲、弾薬
十二糎高角砲二、弾薬一〇〇、受領部隊鴨川地区隊、配置地鴨川
八糎短加農二、弾薬八六、受領部隊独立混成第九六旅団、配置地千倉海岸

八糎短加農二、弾薬六七、受領部隊第三五四師団、配置地布良

昭和二十年六月十四日　兵器弾薬の自製

金谷の岩中燻製工場を利用し、次の兵器弾薬の自製を計画した。

迫撃砲　六月中五〇〇、七月中五〇〇、計一〇〇〇

同弾薬　七月中五万、八月中五万、計一〇万

重擲弾筒　七月中五〇〇、計五〇〇

同弾薬　七月中二万、八月中三万、計五万

刺突爆雷　八月中五〇〇〇、計五〇〇〇

手榴弾　七月中五万、八月中五万、計一〇万

銃剣　七月中一〇〇〇、八月中二〇〇〇、計三〇〇〇

呉海軍警備隊

わが国の海岸防備は明治以来陸軍が担ってきたが、軍港上空は主として海軍の防備に俟つことになっていた。昭和十六年十一月二十日海軍警備隊令が施行され、軍港など担任区域ごとに海軍警備隊が防御および警備にあたることになった。横須賀、呉、佐世保、舞鶴などに多数編成され、東京にも警備隊があった。

呉海軍警備隊の防空指揮所は呉鎮守府内にあり、昭和十六年十二月八日戦時警備に移った。昭和二十年七月における任務は呉軍港地区および呉徳山地区の対空警戒ならびに呉鎮守府管区の対空見張とともに阪警地区および倉敷地区の防空に協力することであった。兵備は変更もあったが昭和二十年七月には次のようになっていた。

防空高角砲台は亀ヶ首、秋月、大平山、灰ヶ峯、高畑山、大須山各砲台に十二糎七高角砲（聯装）各二基計二四門、吉松山、音戸、三津峯各砲台に十二糎高角砲各四門計一二門、飛渡ノ瀬、螺山各砲台に十糎高角砲（聯装）各二基計八門、新宮、烏帽子山、高鳥各砲台に八糎六門、二門、四門計一二門、このほか応急高角砲台として鍋山砲台に十五糎五砲一門、南高鳥砲台に十二糎砲五門、砲台山、吉浦各砲台に七糎野戦高射砲六門、飛渡ノ瀬砲台に同三門、倉敷に同一〇門があった。

防空機銃砲台は串山、鍋山、飛渡ノ瀬、灘山に四十粍四基（七挺）および新宮、分析山ほかに二十五粍五〇基（八四挺）、八郎山、鎮守府構内ほかに十三粍四基（一二挺）があった。

探照灯台は灰ヶ峯、高畑山、烏帽子山ほか三一か所に百五十糎探照灯各一および空中聴測装置各一ずつを概ね完備していた。

電波探信所は足摺、冨高、見島、都井、日御碕、島後、笠戸、平郡が完備または一部工事中であった。

人員は司令官板垣少将以下約六千が配置されていた。

終戦後の兵器引渡目録に次の記載がある。

十五糎五砲四門（冠崎三、鍋崎一）、十二糎七高角砲三八門（高畑、高烏、吉浦各六、大平山、亀ヶ首、秋月、大須山、灰ヶ峯各四）、十二糎高角砲二八門（畑高地、南高烏各六、三津峯、音戸、吉松山、郷原各四）、十糎高角砲八門（飛渡ノ瀬、螺山各四）、七糎野戦高射砲一四門（砲台山六、吉浦四、飛渡ノ瀬三、郷原一）、九五式陸用高射装置三組（大平山、大須山、亀ヶ首各一）、二式陸用高射装置一一組（秋月、高畑山、灰ヶ峯、螺山、三津峯、吉松、音戸、大須山、亀ヶ首、大平山、郷原各一）、三式陸用高射装置三組（高烏、飛渡ノ瀬、螺山各一）

編者は以前広島の友人から地元の新聞に掲載された呉の海岸山上にあったという海軍砲塔の写真を見せてもらった。新聞記事には確か巡洋艦の砲塔を転用したものと書いてあったと思う。三聯装だからこれが十五糎五砲四門のうち冠崎（かぶらざき）の三門であろう。昭和十九年十一月に着工し、二十年二月に完成した。五米二重測距儀と八九式方位盤装置を備えていた。当時は次第にマリアナ基地などからの敵大型爆撃機による本土空襲が頻繁となり、戦闘詳報では警戒配備が続く中で呉工廠にも投弾があり、呉警備隊の螺山、高畑、飛渡ノ瀬、灰ヶ峯、吉松山、音戸、亀ヶ首、高畑山、大平山、螺山、新宮、三津峯、秋月砲台は砲戦を実施したが、冠崎の砲塔には砲戦の記録はないようだ。

横須賀海軍警備隊

砲術科兵器目録　昭和二十年十一月

十二糎七高角砲砲台　猿島二基四門・弾薬三五四発、荒崎二基四門四九二、小柴崎二基四門三二四、武山二基四門四五五、小坪二基四門五九六、小原台二基四門五三〇、第二海堡二基四門五九〇、葉山二基四門三九三、衣笠二基四門五四〇、吾妻山二基四門一〇六〇・未装備、須賀二基四門五一二、千畳敷山二基四門五五〇、城所二基四門五〇三、南毛利三基六門二〇〇、渋谷二基四門・未装備、福田二基四門・未装備、沼津二基四門・未装備

十二糎高角砲砲台　双子山四門六三二発、金沢山四門三九六、朝比奈山四門三八六、大津山四門七〇七、鷹取山四門二六七、畠山三門二七五、腰越四門三三二、大野四門五九八、萩園四門五六七

十糎高角砲砲台　野島浦二基四門三三四発、田浦二基四門二一六、平塚二基四門四

一〇
十五糎砲台　佐島三門三〇〇発、長者ヶ崎二門三〇〇、西小坪二門二〇〇、黒崎鼻三門三〇〇
十四糎砲台　油坪二門二〇〇発
短十二糎砲台　西小坪一門・弾薬なし、七里ヶ浜一門三〇発
八糎砲台　七里ヶ浜一門一五〇発
七糎野戦高射砲　冨七川六門二三八四発、日向山三門一〇五、枇杷山三門一三四、大井川一二門六五一三
高角砲台装備機銃　四十粍聯装　日向二、電信山二、二火廠二、計六
四十粍単装　船越山三、大井川八、計一一
二十五粍三聯装　鷹取山一、波島一、馬入川四、泊海岸一、計七
二十五粍二聯装　小坪二、衣笠二、小原台二、第二海堡二、葉山一、小柴崎二、双子山一、野島一、田浦一、日向山一、須賀一、城所二、千畳敷山一、福住二、渋谷二、大野一、平塚二、本牧鼻山二、杉田山二、日航山二、浜空山二、文庫山三、野島四、空技支廠六、八景山二、追浜山二、空技廠五、夏島二、船越山二、田浦山二、長浦軍需部山二、田浦軍需部山二、港務部山三、安針塚二、逸見山三、

諏訪山三、大勝利山二、山崎山一、電信山三、波島四、六船渠一、東福寺山一、川間山一、鳥ヶ崎二、久里浜山二、武山基地一、葉山二、一燃廠七、相模一〇、二火廠（平塚）一二、浅間山一、大井川三、計一三〇
二十五粍単装　荒崎四、小柴崎二、猿島二、金沢山二、畠山四、田浦一、油壺二、黒崎鼻二、佐島二、長者ヶ崎二、西小坪二、枇杷山二、須賀二、千畳敷山一、南毛利四、大野二、萩園二、腰越四、沼津二、石川島六、日飛山四、光学裏山四、波島一、六船渠二、一燃廠一〇、大船山崎四、大船富士四、相模一一、高座廠九、二火廠九、計一〇八
十三粍四聯装　空技支廠一、楠ヶ山一、電信山一、計三
十三粍二聯装　武山二、大津山一、金沢山二、双子山三、野島一、田浦三、大野一、萩園二、野島七、池子二、楠ヶ山五、電信山二、波島一、大井川二、計三四
十三粍単装　武山三、葉山五、大津山二、鷹取山二、富津五、沼津四、石川島六、日飛山四、文庫山四、追浜山三、港務部山九、逸見山七、電信山二、大船山崎六、大船富士八、二火廠三六、計一〇六

佐世保海軍警備隊

昭和二十年六月における防備兵力

防空部隊高射砲台　高射指揮所　田島岳

佐世保地区
十二糎七砲　猫山、高島、番岳、寄船、大崎、盲目原、虚空蔵、石盛山
十二糎砲　前畑、八久保、八丈岳
十糎砲　弓張岳、庵ノ浦
八糎砲　天神岳、八丈岳、高岳
機銃　田島岳、庵ノ浦、神島、愛宕島、天神岳、寄船

大村地区
十二糎七砲　箕島
十二糎砲　諏訪、千綿、諫早
十糎砲　東ノ浦、福重
八糎砲　皆同
機銃　大村基地、大村空廠、諫早、諏訪、福重、箕島、東ノ浦

川棚地区
十五糎五砲　古里
十二糎七砲　三越

十二糎砲　錐崎
八糎砲　川棚
機銃　宇久島、大瀬崎、女島、釣掛、野母崎
特設照射所　宇久島、志々岐、平島、北魚目、大立島、神ノ浦、七ツ釜、楠泊、前津吉
防空監視部隊特設見張所　唐津、富岡、北魚目、宇久島、大瀬崎、女島、野母崎、田島岳、釣掛崎、防空見張所　奈良尾

陸上防備部隊平射砲台
軍港地区　十五糎砲　名切、田代
　　　　　十二糎七砲　嶽下、瀬戸畑
五島地区　十二糎砲　大阪山、大山瀬
　　　　　八糎砲　女島、大瀬崎、大阪山、三枚山、千代田、翁頭山、横峰、荒川
橘湾地区　十二糎砲　樺島、富岡
　　　　　短十二糎砲　茂木、網場、船津、有喜、愛野、千々石、釜山、富津

早崎瀬戸　十五糎砲　岩戸山
長島海峡　十二糎砲　亀島
　　　　　十四糎砲　小松
薩摩半島　十二糎砲　北方崎
　　　　　十二糎砲　城山、鳥山
鹿児島湾口　十五糎砲　摺ヶ浜、植本
　　　　　十四糎砲　長谷、伊座敷
　　　　　十二糎砲　山川、坂本
宮崎地区　十五糎砲　高鍋、那珂、内山、八紘台
生月島　十四糎砲　大波鼻
福岡地区　十四糎砲　雁ノ巣
　　　　　短八糎砲　小富士

軍港境域非常警備部隊　佐世保海軍警備隊、川棚警備隊、佐世保海兵団、相浦海兵団、針尾海兵団
軍港境域防備部隊（応急）　防火隊、防毒隊、破壊隊、不発弾処理隊、建設隊
地上警備部隊　長崎派遣隊、大牟田派遣隊、福岡派遣隊、浦崎派遣隊（海軍省所管

軍需会社法指定工場の警戒、対諜防衛）
人員　約七〇〇〇名
昭和二十年六月二十九日佐世保方面対空戦闘における高角砲台射撃状況
大崎砲台発射弾数一一三発、寄船四、高番一八、盲目原六、猫山三一、虚空蔵四、錐崎二〇、八丈四、前畑一〇一、田島一三九、庵ノ浦九六、高岳二六、天神六一、高角砲計六二三、庵ノ浦四十粍機銃五六、弓張十三粍機銃六三、田島二十五粍・十三粍機銃四八、機銃計一六七
主要兵器
四十口径八九式十二糎七高角砲、十年式四十五口径十二糎高角砲、六十五口径九八式十糎高角砲、四十口径三年式八糎高角砲、各砲常装弾薬包、毘式四十粍機銃、九六式二十五粍機銃、九三式十三粍機銃

徳山海軍警備隊
兵器引渡目録
四十口径八九式十二糎七聯装高角砲二四門　東山砲台、北山砲台、大津砲台、笠戸砲台、光砲台、新宮砲台各四

四十五口径十年式十二糎単装高角砲八門　仙島砲台、虹ヶ浜砲台各四
九八式十糎聯装高角砲四門　大華山砲台
四十口径三年式八糎単装高角砲四門　水谷山砲台、水源山砲台各二
四十粍聯装機銃八門　廠西機銃砲台六、中突機銃砲台二
二十五粍聯装機銃二九門　五郷機銃砲台、遠石機銃砲台各四、田平機銃砲台、畑山機銃砲台、廠内機銃砲台、光三機銃砲台、光四機銃砲台、光五機銃砲台、光七機銃砲台各三
九六式百五十糎探照灯二二〇V一基　大華山砲台、九六式百五十糎探照灯一〇〇V一三基　光砲台二、北山砲台、水谷山砲台、水源山砲台、大華、大津島、向道、戸出、野島、八代、室積、笠戸各一、九二式二型百十糎探照灯一基　東山砲台、九二式三型百十糎探照灯二基　仙島砲台、新宮砲台各一、仮称エ式空中聴測装置一〇基　光砲台二、水谷山砲台、水源山砲台、向道、戸出、野島、八代、室積、笠戸各一、二式陸用高射装置五基　北山砲台、東山砲台、光砲台、大津島砲台、新宮砲台各一、四式射撃装置二基　虹ヶ浜砲台、仙島砲台各一

名古屋港湾警備隊

三重地区
八九式一二・七糎高角砲　一ノ宮砲台四、三重村砲台四
一〇年式一二糎高角砲　高茶屋四
四〇粍機銃　四日市二
二五粍機銃　四日市八、津一一、鈴鹿一一
九三式一三粍単装機銃　三重村三、高茶屋三、四日市二
ホ式一三粍四聯装機銃　一ノ宮一
九五式陸用高射装置　三重村一、一ノ宮一
九六式百五十糎探照灯一型一〇〇V陸上用　三重二、一ノ宮二、高茶屋一
二式高射装置　高茶屋一

神戸港湾警備隊
保管武器目録
一二・七糎高角砲二、短一二糎砲六、八糎砲一、八糎迫撃砲二、簡易迫撃砲五五、
二五粍機銃八一、一三粍機銃二一、二〇粍機銃一二、七・七粍機銃二八

東京海軍警備隊

船橋通信隊において保管中の兵器は昭和二十年十一月三日東京地区駐屯米国騎兵第一師団に引渡した。十年式十二糎高角砲八、十二糎高角砲弾薬包九五〇、九六式二十五粍機銃一〇四、二十五粍機銃弾薬包九万二一八六、九三式十三粍機銃五一、十三粍機銃弾薬包三三万一九三五、毘式十三粍機銃一、四式射撃装置二組

本土作戦に関する陸海軍中央協定

水上作戦に関し海軍指揮官の指揮を受ける陸軍部隊

指揮官	部隊
大湊警備府司令長官	宗谷要塞、津軽要塞
横須賀鎮守府司令長官	東京湾要塞、伊勢湾口の閉鎖射撃に任じる部隊
大阪警備府司令長官	由良要塞
呉鎮守府司令長官	豊予要塞
舞鶴鎮守府司令長官	舞鶴要塞
佐世保鎮守府司令長官	下関要塞の一部、壱岐要塞の一部、釜山要塞の一部、鹿児島湾口の閉鎖射撃に任じる部隊

備考一、陸軍部隊の自衛および陸上作戦の目的をもって配置する砲台は所要に応じ水上作戦に協力するものとし、その細部は現地陸海軍指揮官間において協定するものとする。

二、下関、壱岐および釜山要塞の一部とは主として朝鮮海峡の閉鎖など水上作戦のため配置された部隊をいい、その細部は現地陸海軍指揮官間において協定するものとする。

昭和二十年九月二日以降米軍による火砲の破壊

一、三浦半島方面

城ヶ島二四加、剣崎一五加、観音崎一五加　閉鎖機を海中に投棄、砲尾爆破

米ヶ浜二八榴、花立一五加　閉鎖機離脱

走水三〇加　分解のまま引渡

千代ヶ崎三〇加　閉鎖機開閉不能の状態で引渡

二、房総半島方面

大房崎二〇加、洲崎一五加、南三原一五加四、八束一五加一、富津一〇加一、富浦一〇加一、

終戦後米軍が館山で押収した二十八糎榴弾砲

洲崎一〇加二、千倉一〇加二、和田一〇加二、稲都二八榴四　九月一〇日までに
爆破
見物三〇加、豊房三〇榴、金谷二八榴四、八束一五榴、南三原一五榴二、鴨川、
千倉、布良の海軍砲　そのまま引渡
第一海堡一五加　米海兵の上陸前守備隊自爆

海岸要塞の建設

国土防衛上必要な海岸要塞の建設は幕末以来当局の努力したところであって、明治政府は維新とともに幕府および諸藩が建造した主要な砲台を引き継ぎ、これに海岸砲隊を配置して西南戦争に及んだ。しかしこれらの砲台は何れもその位置が不適当であり、その備砲も威力に乏しい旧式火砲であったので、陸軍卿は明治六年以来しばしば時勢に適応する海岸要塞の建設を建議し、かつ逐次全国の要地を調査するとともに、十一年七月には参謀局内に海岸防禦取調委員を設けて、海岸防禦の編成を計画させることになった。このようにして翌十二年九月同委員は全国海岸防禦の編成および着手順序について上申し、政府はこれにもとづき十三年六月先ず東京湾要塞の建設に着手した。工兵第一方面本署は十四年度の東京湾口諸砲台建築費として二四万五五八二円

四〇銭の下げ渡しを海岸防禦取調委員に伺い出た。

十五年一月には参謀本部内に海防局が設置されたので、海岸防禦取調委員は十六年九月廃止された。爾後は同局において紀淡海峡、鳴門海峡、芸予海峡、広島湾、関門海峡、長崎湾および対馬方面の海岸防禦に関し検討のうえ具体的な意見を具申し、二十年下関および対馬要塞、二十二年由良要塞の建設に着手した。

砲兵工廠における要塞火砲の竣工にともない、これを築城の完成した砲台に備え付け、かつ十八年四月には東京湾および下関に要塞司令部を設置するに至った。このようにして二十六年末までに東京湾要塞を概成し、下関および対馬要塞を半成した。

日清戦争終了後陸軍は急速に全国の海岸要塞を整備する必要に迫られ、三十年九月築城部を新設して同年以降既設要塞（東京湾、由良、下関、対馬）の整備促進とともに新設要塞の建設に着手した。三十年、三十一年から広島湾、芸予、佐世保、長崎、舞鶴、函館諸要塞の築城に着工し、三十三年から三十六年の間にこれを完成する一方、三十三年からさらに基隆および澎湖島要塞の建設に着手した。

日露戦争間臨時築城団を編成して逐次鎮海湾、永興湾、大連、旅順の要塞を建設し、要塞司令部を設置して戦備を実施したが、戦争の終了とともに戦備を撤収した。また戦後建設を継続した永興湾、旅順、基隆、澎湖島の諸要塞は四十二年までにすべての工事を終了した。

日露戦争の結果東亜の情勢が変化し、艦船および兵器が発達したことから、参謀本部は四十二年要塞整理案を策定し要塞整理審査委員会を設けた。同委員会は審議の結果四五年に審査報告書を提出した。翌大正二年堡塁砲台の廃止予定を各要塞に通達し、四年以降東京湾要塞から始めて逐次不要堡塁、砲台の廃止、除籍を実行した。ところが第一次大戦の教訓と造兵技術の進歩とに鑑み、参謀本部は六年さらに要塞再整理案を策定し、再び審査委員会を設けて審査を行わせた。その要塞再整理案の骨子は次のとおりである。

一、本土と大陸ならびに北海道との連絡を確保する。

二、艦砲威力の増大に対処するため要塞の備砲を強化し、特に防禦線を外海に近く推進する。

三、要塞の思想から脱却して砲台群に転換し、陸正面の施設を全廃する（自衛は戦備作業に譲る）。

四、対空防禦のため施設の分散、擬装を図る。

大正六年以来審議を重ねた要塞再整理案にもとづく整理要領は八年允裁を仰ぎ、九年六月には議会において整理費の協賛を得たので、同年九月要塞建設実行委員会を設置し、先ず父島、奄美大島、豊予および澎湖島の四要塞を設置することに決まり、十二月には築城本部長に対して工事の実行命令が下達された。ところが十一年二月ワシントン会議において海軍兵力制限および太平洋防備制限条約が調印され、太平洋防備の現状維持が決まったので直ちに父島および奄美大島二要塞の建設を中止するとともに、要塞整理再審議委員会を設け、翌十二年二月には早くも再整理要領が決定した。この要領書は前記条約に基づく海軍の廃艦に搭載していた巨砲の保管転換を受け、これに所要の改修を加えて主要な要塞に据付けるのが主眼であった。さらには十二年の大震災により被害を被った東京湾要塞の復旧にも廃艦の火砲を充当することにした。要塞整理再審議委員は参謀本部第一部長を委員長とし、同第一、第二、第三、第七課長、陸軍省軍事課長、工兵課長、銃砲課長、器材課長、築城部本部部員に海軍軍令部参謀が参加していた。

以上の経緯によって十三年九月以降逐次対馬、津軽、豊予、鎮海湾、壱岐、東京湾諸要塞の再建に着手しが、満州事変勃発当時までは東京湾を除きほとんど未完成であった。また十三年ないし十五年において芸予、広島湾二要塞の全部および東京湾要塞における多数の砲台を廃止し、昭和二年には函館要塞を廃止して津軽要塞を新設、津軽海峡を南北から扼する要塞に改めた。

大正九年の軍備充実にあたり重砲兵部隊は要塞名を廃して衛戍地名を冠することに改めるとともに、次のように一部の編成を拡大した。

改正前		改正後	
隊号	編成	隊号	編成
東京湾	二大隊四中隊の聯隊	横須賀	二大隊六中隊の聯隊
由良	二大隊六中隊の聯隊	深山	三大隊七中隊の聯隊
下関	三中隊の独立大隊	下関	二大隊四中隊の聯隊
函館	〃	函館	〃
舞鶴	〃	舞鶴	〃

佐世保、雞知（旧対馬）、馬山（旧鎮海湾）、旅順の三中隊および基隆、馬公（旧澎湖島）の二中隊は変わらず。

ところが十一年に至ると山梨軍縮によって軍事費を削減する必要に迫られ、重砲兵諸隊は九年の拡充を実施することなく再び縮小された。

隊号	改正前の編成	改正後の編成
深山	三大隊七中隊の聯隊	二大隊四中隊の聯隊
下関	二大隊四中隊の聯隊	二大隊六中隊の聯隊

函館　〃　　　　　　　　　三中隊の独立大隊
舞鶴　〃　　　　　　　　　二中隊の独立大隊
雞知　三中隊の独立大隊　〃
馬山　〃　　　　　　　　　〃
旅順　〃　　　　　　　　　〃
横須賀（二大隊六中隊の聯隊）、佐世保（三中隊）、基隆、馬公（ともに二中隊）
は変わらず。

主要要塞は大正末期以来要塞再整理計画にもとづき兵備の改新を実施しつつあったが、参謀本部は昭和八年修正計画を、さらに十年再修正計画を策定して実行に着手した。再修正計画は全国の要塞における防空兵備の改善ならびに朝鮮海峡の確保を主任務とする下関、壱岐、対馬、鎮海湾諸要塞の改編に重点を置き、これらの要塞の再整理計画中未着手の砲塔加農砲台もしくは三〇榴砲台の建設を中止して、壱岐、対馬本島の周辺および朝鮮海峡内に点在する離島に多数の一五センチ加農砲台を新設し、潜水艦に対する兵備を完整するのが主眼であった。この際要塞整理費の予算を流用して多数の要地防空用兵器を整備し、かつ対潜水艦用一五加を対ソ作戦への転用を考慮して移動性を持たせた。

また対ソ国境警備のため十一年羅津に、また台湾南西沿岸警戒のため十二年高雄に、それぞれ要塞司令部を開設して要塞建設に着手し、さらに十四年には宗谷要塞の建設を計画し十五年から工事に着手した。また北千島（幌莚）、中城湾（沖縄島）、船浮（石垣島）、麗水（鎮海湾西方）などの臨時要塞が一五年以降に建設され、戦争開始までに兵備を概成した。

東京湾、由良、舞鶴、下関、壱岐、対馬、鎮海湾、長崎、基隆および澎湖島の一〇要塞は支那事変勃発後十二年八月に防空戦備を、また羅津要塞は張鼓峰事件勃発後警急戦備を下令されたが、十四年十一月にいずれも解除された。

十六年に入ると七月下関、壱岐、対馬、鎮海湾の四要塞、十一月宗谷、津軽、東京湾、長崎、奄美大島、中城湾、船浮、基隆、旅順の九要塞にいずれも準戦備を、また同月北千島、父島、高雄、澎湖島の四要塞に本戦備、由良、豊予の二要塞に警急戦備を令せられ、それぞれに要塞重砲兵聯隊が新設、配備されたが、海岸要塞としては不十分な状態で対米戦争に突入した。結果的に終戦まで実戦を経験した海岸要塞はなかった。

海岸要塞建設年譜

明治

二年七月　兵部省を置く。

三年十月　兵制に関する布告を発し、陸軍は仏式、海軍は英式を採用。

四年七月　兵部省内に参謀局を置く。後の参謀本部の濫觴。

　八月　全国一途の兵制を定める。

　八月　全国の城郭全部兵部省の管轄となる。

　十二月　兵部大輔山縣有朋など本土の守備、沿海の防御などに関し建議。

五年二月　兵部省を廃し、陸海軍省を置く。

　四月　仏国よりマルクリー陸軍中佐を招聘。

六年一月　徴兵令発布。

　三月　陸軍省の参謀局、第六局と改称。

　九月　マルクリー海岸防御方策を上申。

　十二月　マルクリー辞職、仏国ミュニエー中佐を招聘。

　　　　陸軍省第六局長東京湾海防策を上申。

七年一月　陸軍卿山県有朋全国防御線の策定急務なる旨を上奏。

　二月　陸軍省第六局を外局とし、参謀局と改める。

七月　中佐浅井道博、少佐牧野毅などフランス人教師ルボン、ジュルダンなどと東京湾の要地を調査。

八月　ミュラー中佐、牧野少佐などを中国、西国方面に派遣し、海岸の要地を調査。

十二月　山縣陸軍卿海岸砲台建設の急務につき上奏。

十二月　牧野少佐など東京湾防御策を上申。

八年一月　山縣卿再び海岸防御の必要を高唱し、特に観音崎および富津岬に砲台建設の急務を上奏。

八月　ミュラー、ジュルダンの両教師、大佐原田一道、少佐牧野毅などを再び中国および西国方面に派遣し、海岸の要地を調査。

十月　原田大佐、牧野少佐、黒田久孝少佐の連名で全国の防御策ならびに建設順序を上申。

九年一月　山縣陸軍卿海岸要塞の建設順序ならびに所要経費に関し上奏。

四月　砲兵会議を新設。

十二月　陸軍省予算を流用し、国防用地として観音崎地区の砲台予定地を買収。

十年二月　ミュラー中佐二月ないし七月の期間において函館、新潟、七尾、敦賀、宮津諸港の防御に関し献策。

十一年七月　参謀局に海岸防御取調委員を置く。

　十二月　参謀局を廃し、参謀本部を置く。

十二年七月　海岸防御取調委員、フランス人教師などを山陰、山陽方面に派遣し、海岸の状態を調査。

　九月　海岸防御取調委員より全国海岸防御の編成および着手順序につき上申。

　十二月　東京および大阪に砲兵工廠を設置。

十三年三月　国防用地として下関要塞の一部を買収。

　六月　東京湾要塞観音崎第一、第二砲台の建設に着工。維新後における最初の築城工事。

　六月　山縣参謀本部長隣邦兵備略を草し、砲台建設の必要を論奏。

十四年五月　明治天皇観音崎砲台の建設工事を巡視。

　五月　東京湾要塞猿島、元洲、観音崎第三砲台起工。

　八月　東京湾要塞第一海堡起工。

十五年一月　参謀本部に海防局を置く。
九月　海防局長広島湾、紀淡海峡、鳴門海峡および芸予海峡の防御要領案を上申。
十月　海防局長唐津、呼子、長崎および対馬の防御要領案を上申。
十六年一月　臨時建築署を設ける。
十月　工兵会議を設ける。
一月　工兵方面を三方面に改める。
七月　オランダよりワンス・ケランベック工兵大尉を招聘。
七月　海防局播淡海峡および下関の背面防御に関し上申。
七月　ワンス・ケランベック東京湾巡視復命書を提出。
九月　海岸防御取調委員を廃止。
十一月　海防局長海岸防御に臼砲専用を献議。
十二月　海防局長長崎港防御方策を策定。
十二月　イタリアより招聘中のグリロー少佐海岸砲として二四加、一九加、一二加、二八榴、二四臼、一五臼の六種を推選し、この製造に関する意見を具申。

十七年六月　東京湾要塞における観音崎、猿島、富津の諸砲台竣工し第一期建設を概成。
　十一月　海防局長東京湾防御第二期計画案および下関防御方案を上申。
　十二月　横須賀鎮守府開庁。
十八年四月　国防会議を設ける。
　四月　東京湾要塞走水低砲台起工。
　五月　海防局長大阪、神戸、兵庫諸港の局地防御法につき答申。
　六月　ワンス・ケランベック日本南方海面に対する海岸防御策案を提出。
　七月　同紀淡海峡防御要領を上申。
　十二月　陸軍省は内閣の組織に入り、陸軍卿は爾後陸軍大臣と称する。
　十二月　会計年度を四月一日より翌年三月三十一日までに改める。
十九年三月　国家財政の都合により海防事業を一時中止。
　三月　海防局を廃止。
　九月　参謀本部長海岸防御の速成を要する意見を陸軍大臣に提出し、海防の促進を要請。

十一月　東京湾要塞観音崎第五砲台起工。
十二月　国防会議を廃止。
十二月　参謀本部長対馬浅海湾の防御に関し陸軍大臣に建策。
十二月　臨時砲台建築部設置。
二十年一月　参謀本部長紀淡海峡、芸予海峡、広島湾、下関海峡、鳴門海峡および長崎港の防御要領に関し陸軍大臣に協議。
三月　海防に関する詔勅降り、総理大臣地方長官に海防費の献金を説く。献金額二三〇余万円。
四月　陸軍大臣は一月の参謀本部長の協議に異存なき旨を答え、先ず下関要塞の着工を命令。
九月　下関要塞田之首、田向山砲台起工。当要塞建設の第一歩。
十月　同笹尾山および老ノ山砲台起工。
十二月　臨時砲台建築部長海岸砲台として擲射砲偏重に関する反対意見を上申。
二十一年五月　参軍制を定め参軍の下に参謀本部を置く。
十月　対馬要塞の第一期工事終了。

二十二年三月　由良要塞の建設に着手し、生石山第三砲台を起工。
　四、五月　東京湾要塞箱崎、由良要塞生石山第一、第四各砲台起工。
　七月　参軍制を廃止し参謀本部独立。
　七月　東京湾要塞第二海堡の基礎工事に着工。第一海堡より遅れること八年。
　七月　呉および佐世保鎮守府開庁。
　七月　由良要塞生石山第二砲台起工。
　七月　東京湾要塞米ヶ濱、由良要塞友島第一、第三、第四砲台起工。
二十三年十二月　東京湾要塞第一海堡竣工。
二十四年九月　海岸要地防備位置選定の件上奏のうえ御裁下。
　九月　東京湾要塞米ヶ濱加農砲台起工。
二十五年八月　東京湾要塞第三海堡の基礎工事に着手。
　八月　同花立台、千代ヶ崎、観音崎南門砲台および小原堡塁起工。
二十六年一月　鳴門海峡、呉広要塞、芸予海峡および佐世保軍港の防御計画書完成し御裁下。
　五月　海軍軍令部新設。

十一月　呉広要塞を単に呉要塞と改称。
二十七年七月　清国と開戦、工兵方面は要地の臨時防御工事をも担任。
十二月　東京湾要塞三軒家砲台起工。
二十八年四月　東京湾および下関に要塞司令部を設置。
八月　舞鶴軍港、長崎および函館両港の防御要領を策定し御裁下。
二十九年三月　日清戦役の結果に鑑み鳴門、呉、芸予、佐世保の防御計画を改正。
四月　同舞鶴、長崎、函館の防御計画を改正。
四月　東京湾および横須賀軍港の陸正面防御計画を策定し御裁下。
七月　由良要塞司令部設置
七月　竹敷要港部開庁
三十年三月　呉要塞を広島湾要塞と改称。
三月　広島湾要塞の建設に着手し、大那沙美島砲台を起工。
三月　芸予要塞の建設に着手し、大久野島北砲台を起工。
三月　由良要塞門崎、笹山砲台、舞鶴要塞葦谷砲台起工。
四月　フランス築城技師ムージェン工兵少佐を招聘。

九月　砲兵方面を廃止し兵器廠を、工兵方面を廃止し築城部を設置。
九月　東京湾要塞泊町廠舎を設置。
十一月　舞鶴要塞の建設に着手し、芦谷砲台を起工。
十一月　武式測遠機の設置要領を定める。
三十一年一月　対馬第二期防備拡張の御裁下。
三月　参謀本部における新対馬防御計画書成る。
四月　長崎要塞の建設に着手し、神ノ島砲台を起工。
六月　函館要塞の建設に着手し、薬師山および御殿山砲台を起工。
六月　舞鶴要塞金崎砲台、長崎要塞蔭ノ尾砲台起工。
十二月　海堡を除く東京湾要塞における全堡塁、砲台の建設工事を終了。
三十二年三月　東京湾要塞の堡塁、砲台全部を築城本部長より要塞司令官に移管。
四月　基隆、澎湖島および対馬の防御計画書を築城本部長に下付し、着手順序および経費の年度割を指示して着工を命令。
四月　要塞地帯法公布。
三十三年三月　基隆要塞の建設に着手し、木山堡塁を起工。

四月　澎湖島要塞の建設に着手し、大山堡塁を起工。
四月　呉（後の広島湾）、舞鶴、佐世保、函館（後の津軽）、鳴門、芸予、長崎の各要塞司令部設置。
三十四年七月　四月　プロシア工兵少佐レンネを招聘。
九月　海岸砲制式調査委員報告書を提出。
十月　馬公要港部開庁。
三十五年二月　舞鶴鎮守府開庁。
三月　長崎要塞建設工事終了。
十月　芸予要塞建設工事終了。
十一月　函館要塞建設工事終了。
三十六年三月　下関要塞建設工事終了。
四月　対馬要塞建設工事終了。
四月　砲兵会議および工兵会議を合併して陸軍技術審査部に改編。
四月　呉要塞を広島湾要塞と改称。
五月　鳴門要塞司令部を廃止し、由良要塞司令部に編合。
基隆および澎湖島に要塞司令部を開設。

十月　舞鶴要塞の建設工事終了。
十二月　広島湾要塞の建設工事終了。
三十七年二月　函館、対馬、佐世保、長崎、澎湖島の各要塞に動員下令、準戦備。
二月　東京湾、由良、広島湾、舞鶴、下関、基隆の各要塞に警急戦備下令。
三月　佐世保要塞の建設工事終了。
八月　戦備拡張工事として対馬（郷山砲台）および基隆（八尺門砲台）要塞に砲台増設。
八月　第一、第二、第三、第四臨時築城団の編成下令。
八月　第三築城団長大本営の命令により鎮海湾要塞の建設に着手。
九月　第四築城団長大連要塞の建設に着手。
十二月　鎮海湾防御計画成り御裁下。
三十八年一月　大連湾防御計画成り御裁下。
一月　旅順鎮守府および同要塞司令部開設。
二月　鎮海湾要塞建設工事終了。

二月　第三築城団長は大本営の命令により続いて永興湾要塞の建設に着手。
四月　鎮海湾および大連に要塞司令部設置。
五月　永興湾要塞司令部設置。
五月　築城本部長に津軽海峡東西両口の応急防備工事を命じたが、日本海海戦の勝利により中止。
十月　各要塞は戦備を徹し平時態勢に復帰。但し函館および対馬は戦備の残作業を続行すべき旨を示達される。
十二月　大湊要港部を開設。
三十九年三月　大連要港司令部を廃止し、旅順要塞司令部に合併。
三月　由良要塞の建設工事終了。
三月　火薬庫および填薬弾丸庫の建築仕様制定。
六月　永興湾要塞建設工事終了。
十月　対馬要塞の戦備拡張工事終了。
四十年五月　防御営造物保存準則発布。
八月　旅順要塞の建設工事終了。

八月　技術審査部「要塞備砲ならびに攻城砲の制式選定案」を陸軍大臣に上申。
四十一年三月　澎湖島要塞の建設工事終了。
四十二年三月　基隆要塞の建設工事終了。
　十二月　要塞整理方針を定め、要塞整理案を策定し、整理案審査委員会を設置。
四十三、四十四年　要塞整理案の審査。
四十五年八月　要塞整理案の審査報告書を提出。
大正
二年四月　堡塁、砲台の廃止予定を発表。
三年六月　東京湾要塞第二海堡竣工。
　六月　旅順鎮守府を要港部に改める。
　八月　対独宣戦、青島に出兵。
四年八月　東京湾要塞の夏島、笹山、箱崎（高・低）、波島、観音崎第一、富津元洲各砲台を廃止、除籍。
五年十一月　東京湾要塞の三崎および西浦砲台を要塞建設費の剰余をもって

六年一月　建設することに決定し、委員会を設けて審議。

八月　東京湾要塞整理案を策定し御裁下。

七年十月　要塞再整理案を策定し審査委員会を設けて審査開始。一二月審査報告書を提出。

八年四月　要塞整理の開始を見越し、従業員たるべき多数の将校の養成に着手。

五月　技術審査部を技術本部に改編。

十月　要塞整理要領を御裁下。

十月　海岸砲台観測所構築要領を制定。

九年六月　七年式十加、同十五加および同三十榴（長・短）を要塞火砲として制定。

八月　要塞整理費国会で議決され、整理事業は一二年継続と決定。

九月　対馬警備隊司令部を同要塞司令部に改編。

十一月　要塞建設実行委員会を設け、先ず父島、奄美大島、豊予および澎湖島の四要塞につき建設要領案を審議。

海岸砲台構築要領を制定。

十二月　築城部本部長に対し父島以下四要塞の工事の実施に関し命令。

十年三月　東京湾要塞第三海堡竣工。

七月　父島以下四要塞の建設に着手。

十二月　ワシントン会議開催。会議の趨勢に鑑み父島、奄美大島二要塞の建設促進。

十一年二月　ワシントン会議終了し、太平洋防備制限条約に調印。

二月　要塞再整理委員会を設置。本委員会は八月審議の結果を答申。

三月　父島、奄美大島二要塞の建設を中止。

十一月　要塞整理事業を四年延長し、予算の一部を増加。

十一月　旅順要港部を廃止。

十二年二月　要塞再整理要領を御裁下。

三月　朝鮮海峡要塞系および津軽海峡要塞の建設要領書策定。

四月　鎮海湾要港部開庁。

四月　要塞建設費による東京湾要塞の建設工事終了。

四月　永興湾および竹敷要港部廃止。舞鶴鎮守府を要港部とする。

四月　父島および奄美大島に要塞司令部を設置。

九月　関東地方の大地震にて東京湾要塞は防御営造物に大被害を受ける。
十一月　東京湾要塞の応急施設要領決定。
十二月　要塞再整理計画にもとづく壱岐、対馬、鎮海湾および津軽要塞の建設工事を命令。
十三年三月　応急施設計画による東京湾要塞の復旧工事完了。
六月　震災復旧予算臨時国会で議決、復旧事業は一〇年継続。
九月　対馬、津軽、豊予要塞の再建設に着手。
十月　鎮海湾、壱岐要塞の再建設に着手。
十月　東京湾要塞の震災復旧作業に着手。
十二月　芸予要塞を廃止。
十四年七月　東京湾要塞における西浦砲台、第三海堡その他多数の砲台を廃止、除籍。
十五年八月　豊予および壱岐要塞司令部を設置。
八月　広島湾要塞廃止。
昭和

二年四月　函館要塞を廃止し、津軽要塞とする。
　　九月　東京湾要塞整理建設要領書を策定。
三年十月　物価下落のため要塞整理費予算の一部を削減。
四年十一月　継続費予算繰延べのため要塞整理および震災復旧工事期間を四年延長。
五年十一月　物価下落および事業繰延べのため震災復旧費を減額し、期間をさらに一四年延長。
六年二月　要塞再整理要領修正案の審議開始。
　　十二月　震災復旧費を減額し期間を六年短縮。
七年七月　砲工兵作業を実施しやすいよう、兵器廠に属す備砲班を築城本部に移す。
八年三月　要塞整理および震災復旧に関する修正計画を策定し御裁下。
　　四月　旅順要港部を再設置。
九年二月　壱岐、対馬、鎮海湾、舞鶴要塞における予備火砲、砲台一部施設の要領書策定。
十一年五月　舞鶴要塞の整理完了。

八月　佐世保要塞司令部を廃し、長崎要塞司令部に合併。
九月　羅津要塞司令部を設置。
十二年七月　要塞整理再修正計画の御裁下。
八月　支那事変勃発。
八月　高雄要塞司令部を設置。
八月　東京湾、由良、舞鶴、下関、壱岐、対馬、鎮海湾、長崎、基隆、澎湖島、高雄の各要塞に防空警備を発令。
八月　再修正計画にもとづく細部計画を策定。
十三年四月　徳山要港設置。
八月　羅津要塞に警急戦備発令。
十四年一月　対馬要塞の整理工事完了。
八月　宗谷要塞の建設に着手。
八月　鎮海湾要塞の整理工事完了。
十一月　防空警備および警急戦備を全部解除。
十二月　舞鶴要港部鎮守府に昇格。
十五年二月　下関、鎮海湾要塞に防空戦備下令。

三月　右解除。

六月　津軽要塞整理工事完了。

八月　父島、奄美大島、高雄、津軽、基隆、澎湖島要塞に年度動員計画令細則に示す兵器の交付命令が下り、各要塞はこれに応じる戦備作業を行う。

八月　幌莚臨時要塞の建設に着手。

九月　下関要塞の整理工事完了。

十月　幌莚要塞を北千島要塞と改称し、要塞司令部の臨時編成を下令。

十一月　北千島要塞の建設工事完了。

十六年七月　中城湾および船浮（ふなうき）の臨時要塞建設命令下る。

七月　下関、壱岐、対馬、鎮海湾要塞に準戦備下令。鎮海湾要塞司令部は下令後釜山に移駐。

七月　羅津および旅順要塞司令部に臨時編成令下る。

八月　津軽、永興湾、宗谷要塞に臨時編成令下る。

九月　宗谷要塞の整理工事完了。

九月　父島、奄美大島、基隆、澎湖島、高雄、中城湾、船浮各要塞に

十月　臨時編成令下る。
十一月　東京湾、長崎要塞に臨時編成令下る。
十一月　麗水要塞司令部に臨時編成令下る。
十一月　北千島、父島、高雄、澎湖島要塞に本戦備下令。宗谷、津軽、東京湾、長崎、奄美大島、中城湾、船浮、基隆要塞に準戦備下令。由良、豊予要塞に警急戦備、旅順要塞に準戦備下令。
十一月　海軍要港部を警備府と改称。
十二月　米英に対し宣戦。
十二月　由良、豊予要塞に臨時編成令下る。
十七年一月　豊予要塞の鶴見崎砲台で砲塔砲に腔発発生。
一月　麗水要塞建設令下る。
四月　麗水要塞の建設工事完了。
四月　永興湾、麗水要塞に準戦備、羅津要塞に本戦備下令。
七月　鎮海湾要塞を釜山要塞と改称。
十八年三月　羅津要塞の建設工事完了。
三月　全要塞の整理工事を終了。

要塞（堡塁・砲台）建設工事期間

東京湾　建設開始　明治十三年六月、建設終了　大正十年八月
　　　　整理開始　大正十三年一月、整理終了　昭和七年十月
対馬　　建設開始　明治二十年四月、建設終了　明治三十九年五月
　　　　整理開始　大正十三年九月、整理終了　昭和十四年一月
下関　　建設開始　明治二十年九月、建設終了　明治三十三年十二月
　　　　整理開始　昭和八年十月、整理終了　昭和十五年九月
由良　　建設開始　明治二十二年三月、建設終了　明治三十八年三月
広島湾　建設開始　明治三十年三月、建設終了　明治三十六年十二月
　　　　大正十五年六月廃止
芸予　　建設開始　明治三十年三月、建設終了　明治三十五年二月
　　　　大正十三年十二月廃止
佐世保　建設開始　明治三十年九月、建設終了　明治三十四年十一月
　　　　整理開始　昭和九年八月、整理終了　昭和十一年二月
　　　　昭和十一年八月長崎要塞に合併

舞鶴　建設開始　明治三十年十一月、建設終了　明治三十五年十一月
　　　整理開始　昭和九年七月、整理終了　昭和十一年五月
長崎　建設開始　明治三十一年四月、建設終了　明治三十三年十二月
　　　昭和十一年八月佐世保要塞を合併
函館　建設開始　明治三十一年六月、建設終了　明治三十五年十月
　　　整理開始　大正十三年九月、整理終了　昭和十五年六月
　　　昭和二年四月函館を津軽と改称
基隆　建設開始　明治三十三年三月、建設終了　明治三十八年六月
　　　整理開始　大正十年八月、整理終了　大正十一年三月
澎湖島　建設開始　明治三十三年四月、建設終了　明治三十八年四月
　　　ワシントン条約の結果、要塞整理工事は大正十一年三月中止
鎮海湾　建設開始　明治三十七年八月、建設終了　明治三十七年十二月
　　　整理開始　大正十三年十月、整理終了　昭和十四年八月
　　　昭和十七年七月鎮海湾を釜山と改称
永興湾　建設開始　明治三十八年二月、建設終了　明治三十八年八月
　　　整理開始　昭和九年七月、整理終了　昭和九年十二月

旅順　建設開始　明治三十七年九月、建設終了　明治四十年八月
父島　整理開始　大正十年七月、整理終了　大正十一年三月
　ワシントン条約の結果、要塞整理工事は大正十一年三月中止
奄美大島　整理開始　大正十年七月、整理終了　大正十一年三月
　ワシントン条約の結果、要塞整理工事は大正十一年三月中止
豊予　整理開始　大正十年七月、整理終了　昭和九年六月
　臨時軍事費支弁の鶴見崎十五加砲台は昭和十七年九月竣工
壱岐　整理開始　大正十三年十月、整理終了　大正十三年十二月
羅津　整理開始　昭和十四年七月、整理終了　昭和十六年八月
宗谷　整理開始　昭和十五年二月、整理終了　昭和十六年九月
高雄　昭和十五、十六年臨時軍事費で建設
　要塞整理費では兵器格納庫および通信網を構築したのみ
臨時要塞の編成下令
北千島　昭和十五年十月八日
宗谷　昭和十六年八月十五日
中城湾　昭和十六年九月二十四日

船浮　昭和十六年九月二十四日
麗水　昭和十六年十一月八日

要塞兵備の変遷

幕末、外国艦船の来航が頻繁となり幕府および諸藩の識者にようやく国防思想が台頭し、一部の雄藩は自藩の要地に砲台を築設して敵の来襲に備えたが、その兵備は区々で統一性はなかった。明治維新後政府は国防を省みる余裕はなかったが、明治四年末に至り兵部卿山県有朋から沿岸防禦の必要について建議するところあり、政府は六年以降フランスの招聘武官を師とし、これに有為の砲兵将校を付して全国の海岸要地を踏査のうえ、その防禦策を考究させ、九年始め陸軍卿から海岸要塞の建設順序および所要経費について上奏するに至った。西南戦争が終息し国内情勢がようやく安定するに至った十一年、参謀局内に海岸防禦取調委員を設け、翌十二年委員より改めて全国海岸防禦の編成および着手順序に関し上申がなされた。これにもとづき十三年から逐年東京湾要塞の建設を行い、二十年以降さらに下関および由良要塞方面に拡張した。

これと併行し陸軍省は十六年から大阪砲兵工廠においてイタリア招聘武官の指導に

より要塞用備砲の製造に着手したが、当時におけるわが国の造兵技術は著しく幼稚であって、軍の要求を充足することが困難であったので、陸軍は造兵設備の拡充により国産火砲の製造を企図するとともに、主としてフランスから優秀な火砲を購買し兵備の促進を図った。この結果要塞の火砲は多種多様となり、その半数は外国製品をもって補う状態であった。

十九年には二八センチ榴弾砲と二四センチ加農の試製砲が完成したので観音崎砲台に据付けて試験射撃を行ったところ火砲の性能、精度ともに良好であった。そこで早速これを制式火砲に決定するとともに要塞砲兵隊の創設を図った。

二十二年要塞砲兵幹部練習所を開設し、翌二十三年から要塞砲兵第一（横須賀）、第四（下関）聯隊の創設に着手、続いて第二（由良）、第三（呉）聯隊を設立する計画であった。ところがその途上に日清戦争が勃発したので、二十七年までに設立を終わった第一、第四聯隊はそれぞれ東京湾および下関要塞の守備につき、かつ両聯隊から臨時徒歩砲兵聯隊を編成して外征軍に加わった。

日清戦争後軍備拡張の機運に乗じて要塞砲兵隊もまた全国に配置されることとなり、新たに芸予、佐世保の二要塞に聯隊を、函館、舞鶴、基隆、澎湖島の四要塞に独立大隊を設立するとともに要塞砲兵幹部練習所を要塞砲兵射撃学校に改編し学生、生徒数を増加した。

三十五年以降東京湾、由良、広島湾（呉を変更）および下関の各要塞砲兵聯隊内に繋駕重砲大隊を新設し、要塞砲兵は本格的に繋駕重砲兵の研究・訓練を実施することになった。この改編後は海岸砲および攻守城砲中隊（甲）四四、繋駕中隊（乙）一三となるはずであったが、日露戦争の開戦とともに要塞砲兵射撃学校および既設繋駕重砲部隊の人馬を集成して野戦重砲兵聯隊を編成した。一方日清戦争後増設に着手した各地の要塞砲兵聯隊はその建設をほぼ完了していたので、これらの部隊は開戦当初要塞の守備に任じたが、戦局の推移に応じてこれを外征部隊に転換し、逐次徒歩砲兵第一、第二、第三、第四聯隊および独立徒歩砲兵第一、第二大隊を編成して外征軍に配属した。

三十二年には対馬要塞砲兵大隊が、同三十六年には長崎要塞砲兵大隊がそれぞれ母隊から独立して独立大隊となった。日露戦争中に建設された鎮海湾および旅順の二要塞にも要塞砲兵大隊が配置されたので、要塞砲兵部隊は日露戦争後ますますその隊数を増加したが、これらの要塞砲兵諸隊は四十年に至り画期的刷新を見ることとなった。すなわち日露戦争の教訓から要塞砲兵の呼称を廃してこれを重砲兵と改称するとともに、重砲兵部隊を繋駕重砲の訓練を主とし兼ねて海岸重砲の一部を教育する部隊（乙中隊）と海岸重砲および攻守城重砲の訓練のみを行う部隊（甲中隊）とに区分し、繋駕重砲部隊を戦前の約二倍に増強するため改編を実施した結果、甲三一中隊、乙二四中隊に変更となった。これにより重砲兵の訓練は野戦重砲に重点を置き、攻城重砲がこれに次いで、海岸重砲は最も軽視されるに至った。

大正三年の青島要塞攻略戦には重砲兵第二、第三聯隊で編成した野戦重砲兵第二、第三聯隊ならびに重砲兵第二、第三、第四、第五聯隊および芸予重砲兵大隊を基幹として編成された独立攻城重砲兵第一、第二、第三、第四大隊および独立攻城重砲兵中隊が参加した。

七年前記六個の重砲兵聯隊は野戦重砲兵第一ないし第六聯隊と改称し、他の重砲兵部隊は東京湾、由良の二聯隊、下関、佐世保、対馬、函館、舞鶴、鎮海湾、旅順、基隆、澎湖島の九独立大隊に改編し、芸予および長崎の重砲兵大隊は廃止された。

十年以降の要塞整理にともない数か所の要塞には逐次七年式三〇榴、七年式一五加、七年式一〇加ならびに海軍から保管転換を受けた砲塔四〇加、砲塔三〇加、砲塔二五加、砲塔二〇加が装備されることになり、後者のためには重砲兵学校に練習生隊を設け、必要な下士官、兵を養成した。

十一年の軍備整理で重砲兵は横須賀、下関、深山の三聯隊および従前の八独立大隊に整理された。要塞は整理され海岸重砲の装備に改善を加えつつあったが、これに対する研究、訓練ともに不振のまま昭和時代を迎えた。

昭和四年に制定された砲兵操典における要塞重砲兵の基準火砲は依然として旧式の二八榴と二四加および一二速加のみであった。

六年満州事変が勃発し逐次戦場を拡大、十二年以降支那大陸に大兵を派遣するに及び、軍当局は将来の作戦に備えて全面的に軍備を拡充しかつ装備を改善しつつ軍隊の練成に努め、一三年九月従来の陣中要務令と戦闘綱要とを統合して作戦要務令を制定した。

十一年満州に阿城、穆稜の両聯隊を、さらに東寧、牡丹江の二重砲兵聯隊が増設された。

十二年支那事変の勃発後は各地の重砲兵隊において各種の部隊を戦陣に送り、特に大東亜戦争の初期は重砲兵第一聯隊、独立重砲兵第二、第三、第九大隊などの諸部隊が香港、バターン、コレキドール方面の作戦に参加して赫々たる戦果を発揚した。大東亜戦争では七〇有余の各種重砲兵部隊が動員せられ、内外各地の兵団に配置された。

要塞整理による三〇榴および大口径砲塔加農ならびにこれに付随する八八式海岸射撃具の装備も逐次完成し、また海岸防禦の重点が潜水艦に対する海上交通掩護に転換して、これに適応する各種中・小口径火砲の備付が促進されつつあったので、一四年には九六式一五加、四五式一五加、四五式二四榴および三八式野砲の四種を要塞砲兵の基準火砲としたが、二八榴、三八式一〇加および十一年式七加も要塞の備砲としてなお使用されていた。新兵器として八八式海岸射撃具および九六式海岸観測具が制定された。しかし大東亜戦争は訓練の成果を発揮する機会に恵まれず、ほとんど全部の要塞が手を拱いたまま終戦を迎えた。

以上のように重砲兵の前身である要塞砲兵は明治二十二年砲兵の一分家として独立し、当初は海岸要塞の守備を主任務とする純然たる守勢兵種として発足したのであるが、日清戦争後東亜の軍事情勢に順応して漸次攻城野戦を主任務とする攻勢兵種に転向し、日露戦争後は多数の繋駕重砲部隊を育成して遂に野戦重砲兵を分離独立させるに至った。一方要塞重砲兵の任務は持続し、相反する二重性格を持ったまま大東亜戦争を迎えた。開戦後は一部をもって海岸要塞の守備に任じつつ、主力は外征作戦に参加し、戦争末期には要塞外における沿岸防禦の任務をも分担するに至った。

重砲兵の教育

明治二十二年に設立された要塞砲兵幹部練習所は、日清戦争後の明治二十九年要塞砲兵射撃学校と改称され、さらに明治四十一年には重砲兵射撃学校と改称されたが、大正十一年に重砲兵学校と改められた。昭和十八年八月富士、同年十二月三保の各文教所を開設した。

要塞砲および攻城砲を主砲とする重砲兵に関する諸般の研究、教育を分担しつつ、兵器材料の試験研究、典範の改正、各種学生・生徒の教育に従事し、もって戦法戦技の向上改善を図るとともに、軍隊教育の普及促進に寄与した。

創設以来終戦まで五〇有余年、この間に教育した学生・生徒の概数は将校学生二九五〇名、下士官兵一万七九〇名、計一万三七四〇名であった。

後日名を遂げた豊島陽蔵、筑紫熊七、渡辺岩之助の各中将はともに要塞砲兵幹部練習所の第一期、奈良武次大将、横山彦六中将は第二期の練習員であった。

重砲兵学校では三種の練習生を設け、重砲兵隊より分遣する下士官、兵に対し左の特別教育を行った。

砲塔術練習生　概ね五か月教育し、毎年二回入校とする

通信術練習生　概ね七か月教育し、毎年一回入校とする

電灯術練習生　概ね五か月教育し、毎年一回入校とする

大正十四年に砲塔術、要塞電灯術の修学期間を六か月に延長した。

昭和六年満州事変が勃発、同一二年支那事変に拡大して逐次多数の部隊を満州および支那大陸に派遣するに及び、昭和八年に下士官候補者隊、同十四年幹部候補生隊を新設し、教育を開始した。同十七年に至ると大東亜戦争の前途に鑑み、少年兵養成の目的で陸軍諸学校生徒教育令を制定せられ、少年砲兵の教育を開始した。これらの教育は終戦まで続いたが、実際においては昭和十六年以降作戦上の要求によって正規学生以外各種の戦時部隊要員を教育した。特に昭和十八年末期から作戦の様相が漸次険悪化し、多数の特種砲兵要員を速成する必要に迫られたので、十九年六月に至ると教育総監の密令により、全面的に正規学生の教育を停止し、総力を挙げて特種要員の教育のみに専念することになった。その内容は将校学生に対しては、独重大隊長要員、独重大隊要員、独混砲兵隊要員、独臼大隊要員、臨時砲台要員、対戦車要員、野戦要員、築城要員などに対し、二週間ないし六週間の臨時教育を行った。下士官兵学生に対しては、臨時砲台（二八榴）要員、電測要員に対して四週間ないし一〇週間の教育を行った。しかし作戦の要求上漸次職員を他部隊に転用される結果、教育を実施する教官は減少の一途をたどった。

築城学教程（海岸築城）　大正三年　陸軍砲工学校

海岸要塞の目的およびその配置

永久築城により防禦設備を施した海岸地域を海岸要塞と称する。

海岸要塞は野戦軍のためには軍需品集積所、海運基地、運動の支撐点、複廓などとなり、艦隊のためには根拠地、避難所、補給所などとなり、その他政略上または戦略上重要な地点を掩護し、あるいは敵の作戦を困難にし、わが運動を容易にし、もって陸海軍の攻守作戦上に大きな便益を与えることを目的とし、国防上はなはだ緊要な一要素である。

海岸要塞を設ける場合は必ず緊牢不抜を期し、工芸の全力を尽くさなければならない。しかし不要な要塞を設置するときはいたずらに国帑を消靡(しょうび)するのみならず、このため兵力を吸収し敵火を招致する害があるので、海岸要塞を配置するにはその国勢と敵国の状態なかんずくその陸海軍の現況に鑑み、国防上必須で欠くことのできない地点のみに限ることが必要である。左に海岸要塞の配置について略説する。

国防の最良手段は常に攻勢を取ることにある。ゆえに確実に国防の目的を貫徹するためには常に優勢な陸海軍を備えることが必要である。なかんずく沿海国にあっては両国意見を異にし、平和の手段をもって外交の局を結ぶことができないときは、直ちに攻勢を取り、その野戦軍を敵国において作戦させるために先ず制海権を獲得することが必要である。このため各国は競って海軍の拡張改良を図るとともに、その策源根拠地となり、軍需品の補給所となり、または艦船兵器の修理所となる港湾を設備することに努める。ゆえに艦隊の作戦するところ必ず軍港要港などの設置を必要とし、これらの地点には厳に防禦工事を施し、敵艦隊にこれを擾乱させないことが緊要である。また攻勢作戦を行うにあたり戦略上重要な島嶼海峡などもこの領有を確実にするため防備を施すことが必要である。

翻って、開戦の初期に優勢な海軍を有する敵国軍がわが海岸に対しいかなる企図を敢行しようとするかを考えると、およそ次のように類別することができる。

一、わが国の内部において作戦する目的のための大規模な上陸
二、わが艦隊に重要な船渠などを破壊するために行う小支隊の上陸
三、海上から艦隊根拠地を攻撃しこれを破壊する企図
四、損害を与える目的で行う海岸大都会の砲撃
五、港湾の封鎖
六、わが軍の攻勢作戦のために重要な港湾の占領

以上の企図に対しどのようにすればその海岸線を防護することができるか。

第一の企図に対しこれを妨げるに足りる優勢な海軍を有しないときは、上陸を予想

される地点に対し交通通信の連絡を確実にし、敵の上陸が終わるまでにこれに優る野戦軍を集中し、もって敵を海中に撃退するようにしなければならない。予想上陸点に対しことごとく築城をもって防備を施そうとするのは決して至当ではない。

第二の企図すなわち小支隊の上陸は通常不意に敢行されるものであり、海軍諸設備を施している地点すなわち艦隊のため策源根拠地となる軍港などにあってはこれに対し十分な防備を施すことが必要である。それでなければ艦隊は大きな損失を蒙り思うように作戦することができなくなる。

第三の企図すなわち海上からの艦隊根拠地の攻撃に対しては十分堅固に防禦設備を施さなければならないことは勿論である。

第四の企図すなわち海岸大都会の攻撃はハーグ第二回平和条約により禁止されたところである。しかし港湾内に存在する海戦に必要な諸設備すなわち船渠などはこれを砲撃することができるので、海岸大都会に築城するのはその作戦上の間接的価値によるものとなる。

第五の企図すなわち港湾の封鎖に対してはただ艦隊によりこれを防護するしかない。

第六の企図すなわちわが攻撃軍の根拠地、発起点、連絡点などとして重要な港湾島嶼などは敵のために占領されないように、これに堅固な防備を施すことが必要である。

以上の事項から海岸要塞を配置すべき戦略上の要点は概ね左のようである。

一、軍港および要港

横須賀、呉、佐世保、舞鶴の諸軍港、馬公要港など

二、軍の運動に利害を有する海峡

下関、由良の諸海峡およびイタリアのメッシーナ海峡など

三、戦略上重要な島嶼

対馬、澎湖島およびドイツのヘルゴランド島など

四、敵の根拠地に適する港湾

函館および英国のドーバーなど

五、わが遠征軍の根拠地

仏国のサイゴン、英国のシンガポールなど

六、海岸大都会

英国のロンドン、わが東京、大阪など

以上列挙した戦略上の要点は重複することが多く、一要塞で前記の二、三の目的を兼ねることが普通である。

一砲台の砲数は射撃上および勤務上の便を考慮して四門以下に減少しないものとする。これ以下のときは射撃の修正が不便になるからである。しかし過度に砲数を増加すると砲台地域の選定が容易ではなく、射撃の指揮が困難になる。通常土地の広狭により大口径加農四ないし六門、中口径加農および榴弾砲はその数を増加することができる。ただし要撃砲台では単に二門を備えることがある。

各種火砲の砲座に要する幅員（m）

九糎臼砲　幅五、奥行六・五、高さ二

一五糎臼砲　幅五・五、奥行五、高さ二

二四糎臼砲　幅七、奥行七、高さ二

一二糎榴弾砲　幅五、奥行四・五、高さ二

一五糎榴弾砲　幅五・五、奥行五・五、高さ二

二八糎榴弾砲　幅八、奥行一〇、高さ二

九糎加農　幅六、奥行七、高さ一・四

一五糎加農　幅七、奥行七、高さ一・七

二四糎加農　幅八、奥行一〇、高さ二

二七糎加農　幅一〇、奥行一二、高さ二・一五

築城学教程　昭和十七年　陸軍士官学校

○海岸砲台

海岸砲台は敵に対し遮蔽した位置にあるものは通常露天とし、要すれば防楯を装し、または砲塔もしくは隠顕砲塔とし、特殊な場合は穹窖砲台を用い、時として移動砲台を設備する。軍艦の主砲は平射重砲で攻城重砲に比べれば威力が大きいので、海岸砲台の掩体は一般に大口径艦砲の平射に対抗するよう大きな抗力を付与することが緊要である。

露天砲台は火砲の種類により平射砲台および擲射砲台に区分する。砲座、砲床、砲側庫、掩砲所、掩蔽部を設け、その幅員構造は火砲の種類に応じて定める。砲床および胸墻は通常ベトン造とし、砲側庫、掩砲所、掩蔽部を砲座付近地下に堅固に構築する。

砲塔砲台は通常転輪砲塔を用いる。転輪砲塔は円蓋防楯を円筒体上に安置し、通常二門を収容し、ベトン砲塔井内において円筒体の下縁周囲に設ける転動装置上に旋回する砲塔で、この諸操作は機械力で行う。一般に砲側庫、機関室、蓄力機室、送風機室、貯油庫、器具庫などを設置し、これら設備は概して大規模である。

穹窖砲台は一定の小さな射界内を射撃するもので、海岸の洞窟などを利用する。

移動砲台は鉄道のボギー台車上に大口径火砲を装備するもので、軌道上を移動して随時随所に使用することができる。砲座、砲側庫、掩蔽部、指揮所などの諸設備はあらかじめ施設しておくことを要する。

弾薬は通常弾薬本庫および砲台弾薬庫に区分格納する。砲台弾薬庫は数砲台もしくは一砲台のため弾薬補給の便を考慮し地形を利用して構築する。弾薬本庫より適時補給困難な場合は弾薬支庫を設け分置格納する。これらはすべて地下構造とする趨勢にある。

海岸観測所は従来敵を観測するとともに直接砲側を展望できるよう測遠機室および指揮室を設けたが、電気式射撃具の採用により砲台と全く独立して施設し得るようになった。電気式射撃具を備える観測所は測遠機にて射撃諸元を測定すると同時に、これを電導装置により直ちに各火砲に与えて射撃を実施できるもので、ベトンまたは装甲により堅固に構築する。

観測所は通常観測室、指揮室、計算室、作業室および通信室などを設け、かつ観測通信の諸器材を備え、各室相互の連絡には伝声管を用いる。観測室はベトン掩蓋構造として視界に応じる観測窓を設けるか、または装甲を冠して固定あるいは旋回式とする。別に潜望鏡を備え、また露天観測所を併用する。この掩護を有効にするため観測室のみ触角式に観測に便利な地点に設け、その他の設備は敵から遮蔽した後方に設置し、安全な地下通路により連絡するか、または観測室を上階とし、その他の設備を地階設備とすることを可とする。

戦場照明のために用いる探照灯には固定式と移動式があり、固定式は通常敵に遮蔽した位置に発電所を設け、照明所は露天として付近に掩灯所を設けて遊動式とするか、もしくは隠顕式とする。移動式であっても平時より照明所、進入路などを施設しておく。海正面は陸地のものよりも大きい中径の探照灯を用い、遠距離照射を行うので施設をこれに適合し、かつ開戦当初より不意に攻撃を受けるおそれがあるので、平時より十分に整えておく。

指揮所、司令所は指揮機関の編組任務などによりその施設を異にするが、通常指揮、監視、通信、連絡および人員待機などの設備を行う。司令所は司令室、監視室、作戦室、通信室、事務室、伝令室、待機室などを設ける。これらの設備は概ね観測所のものに準じ、通信室は有線室、無電室、回光通信室を備え、その他所要の付属設備を行う。有線通信設備は多くが電纜を用い、地下深く埋設し、あるいは地下通路内に収容して安全を保持する。埋線の深さは重要部において尋常土で三m以上とする。

地下通路は戦闘、指揮、視察、棲息などの諸施設を連絡する安全な交通路であるのみならず弾薬・糧食の補給路であり、かつ通信、照明、給水、換気、通風などの施設をその内部に収容し、各機関を有機的に綜合して砲台の威力を発揮させる動脈である。地下通路の幅員は主要交通路または車輛を通じるものは幅二・五m以上、傾斜八分の一以下を標準とし、徒歩者用は幅一mないし一・二m、高さ二m内外とし、傾斜は八分の一より急にすることができる。地下通路と戦闘術工物との連絡は階段または垂孔による。必要に応じて動力昇降機を用いる。地下通路の入口は敵眼敵火に対し特に安全な地形を選定し、かつ入口部は屈曲形または前室設備とし、要すれば回廊銃眼室を設けて外方を火制し、耐弾および防毒鉄扉を建込み、かつ浄化装置を設備する。

地下通路内は地下戦闘を行うため左のように設備する。

一、地下通路に接する窖室の壁には小銃あるいは拳銃で通路内を射撃できるように銃眼を設け、またはその目的で通路に接して特殊の窖室を設置する。

二、地下通路内所々に屈折部、待避路を設け、かつベトン製阻絶壁あるいは迅速に通路を閉塞し得る準備を行い、かつ暗路を縦射できるように設備する。

地下通路を深度幾何に設けるべきかは弾丸の威力、地形、地質などにより異なるが四二センチ砲弾または一トン爆弾に対し安全なためには一五メートル以上の深さを必要とする。地下浅く設けざるを得ない場合はベトン体の厚さを増加してこれに対抗する。

棲息掩蔽部は通常地下深く設け、幹部用、兵員用などがあり、就寝、炊事、貯水の設備を行うほか、幹部用には事務室を設け、かつ数個の出入口を設ける。掩蔽部の通風、防毒、換気および照明は衛生上極めて重要であるから、換気口を設けて自然換気を行うほか、電動通風器、毒ガス濾過装置を設備し、要すれば酸素缶を備え、また排水を完全にして室内を乾燥し、かつ電灯を備えるなど施設を完備することが必要である。

主要術工物にはその内部に井戸を掘り、水道設備をなす。また第一線の術工物には主として貯水所を設ける。

糧秣庫は糧秣本庫および糧秣支庫に分け、炊事場薪炭庫および所要の倉庫を設ける。

○潜水艦に関する設備

わが潜水艦をもって敵艦艇に対することが多いため、これに関する設備は海岸防備上重要である。潜水艦掩蔽部は敵火に対し待機間潜水艦を掩護し、かつ安全に諸準備を整えるため、特にこれを要する場合に設けるものとする。敵潜水艦に対する設備はわが駆逐艦、潜水艦、駆潜艇および航空機の活動と相まって一層有効となるもので、主なものは潜水艦防御網、同捕獲網および機雷がある。これに水中聴音機の設備、監視所、通信設備を付属する。なお潜水艦の所在を発見したら艦艇もしくは陸上よりする砲撃により撃沈するものとする。

水中聴音哨は通常航路の両岸に哨所を設備し、敵艦のスクリューなどから起こる音波を聴取し、敵艦の方向ならびに大体の距離を測定し、もって敵潜水艦の潜水を知ることができる。水中聴音機はまたこれを艦船の水線下側壁に装着し、艦船自ら敵潜水艦の接近を知る用に供する。

コンクリート配合比および用途の変遷

防禦営造物建築普通仕法は明治二十七年制定以来改正を重ねた。仕法書のうち築城工事に最も関係が深いコンクリートの配合ならびに用途の変遷を示す。

○特種コンクリート

明治三十三年　セメント一、砂三、砂利四

大正九年　セメント一、砂三、砂利四（概ね二号および三号コンクリートに同じ）

昭和七年　　　セメント一、砂一・三、砂利三（重砲に抗すべき部分、緊要なる水中工事）

○一号コンクリート

明治二十七年　セメント一、砂一、砂利二（特に著大な圧力を受ける場所および水に触れる緊要な建物）

明治三十三年　セメント一、砂一、砂利三

大正九年　　　セメント一、砂一、砂利三（重砲弾に抵抗すべき穹窿、緊要なる水中工事など）

○二号コンクリート

明治二十七年　セメント一、砂二、砂利二（堅牢を要する穹窿）

明治三十三年　セメント一、砂二、砂利四・五

大正九年　　　セメント一、砂二、砂利四（外壕の内外岸、砲床、砲側庫、火薬庫、鉄筋コンクリート構造物など）

大正十三年　　セメント一、砂二、砂利四（胸墻、その他同右）

昭和七年　　　セメント一、砂二、砂利四（特に規定する以外のコンクリートおよび鉄筋コンクリート構造物）

○三号コンクリート
明治二十七年　セメント一、砂三、砂利二・五（普通の穹窿および壁礎）
明治三十三年　セメント一、砂三、砂利六
大正九年　セメント一、砂三、砂利六（砲座、塁道、被覆座、地下構造物、建物の壁礎および床など）
大正十三年　セメント一、砂三、砂利六（砲座、塁道、支撐壁、地下構造物、建物の基礎および床、風靡ベトンなど）
昭和七年　セメント一、砂三、砂利六（重力支撐壁、建物の基礎、床および下水溝など）

○四号コンクリート
明治二十七年　セメント○・五、砂三、石灰一、砂利二・五（床面および送弾路面）
明治三十三年　セメント一、砂六、石灰二、砂利一三・五
大正九年　セメント一、砂六、石灰二、砂利一二（砲床基礎、建物の壁礎、床、下水溝底など）
大正十三年　セメント一、砂六、石灰二、砂利一二（同右および被覆壁など）

昭和七年　　　　セメント一、砂四、砂利八（裏込、押えコンクリートなど）
○火山灰コンクリート
大正九年　　　　セメント一、砂四、火山灰一、砂利八（海中工事）
大正十三年　　　セメント一、砂四、火山灰一、砂利八（同右）
大正九年および同十三年の仕法書には「本表のほかセメントの一部に代えて火山灰および石灰を用いることあり」と付記されている。

要塞砲兵火工教範改正草案　明治三十年五月　陸軍省

二十八珊堅鉄弾完成法
工員　長一、工手三
一、検査および掃除
　弾丸の内外を検査し、布片で炸薬室を拭く。信管孔掃除へらで信管孔牝螺に付着する汚物を除去する。弾帯溝は獣毛刷毛で塵埃を拭う。
二、炸薬填実
　三工手協力して弾丸を填実台上に起立（弾底を上）させ、一名の工手は炸薬嚢を取り、嚢中に填実桿を入れ、嚢口を握ってこれを炸薬室に挿入し、填実桿をもって炸薬嚢を炸薬室内に十分拡張する。嚢口に漏斗を挿入し、右手に填実桿を、左手に漏斗を保持する。助手はあらかじめ計量済の炸薬を嚢に入れたものを匙にて少しずつ漏斗内に入れる。填実手は絶えず填実桿を上下して炸薬を降下し、炸薬室内に充満させる。このようにして定量の炸薬を填実し終われば麻糸で嚢口を結束する。

三、信管装着

次に信管孔掃条をもって信管孔を掃除し、付着した薬粒を除去する。メニーを指頭で信管の螺子部と信管孔牝螺に塗布し、信管を螺入し、信管螺鑰をもって十分緊定する。

（編者注：メニーは赤色酸化鉛に亜麻仁油を加えて混和し糊状とした充填剤）

重砲兵照準教範草案　明治四十五年五月　陸軍省

照準の教育は先ず照準器の機能を兵卒に十分理解させ、その用法を理解したら射撃諸元の装定、方向および高低照準などの動作を部分的に教育し、漸次歩みを進めるにしたがい、逐次これを綜合し、終に一砲車内において他の砲手と円滑に共同し、渋滞なく照準を完了できるようにする。

二十八珊榴弾砲海岸照準法

方向照準をするには七番（砲手番号）は孤鈑に面し、指針坐鈑の圧螺を緩め、所令の偏流が右（左）のときは指針を孤鈑に向かい右（左）方の分画上所令の数に一致させ、片手で坐鈑を支え、他の手で指針坐鈑の圧螺を締める。

「方向」の号令で七番は一指を角度鈑上所令の角度に当て、呼号を用い三番、四番に砲口を右もしくは左に動かせる。三番、四番は各々その方にある方向照準機の転把をとり、七番の呼号にしたがいこれを回す（左方転把は砲口を右（左）に向けるにはこれを左（右）に回す）。七番は指針の先端がまさに所令の角度に達するときに「待て」と唱える。三番、四番は転把の回転を止める。七番は直上より指針の指す方向角を読み、照準が正しいことを認めると「良し」と唱え、三番、四番は転把を放す。七番は指針坐鈑の圧螺を緩め、これを孤鈑の一側に移す。

高低照準をするには五番は「上げ」と唱え、六番とともに各々その方にある高低照準機の転把を回し（右方転把は砲口を上げるため左に回す）、砲に射角を与え、指針臂の指針がほぼ所令の角度に近づくと「待て」と唱え、六番の転把の回転を止めさせ、射角鈑に正対し、指針を射角鈑上所令の角度に一致させ、「良し」と唱え、六番とともに各々その方の駐転把を締め（左方駐転把を締めるにはこれを左に回す）、さらに射角を点検する。

要塞砲兵演習

要塞内に孤立して他部隊とともに訓練を行う機会に恵まれない要塞砲兵には二、三年に一回若干の同種部隊を集めて特別要塞砲兵演習が行われた。日露の戦雲が急を告げる明治三十六年秋、下関要塞の陸正面で行われた特別要塞砲兵演習はその第二回目で、攻守城砲兵の展開および戦闘に関する演練を目的とする演習であった。この年には要塞砲兵射撃学校でも要塞砲兵隊長の召集教育が行われ、翌年の旅順要塞攻撃に大きな効果を表したといわれている。

要塞砲兵が重砲兵と改称された後はこの演習も特別重砲兵演習と改められ、概ね隔年毎に要塞重砲兵・攻城重砲兵または野戦重砲兵の何れかに重点を置く演習が行われたが、大正十三年陸軍演習令が制定されると特別砲兵演習と名を変えて野・山砲兵をも参加させるようになった。明治三四年以降終戦までの期間に実施された特別演習は左のとおりである。

元号	暦年	演習名	演習地	演練部隊
明治	三十四	要塞砲兵演習	東京湾要塞	要塞重砲兵・守城重砲兵

三十六　要塞砲兵演習　下関要塞　攻城重砲兵・守城重砲兵
四十　要塞砲兵演習　佐世保要塞　要塞重砲兵
四十二　重砲兵演習　由良要塞　要塞重砲兵
四十五　重砲兵演習　富士演習場　野戦重砲兵・攻城重砲兵
大正
四　重砲兵演習　大分中津付近　野戦重砲兵
六　重砲兵演習　東京湾要塞　要塞重砲兵
七　攻防演習　高師原演習場　野戦重砲兵・攻城重砲兵
九　重砲兵演習　広島附近　攻城重砲兵
十一　重砲兵演習　富士演習場　攻城重砲兵
十三　砲兵演習　佐世保要塞　要塞重砲兵
昭和
二　攻防演習　富士演習場　攻城重砲兵・野戦重砲兵
五　砲兵演習　宇都宮附近　野戦砲兵・野戦重砲兵
七　砲兵演習　日出生台（ひじゅうだい）演習場　全砲兵
九　砲兵演習　富士演習場　攻城重砲兵・野戦重砲兵
十一　攻防演習　山田野演習場　全砲兵
十五　砲兵演習　富士演習場　全砲兵

二十八糎榴弾砲写真集。要塞における基準砲の操砲訓練を様々な角度から見る。砲手の位置、姿勢、動作、送弾車、装薬缶、装填衣、迷彩塗装など

2
1

要塞重砲兵の演習砲台

要塞重砲兵は常時要塞内に駐留し、要塞固有の兵備および施設を使用して部隊を練成することが理想であるが、各種の事情がこれを許さず、兵営は要塞と離隔した市街地にあってその附近に演習砲台を設置していた。さらにこの演習砲台も通常兵営から数km以上離れているので、その往復に時間を空費するとともに、演習砲台そのものも次のような不備があった。

一、演習砲台は大口径の二八センチ榴弾砲と二四センチ加農の二種基準火砲と、これに附属する応式または武式測遠機の観測所とを設備しただけであった。したがって本火砲以外の大口径砲および中口径砲については全く教育することはできなかった。

二、演習砲台の備砲数は部隊の大小によって区々であるが、最良部隊ともいうべき横須賀（旧東京湾）重砲兵聯隊すら二八榴八門を二砲台に分割し、二四加四門、応式観測所二個、武式観測所一個に過ぎなかった。これを聯隊内の各中隊が順番に使用するのであるから六中隊のうち一中隊が一か月間に使用できる火砲は二八榴が一〇日、二四加が五日である。教育の徹底を図ることは実際において困難であった。

三、観測分隊の教育および大口径加農の照準教育のためには実目標に近い航速を有する艦船を目標とする必要がある。しかし演習砲台の位置が不適当で通航する船舶すらないため、地上に移動標的を設置し教育を行った部隊もあった。

演習砲台は要塞重砲兵隊とともに明治二十年代から三十年代にかけて設置されたもので、当時は適当であったが四〇余年不変だったから漸次その価値を失った。

重砲兵学校における主要兵器支給状況

昭和六年　ビック乗用自動車一、五〇馬力牽引自動車一、六十型一〇瓲牽引車二、砲兵観測具（車載甲）三、ホルト五瓲牽引車一、ホルト十瓲牽引車一

昭和七年　ホルト五瓲牽引車一、ホルト十瓲牽引車一、八八式海岸射撃具（千代ケ崎）一、八九式砲台鏡一、八九式十五糎加農、地中無線電信機二、砲兵用地中無線電信機二

昭和八年　三八式野砲四、二十四糎加農四、九二式重牽引車四

昭和九年　ビック乗用自動車一、五〇馬力牽引自動車二、九二式軽牽引車二、パ

ラノフ式射撃予習機一、

昭和十年　九二式重牽引車二、九二式軽牽引車二

昭和十一年　八九式砲台鏡一、三八式野砲四、三八式十糎加農四、重砲運搬車一一、九四式高射観測車一、三八式十二榴四

昭和十二年　三八式野砲四、重観測自動車一

昭和十三年　九五式十三瓩牽引車八

昭和十四年　八九式十五糎加農二、九五式十三瓩牽引車二、九二式五瓩牽引車四、九四式特殊重砲運搬車一、特殊重砲運搬車九、四脚三十瓩起重機二

昭和十五年　八九式十五糎加農二、九二式重牽引車六、三八式十糎加農四、九二式五瓩牽引車四、九四式特殊重砲運搬車七、九六式十五糎加農二、七年式三十糎短榴弾砲一、十四年式十糎加農四、七年式三十糎長榴弾砲二、四五式十五糎加農二

昭和十六年　八九式十五糎加農二、九二式重牽引車一、九五式十三瓩牽引車一〇、九二式五瓩牽引車二、九四式特殊重砲運搬車九、特殊重砲運搬車二〇、四脚三十瓩起重機三、十四年式十糎加農六、九六式二十四糎榴弾砲二

昭和十七年　八九式十五糎加農二、三八式野砲三、九二式重牽引車一四、九五式十

昭和十八年　三砲牽引車八、九六式十五糎加農二、二十八糎榴弾砲移動砲床二
八九式十五糎加農二、九二式重牽引車八、三八式十糎加農六、九五式
十三砲牽引車一七、九四式特殊重砲運搬車七、四脚三十砲起重機一、
九六式十五糎加農二、七年式三十糎短榴弾砲一、七年式三十糎長榴弾
砲一

海岸観測具

一、観測器材

海岸砲の射撃で最も重要となる観測具は測遠機で、フランスから導入した応式測遠機（オードワルド社製）、イタリアから導入した武式測遠機（ブラチャリニー社製）、国産の八九式砲台鏡があった。応式、武式は大口径の砲台に、砲台鏡は中小口径の砲台に備え付けた。いずれも砲台の標高を既知元として距離を測定する垂直基線方式であるから標高が小さい観測所での測距精度には問題があるため、低い砲台では水平基線方式（本観測所と分観測所使用）も兼用できる武式測遠機が使用された。応式、武式は構築された観測所内に整置して使用するもので移動性に欠けるため、明治の末年にイギリスから芭斯式測遠機（バー・エンド・

ストロー社製）を購入した。これは基線長三メートルの機内基線方式で二名で運搬しどこにでも整置できるが、構造の関係上測距精度が応式や武式に劣るのは止むを得なかった。

各種測遠機の公算誤差は次のとおりである。

		距離五〇〇〇m	一万	一万五〇〇〇	二万
砲台鏡	標高七五m	三三	一三三		
	一〇〇	二五	一〇〇		
	二〇〇	一三	五〇		
応式	標高七五	一七	六七		
	一〇〇	一三	五〇		
	二〇〇	七	二五		
武式	標高七五	一三	五三	一二〇	二一五
	一〇〇	一〇	四〇	九〇	一六〇
	二〇〇	五	二〇	四五	八〇
芭斯式		三八	一五〇		

八八式海岸射撃具は工学博士多田礼吉（当時砲兵大佐）により考案された電気

兵器で、昭和三年に制式となり、主として三〇加および四〇加砲塔に備え付けた。算定、誘導ともに弱電式直流によるホイーストン電橋の応用で、抵抗値平衡による電流計零位への誘導によって行う。主測遠機（または主測遠機と分測遠機）で目標を捕捉し追随照準を開始すれば、算定具室の観測手六名はそれぞれ電流計指針を零位に合わせるよう操作することにより自動的に算定、誘導がなされ、同時に砲側では方向および射角の照準手がそれぞれその電流計指針が零位になるように操作することにより常続的に照準が完了していることになる。また砲隊長は砲隊長鏡により射撃指揮を行う。砲隊長鏡は主測遠機と電気的に連絡し、目標の指示、射撃修正を鏡側で電気的に行うことができる。砲隊長は砲隊長室に点検監督用の電流計装置を有し、発射直前の測定諸元で射撃ができることになる。弾丸飛行間の経過時間に応じる未来量は加味してある。

八八式海岸射撃具を構成する主な機器

主測遠機	垂直基線専用、地上基線用	主観測所内据付
分測遠機	分観目方向測定用	分観測所内据付
算定具	砲目距離および砲目方向角算定用	主観測所内据付
砲隊長鏡	砲隊長射撃観測指揮用	主観測所内据付

砲隊長電気修正器	観目距離および観目方向角修正用	主観測所内据付
測算配電盤	測遠機と算定具間の配電盤	主観測所内据付
算砲配電盤	算定具と火砲間の配電盤	主観測所内据付
主分観配電盤	主測遠機と分測遠機間の配電盤	主観測所内据付
高低照準具	射角用	火砲内据付
方向照準具	方向用	火砲内据付
砲塔長電気修正器	射角方向を砲塔長が修正するもの	火砲内据付
集中看読器	規準火砲以外の火砲に据付けてある	

昭和四年に制定された八九式砲台鏡は二名で随所に整置でき、制度も向上した。ドイツのギョルツ社から一台購入したものが原型で制定までは代用砲台鏡と呼ばれた。測定範囲五〇〇～五万メートル、全備重量約八〇キロ。

九八式海岸射撃具（開発中は九六式）は八八式海岸射撃具を軽易化し、主として一五加砲台用として昭和十三年に制定されたもので、垂直基線により測定した諸元を強電流を用いる階段式電動方式により直ちに火砲に伝達するのを特色とし、夜間、薄暮、払暁の観測に威力を発揮した。

昭和十七年二式垂直測遠機が制定された。

昭和年代に制定された二種測遠機の公算誤差

機種　八八式海岸射撃具

基線	垂直			水平	
基線長m	七五	一〇〇	二〇〇	四〇〇〇	八〇〇〇
距離m 五〇〇〇	一〇	七	四		
一万	四〇	三〇	一五	五八	四九
一万五〇〇〇	九〇	六八	三四	七九	六〇
二万	一六〇	一二〇	六〇	一一〇	七五
二万五〇〇〇	二五〇	一八八	九四	一五〇	九五
三万	三六〇	二七〇	一三五	一九八	一一九
三万五〇〇〇	五〇〇	三六八	一八四	二三九	一三九

機種　八九式砲台鏡

基線	垂直		
基線長m	七五	一〇〇	二〇〇
距離m 五〇〇〇	一三	一〇	五
一万	五三	四〇	二〇

一万五〇〇〇　一二〇　九六　四五
二万　二一五　一六〇　八〇

測遠機に附属する観測具には海岸用射撃板、偏流規尺、伸縮算定尺、縦（横）速計算尺、俯角式計算尺などがあり、測遠機と併用して射撃諸元を決定する。これらはわが国で考案されたもので、明治時代の測遠機とともに昭和年代においても使用されていた。

二、通信器材

明治年代の海岸砲台では砲台長が火砲に近い観測所に位置し、音声によって直接指揮するのが建前であったから、射撃のために通信機の必要はなかったが、広地域に分散した各部隊の連絡には電信、電話を使用した。また近距離における副通信には発光信号灯、報告灯および通報器、単旗による字号通信、手旗による現字通信などを使用し、視号通信に関しては要塞砲兵が一頭地を抜いていた。昭和年代においては主体が電話となり、一部無線も使用した。要塞重砲兵用通信器材にはソリドバック電話機、デルビル電話機、八八式海岸射撃具用電話機、九八式海岸高声機などがある。

大正十三年九月実施　旅順要塞戦備演習における信号規定表

昼間

演習開始　単旗　白旗を左右に振る

号音　気をつけ

烟火　五段雷

汽笛　長声数回

演習中止　単旗　赤旗を上下に振る

号音　気をつけ、止れ

烟火　黄烟菊

汽笛　長短声数回

演習再興　単旗　演習開始に同じ

号音　気をつけ、前へ

烟火　五段雷

汽笛　演習開始に同じ

危険信号　単旗　赤旗を左右に振る

号音　長声数回

汽笛　短声数回

敵航空機発見　単旗　赤旗を∞に回す
　　　　　　　号音　突撃
　　　　　　　烟火　黄烟龍
演習終了　　　単旗　白旗を上下に振る
　　　　　　　号音　解散
　　　　　　　烟火　黄烟菊
　　　　　　　汽笛　演習中止に同じ

夜間
演習開始　　　発光信号灯　白色を長く連続数回
　　　　　　　烟火　三段雷
演習中止　　　発光信号灯　赤白を交互に短く数回
　　　　　　　烟火　金波菊
演習再興　　　発光信号灯　演習開始に同じ
　　　　　　　烟火　三段雷
敵艦発見もしくは疑わしきもの　　火箭一発
　　　　　　　　　　　　　　　発光信号灯　赤を長く連続数回

方向を変えよまたは当方担任す　　電灯　数回左右に振る
当方は方向を変えず依然照射を頼む　電灯　数回上下に振る
相互協同照射するを可とす　　　電灯　上下左右に振る
夜間の号音および汽笛による信号は昼間と同じ

三、電波標定機

長足の進歩を遂げつつある電波兵器を海岸要塞にも活用するため、昭和十九年小原台演習場の東京湾を見下ろす一角に教育研究用の対潜警戒用電波標定機を設置した。電波標定機による対海上艦艇射撃は四メートルぐらいの筏の上に小さな金属角柱を立てた標的を曳航させ、小原台練習砲台の野砲を使用して実施したのが最初で最後のものとなった。実験では発射した砲弾の反射波が得られ、弾丸の飛行がブラウン管上で観測され、弾着の遠近が判定できた。この結果全国の主な要塞に配備するため、同型機種一〇台ほどを発注するとともに要員養成教育を浦賀本校で行った。また本格的な射撃用レーダーとするための精度向上研究が引き続き行われたが、その途上で終戦を迎えた。

四、水中聴測機

潜水艦の脅威はますます増大し、これに対処するため水中聴測を導入することになった。戦況の推移にともない主要要塞および輸送船舶に逐次水中聴測機の装備が計画されるにしたがい、急速に大量の要員を必要とするに至り、昭和十七年三月の陸軍諸学校生徒教育令で野戦砲兵学校、高射学校とともに重砲兵学校にも少年砲兵の制度ができ、水中聴測の教育、研究を行うことになった。

水中聴測には菊型水中聴音機と水中標定機（す号）があった。菊型は海軍が早くから研究実用していた九七式沿岸用水中聴音機を借用して研究したもので、捕音器一三個を直径三メートルの円形に取付けた架台を海中に設置し、電纜で陸上の聴音機本体と接続して、聴音手は目標音源の方向を最大感度で探し求め、通常三台の聴音機で交会法により目標を標定する方式である。電纜が特殊構造を有するので整備上問題があった。

す号は水中で指向性のある超音波を使用するもので、磁歪効果を利用して水中音波を発射し、その反射音を受けて潜水艦の位置を標定する。回転架台に装備した磁歪式送受音器は遠隔操縦により発射方向が分かり、その反射音はブラウン管に標示されて距離が測定できる。海軍では探信儀と呼びすでに艦船用として実用化されていた。陸軍では要塞用と輸送船舶用を開発した。

水中聴測要員は鋭敏な聴覚と電気知識を必要とすることが少年砲兵採用の理由

であった。少年砲兵第一期生のうち九名は壱岐、対馬の現地部隊に赴任し、第二期生は各地の要塞部隊または西宮市の船舶情報聯隊に赴任したが、船舶要員は乗る船に乏しく、要塞も機能を発揮したのは壱岐の長島水測隊ぐらいのもので、その他の地区における水測器材の設置は大幅に遅れ終戦に至った。

五、照明器材

要塞電灯は日露戦争以前から要塞に装備され、探照灯とも呼ばれた。射光器の中径は初め六〇センチ、七五センチ級であったがその後九〇センチ、一二〇センチと次第に大きくなった。いずれも独国シーメンス・シュッケルト社製の固定電灯であった。射光器は発電所から一〇〇メートル内外に据付を制限され、使用に際しては軌道を利用してあらかじめ構築された電灯室に移動した。発電機は一般に使用された小型直流機で、燃料は石炭を使用するものが多かった。

電灯の操縦は旧式のものは手動だったが、新式は離れた位置から電気的に操縦した。昭和年代には射光器の中径が一五〇センチまたは二メートルの探照灯を多数装備するに至った。これは自動車に搭載し、自動車のエンジンにより発電する移動式のもので、大部分はスペリー式で射光器の構造により開放型と胴型があったが、大部分は胴型であった。道路に沿って自由に移動でき照射距離は暗夜で八〇〇〇メートルに増大した。二メートル探照灯は孤光電流が二〇〇アンペアで反射鏡の径が大きいので照射距離は一〇キロになった。

要塞通信員定員

東京湾　将校一、通信下士三三、通信兵卒三六、電灯下士二二、電灯兵卒六六、計一五八

由良　将校一、通信下士一八、通信兵卒二三、電灯下士一四、電灯兵卒四二、計九八

舞鶴　将校一、通信下士一四、通信兵卒一五、電灯下士二、電灯兵卒六、計三八

下関　将校一、通信下士一八、通信兵卒一九、電灯下士一二、電灯兵卒三六、計八六

豊予　将校一、通信下士一三、通信兵卒一三、電灯下士八、電灯兵卒二四、計五九

佐世保　将校一、通信下士一九、通信兵卒二四、電灯下士四、電灯兵卒一二、計六〇

長崎　将校一、通信下士一一、通信兵卒一一、電灯下士二、電灯兵卒六、計三一

対馬　将校一、通信下士二二、通信兵卒二三、電灯下士一〇、電灯兵卒三〇、計八六

壱岐　将校三、通信下士一六、通信兵卒一八、電灯下士八、電灯兵卒二四、計六九

鎮海湾　将校一、通信下士二〇、通信兵卒二三、電灯下士一二、電灯兵卒三六、計九二

元山　将校一、通信下士一六、通信兵卒一七、電灯下士六、電灯兵卒一八、計五八

旅順　将校一、通信下士一八、通信兵卒一九、電灯下士六、電灯兵卒一八、計六二

大連　将校一、通信下士一七、通信兵卒一八、電灯下士一〇、電灯兵卒三〇、計七六

奄美大島　将校一、通信下士一九、通信兵卒二〇、電灯下士八、電灯兵卒二四、計七二

澎湖島　将校一、通信下士二七、通信兵卒三〇、電灯下士一〇、電灯兵卒三〇、計九八
基隆　将校一、通信下士一六、通信兵卒一七、電灯下士四、電灯兵卒一二、計五〇
父島　将校一、通信下士九、通信兵卒一〇、電灯下士二、電灯兵卒六、計二八
津軽　将校一、通信下士一六、通信兵卒一八、電灯下士一二、電灯兵卒三六、計八三
室蘭　将校一、通信下士八、通信兵卒九、電灯下士二、電灯兵卒六、計二六
計　将校二一、通信下士三三〇、通信兵卒三六三、電灯下士一五四、電灯兵卒四六二、計一三三〇
要塞通信術修得者　下士一七六、兵卒二三二

東京湾要塞の戦備計画中陸海軍の通信連絡に関する事項

一、陸海兵員の交換派遣
（一）陸軍→水中聴音所、空中聴音所
（二）海軍→地区司令所、砲台、要塞監視哨

二、通信、連絡上の協定
(一)味方識別記号は必要に応じ定める。
(二)防御艦艇および要塞監視哨が敵艦または航空機を発見すれば左のように信号する。
敵艦　火箭一発
航空機　火箭三発以上連発
(三)高射砲台が敵機を発見すれば照射または射撃により信号する。
(四)友軍飛行機の識別法
(五)艦船と要塞守備部隊との通信は望楼、見張所または無線電信所を発する。
(六)カタカナ手旗信号は直接交換する。
三、灯火管制
(一)海上の船舶に対しては海軍が統制する。
(二)沿岸都市に対しては要塞司令部が統制する。
(三)海軍部内および軍港要地に関するものは海軍の担任とする。
(四)屋外灯の掩蔽法
四、音響管制

別に定める。

五、陸海軍電灯の照明に関する協定
　互照規定による。

千代ヶ崎廠営内務ニ関スル規定　昭和十三年三月　陸軍重砲兵学校

日課時限	十一～三月	四、九、十月	五～八月
起床並びに日朝点呼	午前六時三十分	午前六時〇分	午前五時三十分
朝食	七時三十分	七時〇分	六時三十分
昼食	正午	正午	正午
下士官入浴	四時三十分～五時十分	四時三十分～五時三十分	五時～六時
夕食	五時	五時三十分	六時
兵入浴	五時十分～六時三十分	五時三十分～七時	六時～七時三十分
自習	七時十五分～八時十五分	七時十五分～八時四十五分	七時四十五分～九時十五分

衛兵集合	八時	八時三十分	九時
日夕点呼	八時三十分	九時	九時三十分
消灯	九時	九時三十分	十時

要塞建設費の概要

一、要塞建設期の経費

明治十二年度より大正十年度にわたり使用した総額は二一二八万六六〇〇余円で、これをもって鎮海湾、永興湾および旅順の三要塞を除く他の諸要塞の建設を完了した。前記三要塞は臨時軍事費をもって建設した。

二、要塞整理期の予算と決算

大正九年六月の臨時議会で承認された要塞整理費の総額は一億三五五四万八〇〇〇余円（内砲台築造費は三五〇六万八〇〇〇余円）であって、大正九年度から一〇年間継続支出の計画であったが、その後金額および年限に数次の改正があって、結局は昭和十六年打ち切りとなった。この間築城部で使用した金額は三〇五三万六四〇〇余円である。

三、震災復旧費

大正十三年の臨時議会で協賛を受けた砲台築造費の総額は一六六三万余円であって当初は一〇年計画であったが、遷延して昭和十六年まで継続し、その金額にも数次の改正があった。築城部が実際に使用した復旧費の総額は一〇二八万二七〇〇余円である。

東京湾要塞の砲台建設費

千代ヶ崎砲台七一万三八二円、観音崎砲台三五万五七八二、走水第二砲台一九万七九七九、第一海堡一一二万一七六二、矢ノ津弾薬庫五八万二三二一、剣崎砲台七〇万六八五二、城ヶ島砲台六〇万五八三七、衣笠弾薬庫一五九万三四三一、洲崎第一砲台四一万三九八一、洲崎第二砲台四二万五三三九、大房崎砲台七六万七一六三、金谷砲台一七万八一三

七年式三十糎長榴弾砲砲床構築の順序方法（洲崎第二砲台）

この資料は東京湾要塞司令部復旧工事班陸軍砲兵上等工長簗浦乙吉に対し、同班主任黒石砲兵中佐より与えられた課題「七年式三十糎長榴弾砲砲床構築の順序方法ならびに特に注意すべき要点について記述すべし、（注意）予て内示してある細部見取図

を添付すべし」に対する報告書である。日付は大正十四年八月二十日、その表書に築浦は次のように記している。

「この資料は洲崎第二砲台において実施した経験にもとづき、築城、備砲の別なく砲床構築の順序、方法、ならびに特に注意すべき要点を素人が会得できるよう、見取図を添付し説明を加え、記述したもので、数量の単位はメートル法によることなく、複雑極まりないメートル、尺、インチ、坪、その他をわざわざ用いるなど、改善の余地が多々あるが、後世に至り当時の状況を追想し、比較研究の資料とし、かつ将来本工事に従事する者に若干でも参考材料となれば幸甚である」

この資料の特色は和紙に水彩で描いた一五葉の絵図にある。明治三十二年七月十四日公布の法律第一〇五号「要塞地帯法」において要塞地帯内の撮影は禁じられているので、工事の景況を記録するにはスケッチしかなく、それをもとに一五葉の見取図を描いたのであろう。その精緻さには目を瞠るものがあり、職業軍人たる砲兵上等工長が描いたとはとても思えないが、当時要塞工事の報告書には工事を直接施工したベテラン下士による手描き絵図が写真の代わりに添付されていたのである。絵図であるから余計なところは省略し、大事なところは細かく描き込まれている。要塞砲据付に関する資料を保管していた築城部本部は終戦時にすべて焼却したといわれているので、現存するものは非常に貴重である。

大正十二年の関東大震災は東京湾要塞に大被害をもたらし、兵備が使用できなくなった。そのため震災復旧費と要塞整理費を合わせて第一海堡へ砲塔十五糎加農、走水砲台へ四五式十五糎加農、剣崎砲台へ砲塔十五糎加農、城ヶ島砲台へ砲塔二十五糎加農、大房崎砲台へ砲塔二十糎加農、洲崎砲台へ七年式三十糎長榴弾砲各四門を備砲することになった。大正十三年七月に決定された東京湾要塞復旧備砲作業着手順序表によれば走水砲台を除いて大正十八年度までに完了する計画だった。

洲崎第二砲台の建築工事は大正十三年十月八日に着手し、大正十五年一月十一日に陸軍兵器本廠長から宇垣陸軍大臣に竣工報告書が提出されている。火砲揚陸地の坂田港は外洋に近く、防波に関する地形および人工的施設はなにもなく、西北は全く開放されているので、秋冬の時期は揚陸作業が至難だった。また夏期は常に波浪が大きく特に七月初旬から土用波の季節となり海上作業は困難であるため、揚陸期は五、六月の間が最も適していた。坂田港近くには避難港がなく、風波に対しては七キロ先の館山港高ノ島附近に仮泊するものとした。坂田港の海浜は緩傾度の砂浜で、水際より道路まで二〇〇ないし三〇〇メートルある。海底は所々に岩が隆起する砂質で概して遠浅である。水深五メートルを得るには水際から六〇〇ないし七〇〇メートル離れなければならない。

火砲は一〇〇トン運貨船に搭載して運び、海上に設置した火砲揚陸用桟橋に繋留した。桟橋には二〇トン俯仰式起重機（ポストデレッキ）を備え付け火砲を揚陸した。揚陸した火砲は砂浜に据え付けた小巻揚機によって海岸から県道まで引き上げた。洲崎第二砲台に据え付けた七年式三十糎長榴弾砲四門の砲床構築作業は大正十四年四月十二日に着手し、六月二十六日に砲床検査を終えた。砲床構築に要した職工人夫の使用実績は職工が二〇七、男人夫が三一一、女人夫が四〇、鳶が三一人だった。

要塞砲の据付け作業のうち砲床構築作業はどのようにして行なわれたか、この資料には当時の専門用語が多いので理解しがたい箇所もあるが、その概要は知ることができる。

一、砲床の経始および掘削作業

火砲旋回軸心位置に杭を打ち、転鏡経緯儀を設置して首線直角方向に基準杭を打つ。掘削する範囲は直径九メートル、深さ三・〇五メートル。掘削標準速度は一坪六立方メートルを二人で一〇時間だが、このような単純作業はむしろ請負の形式とする方が速成する利がある。洲崎における各砲座の掘削に要した人員は第一、第二砲座が約二〇〇人で請負額は約四〇〇円、第三、第四砲座が約三八〇人、金額は約七六〇円だった。

二、第一次ベトン打設（基礎ベトン）

掘削が終わり下部排水管を取り付けたら第一次、第二次ベトン連結のため鉄筋の植え込みを行う。鉄筋は中心から三メートルの位置に円弧軌道で間隔を六〇センチとし、鉄筋の脚部約三〇センチをベトンで固定する。打設が終れば円弧軌道を除去する。第一次ベトン打設に要した人員は九〇人、材料はセメント九〇樽、砂二七立方メートル、砂利五四立方メートルを使用した。捏台一に対する人員配置は、捏り方三、水差し方一、砂運搬二、砂・砂利入れ方二、均し方一、搗き方一、水運搬方一・五、混合機およびセメント運搬方二・五の計一六人。捏台五台に要する人員は八〇人でほかに世話役、雑役一〇人、計九〇人を要した。

三、火砲軸心盤の設置

火砲軸心盤は鉄製受坐、中心盤または規整盤ともいうが、砲台の魂入れとなる重要作業で、これにより標高が決まる。すなわち砲台の標高は砲床井底面の高さをいう。

四、沈定坐鈑下面および砲床井底面均し

均し定規を取り付け、軟練モルタルを撒布し、定規を回転しつつ水平に均す。

所要人員一〇人で四時間。均し定規の回転回数が多いとセメントが沈降し砂だけが残り、抗力上不可となるので定規の回転は三回までとする。

五、沈定坐鈑の固定

砲床上面から床面に角材二本を下し、沈定坐鈑の被管孔に麻綱を通し六人で角材上を滑らせて下す。所要五時間。沈定坐鈑を下したら制式経始位置へ整置する。沈定坐鈑は沈定螺桿と合符号になっているため内方は右に、外方は左に順次配列する。沈定坐鈑の整置が完了したらその周囲を硬練モルタルで固定する。整置より固定まで男人夫六人で五時間を要する。硬練モルタル二捏を使用。

六、ベトン枠の組立

ベトン枠および被管枠を組み立て、被管を挿入して固定する。男人夫六人で三時間を要するが、杉丸太の運搬、植立および被管枠を転倒するときだけ一〇分から一五分間、一〇ないし一五人の応援を要する。

七、第二次ベトン打設

被管枠およびベトン枠の組立、被管の植立固定が完了したらベトン打設に要する足場を掛け、第二次ベトン打設を行う。大ベトン打設ともいい砲床の基礎となる。所要人員は第一次ベトン打設の約倍数で男人夫一三〇人、女人夫三五人、世話役四人の計一六九人、約八時間を要する。所要材料はセメント一六五樽、砂五四立方メートル、砂利九九・六立方メートル。捏台一〇個を使用し二号ベトン約一〇〇立方メートルを作る。

八、ベトン枠の撤去

第二次ベトン打設後一週ないし二週経過したら枠を撤去する。その方法、順序は中心柱と外側板との支材の除去、外側板の除去、被管枠の除去、支坐型枠の除去、中心柱の除去の順で、洲崎第二砲台ではベトン枠が一組しかなかったので、次の作業を考慮して一週間で除去した。

九、中軸支坐の設置

中軸支坐の下面を均して軟練モルタルを床面に撒布し、定規を回転して水平に均す。モルタルが乾いたら四脚一〇トン起重機を使用し、既に結合してある中軸支坐を水平に懸吊して所定の砲床位置に移動降下する。中軸支坐螺桿孔の中心に螺桿をベトンで垂直に植立し、中軸支坐を固定する。

一〇、連結鐶および外周鈑の装着

中軸支坐の上方、砲床上面縁部に連結鐶および外周鈑を装着する。実際には如何に精密に連結鐶を装着しても角度鈑を装すると完全一致することは稀で、若干の修正を要することが多い。

一一、砲床検査

砲床が完成したら各部を点検し、砲床検査器を使用して中軸支坐上面および砲床井上面の水平検査を行う。検査は六回以上反復し、その結果を平均するものとする。

以上の作業は砲兵と工兵が協同して行った。大正十四年三月二十三日に東京湾要塞司令部復旧工事班洲崎出張所作業班長陸軍砲兵大尉奥野由郎と築城部横須賀支部洲崎工事主任官陸軍工兵中尉高瀬克己が取り交わした覚書によると、作業の担任区分を次のように定めている。砲兵が担当した作業は次のとおり。

（一）砲床井底および沈定坐鈑位置の水平作業
（二）沈定坐鈑位置の決定およびその布置作業
（三）被管枠の製作組立および被管の植立固定作業
（四）連結鐶および外周鈑の螺着作業

工兵が担当した作業は次のとおり。

（一）ベトン枠の製作ならびに組立作業
（二）排水管の取り付け作業

(三) ベトン面の仕上作業

砲兵と工兵が協同で行なった作業は次のとおり。

(一) 沈定坐鈑とベトン面の接ぎ際に硬練モルタルを塗布する作業

(二) 被管と沈定坐鈑の接ぎ際に硬練モルタルを塗布する作業

(三) 中軸支坐据付後背部の空隙へモルタルの打入作業

(四) 連結鐶支材螺桿の植え込み、坐鈑のモルタル填塞作業

(五) 砲床の検査

一門分の砲床鉄部を構成する部材は外周鈑一二(単重六一キロ)、坐鈑一四(単重一二キロ)、連結鐶一二(単重八九キロ)、中軸支坐一(重量二四四五キロ)、沈定坐鈑内方六(単重三三八キロ)、同外方八(単重四〇四キロ)、その他各種駐螺など総重量一二・四トンを使用する。

砲床構築に要する材料は多品種にわたるが、木材のうち松材の種類だけでも厚五寸、幅尺、長二尺のもの八、厚五寸、幅尺、長四間のもの二、厚五寸、幅尺、長二間のもの四、厚二寸五分、幅尺、長二尺のもの八、厚二寸、幅尺、長二間のもの八、二寸角、長二間の角材一〇、厚六分、幅尺、長六尺の松板四などがある。また釘は一寸二分から五寸まで約五〇〇〇本を用いる。

(上)七年式三十糎長榴弾砲砲床構築の順序方法。その1、火砲揚陸地坂田港の全景
(下)その2、砲座付近見取図。坂田部落

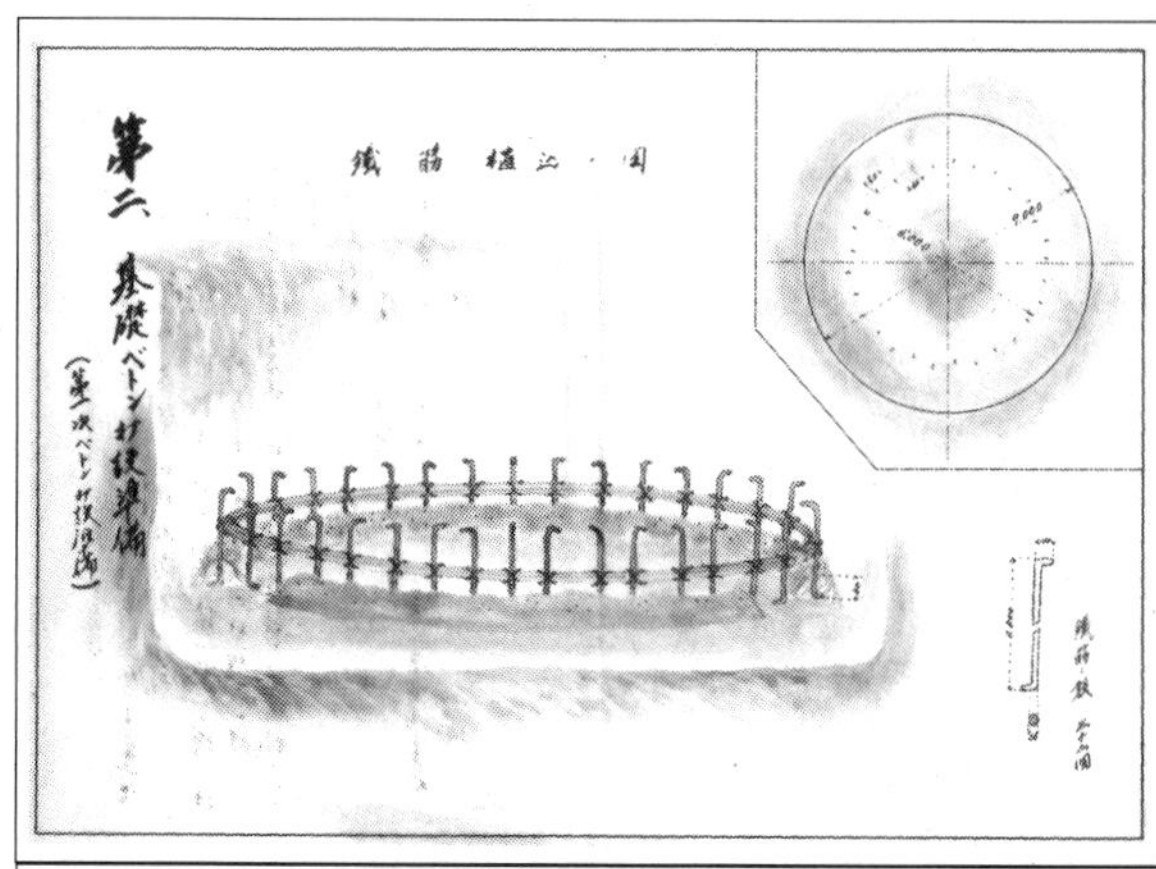

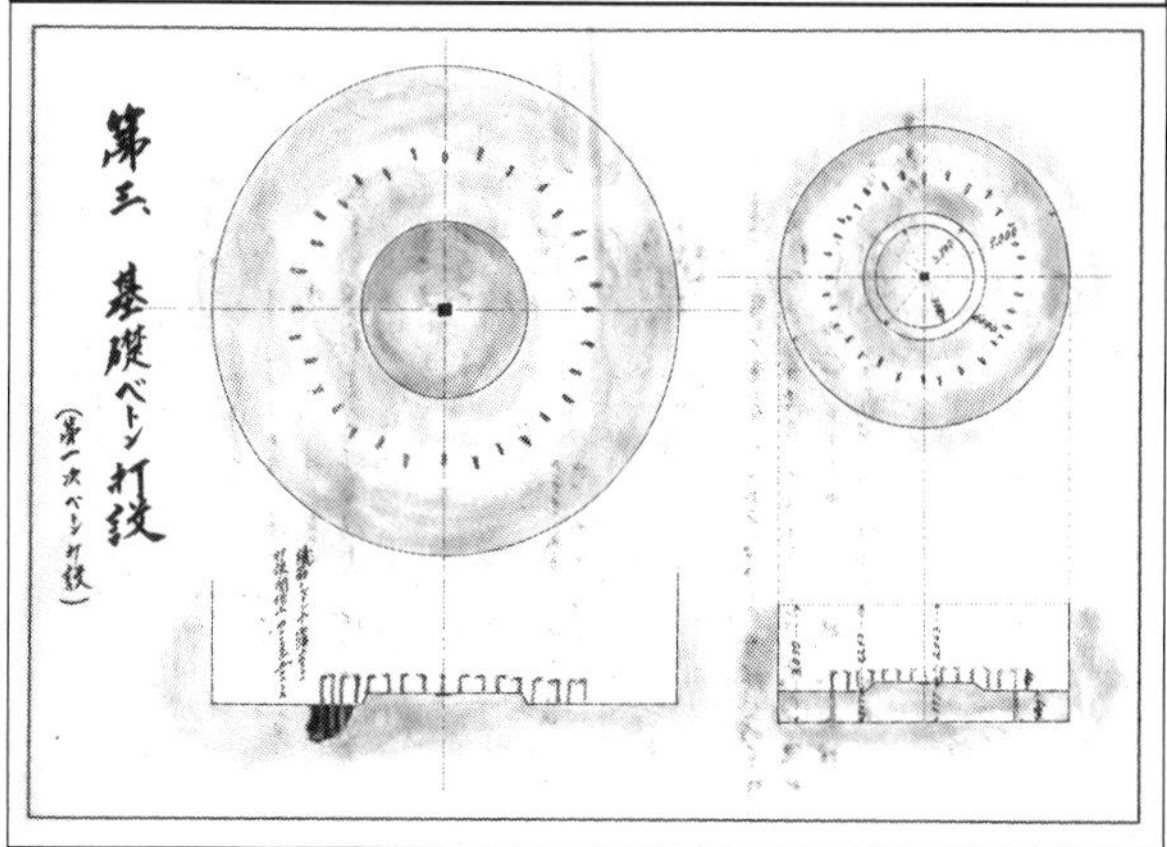

(上)その3、ベトン打設準備。鉄筋植込
(下)その4、第1次基礎ベトン打設

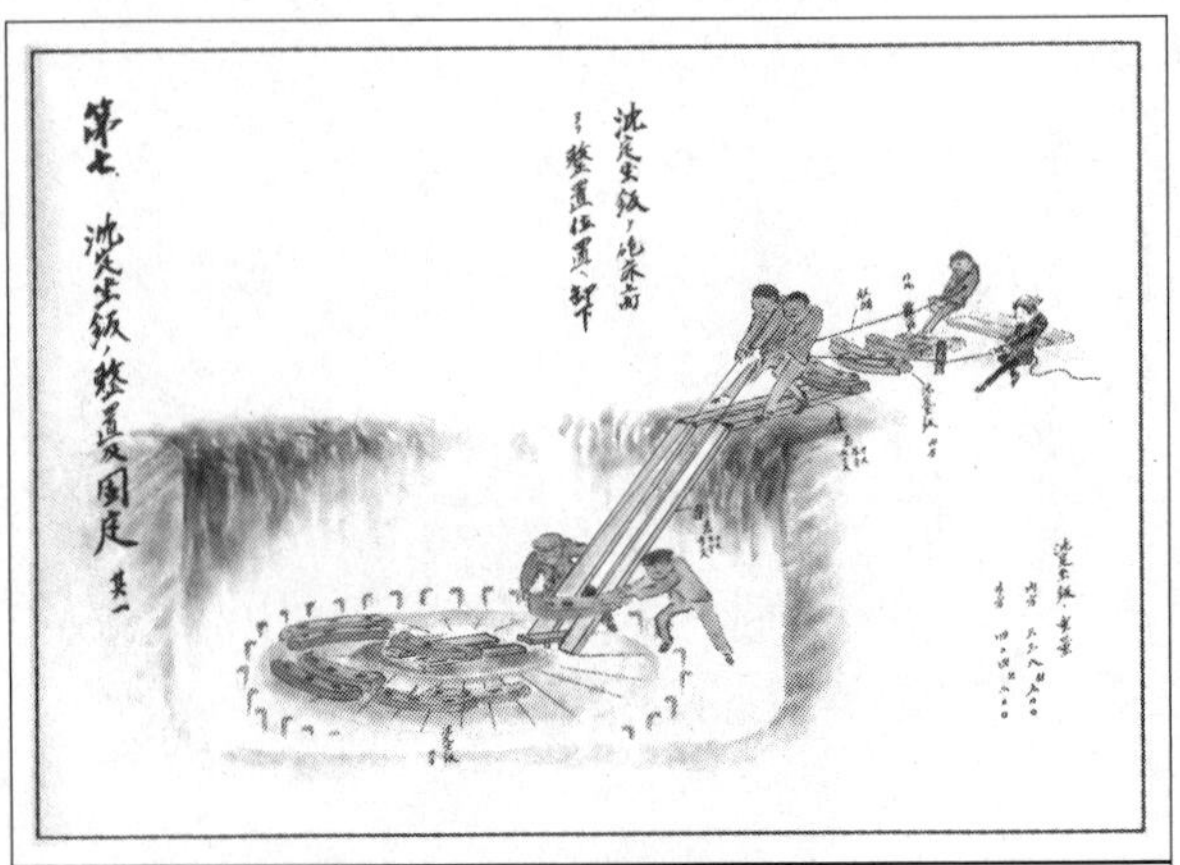

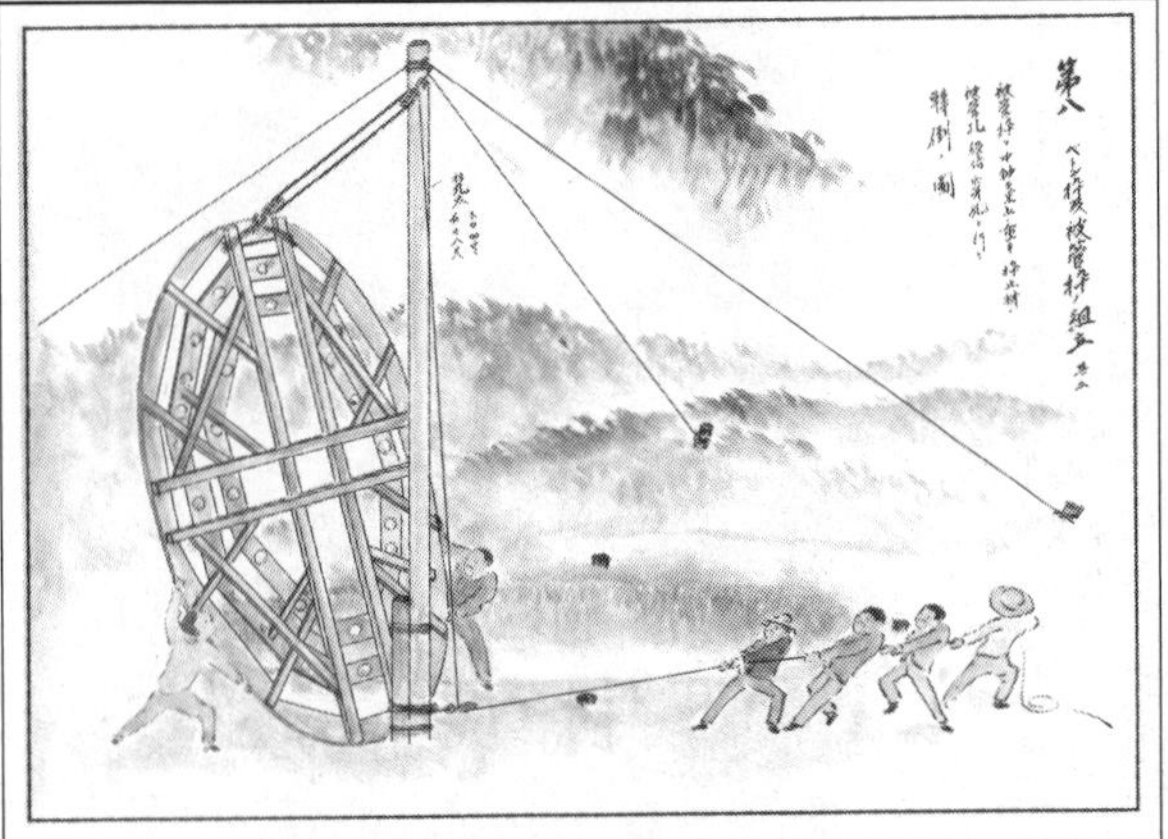

(上)その5、沈定坐鈑の整置、固定
(下)その6、ベトン枠、被管枠の転倒

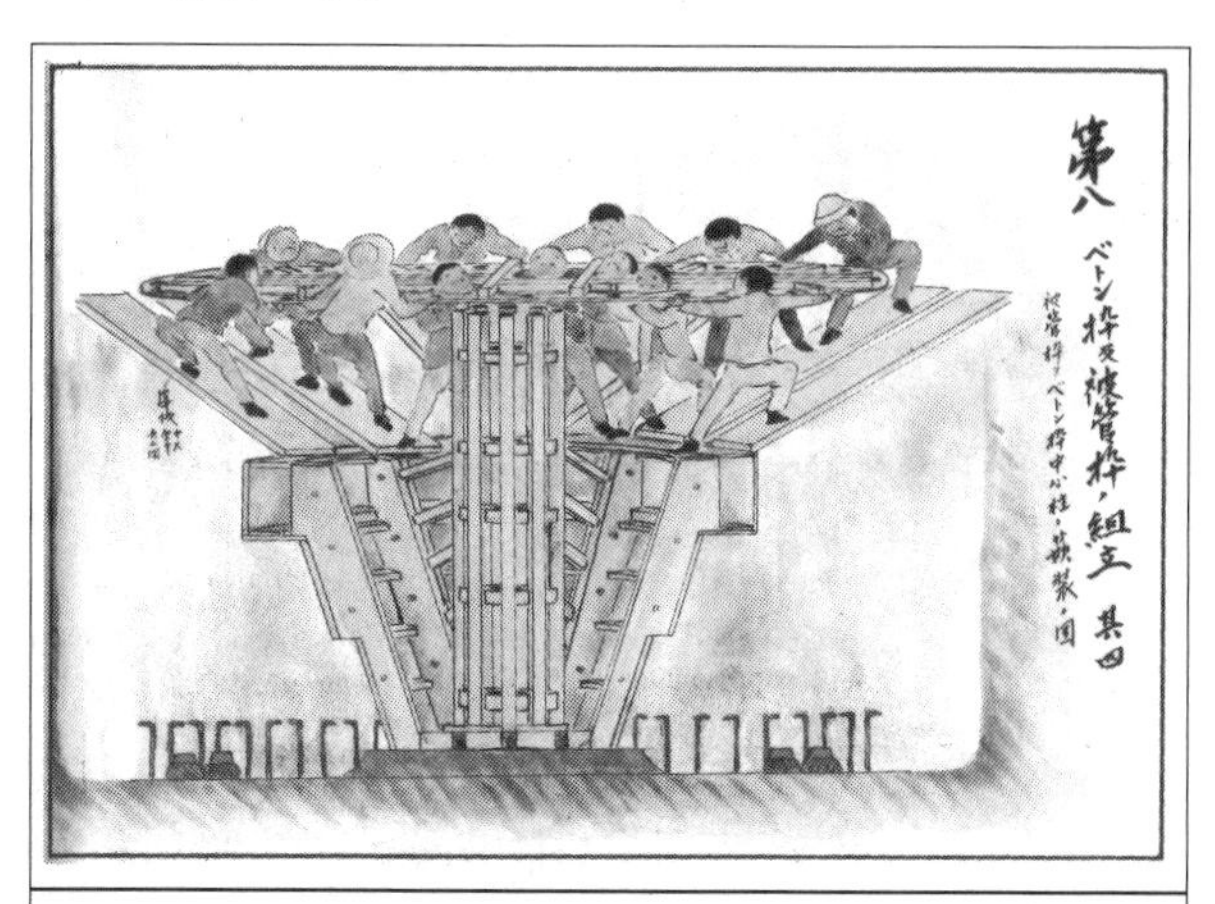

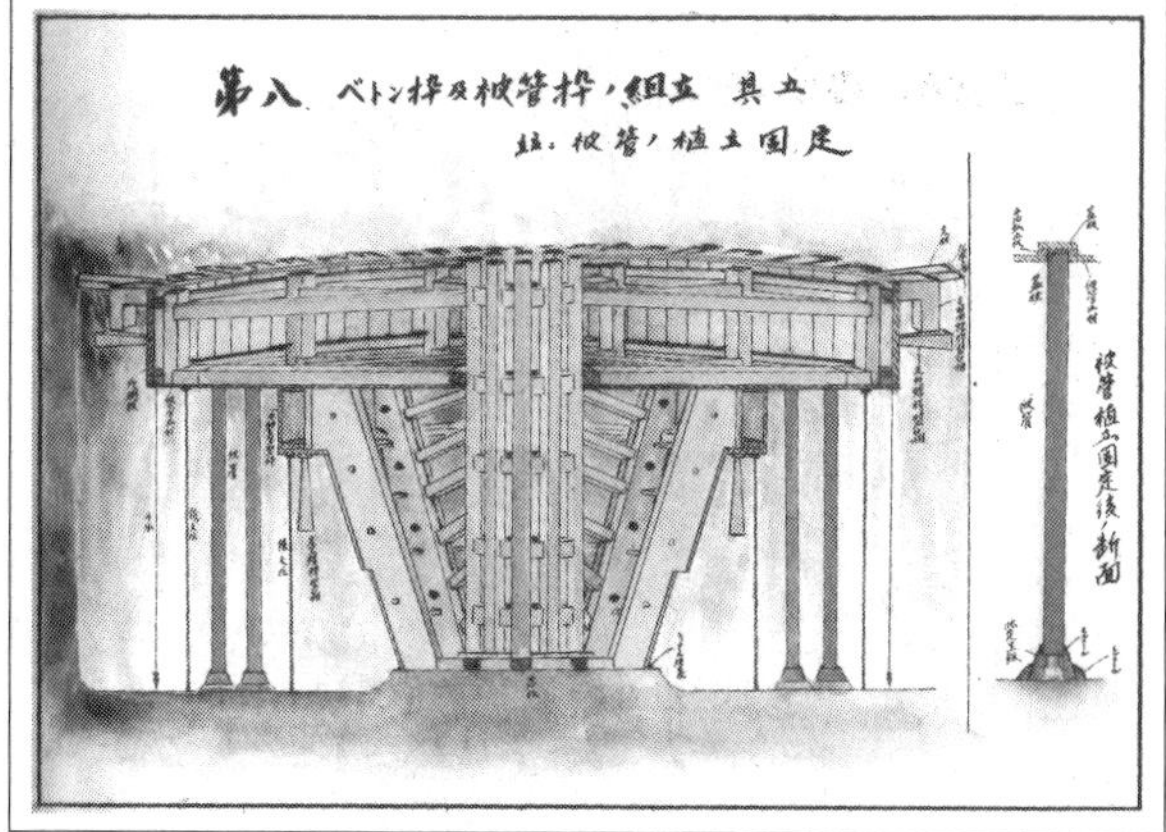

（上）その7、被管枠をベトン枠中心柱に嵌装
（下）その8、ベトン枠、被管枠の組立。被管の植立固定

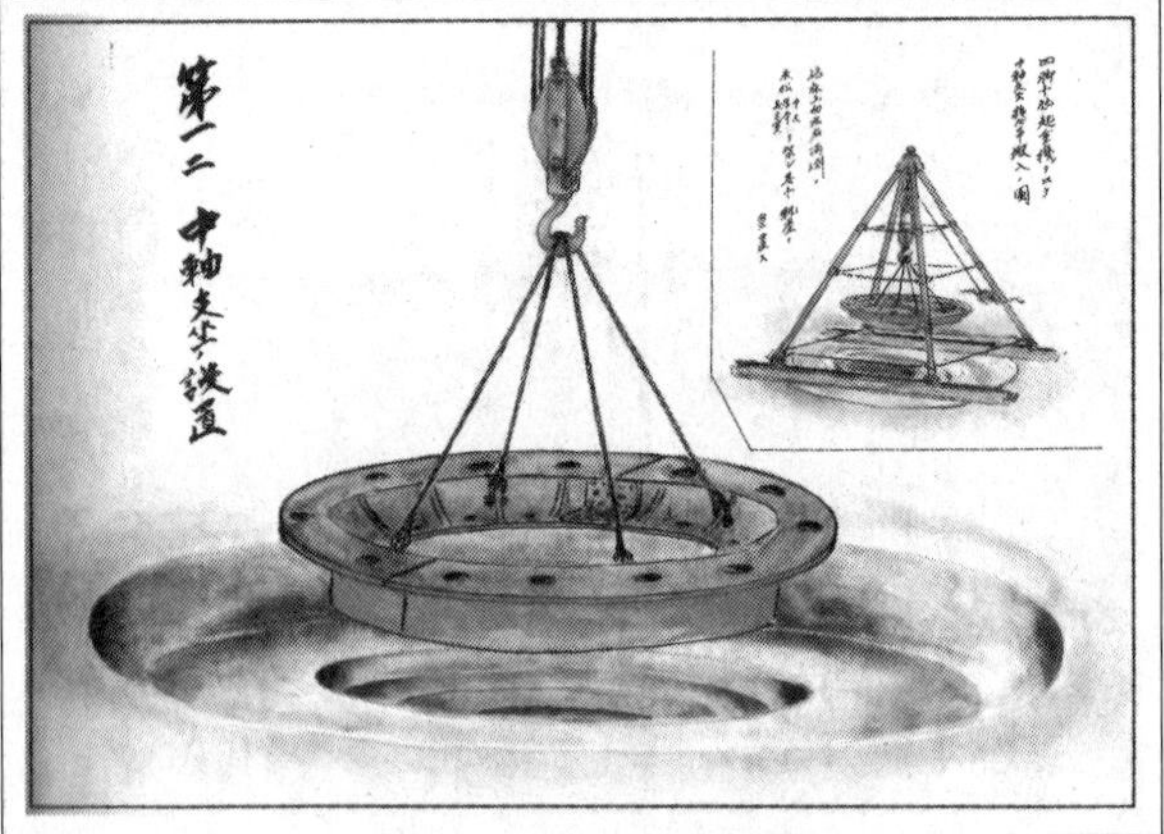

(上)その9、砲床内ベトン打設
(下)その10、中軸支坐の設置

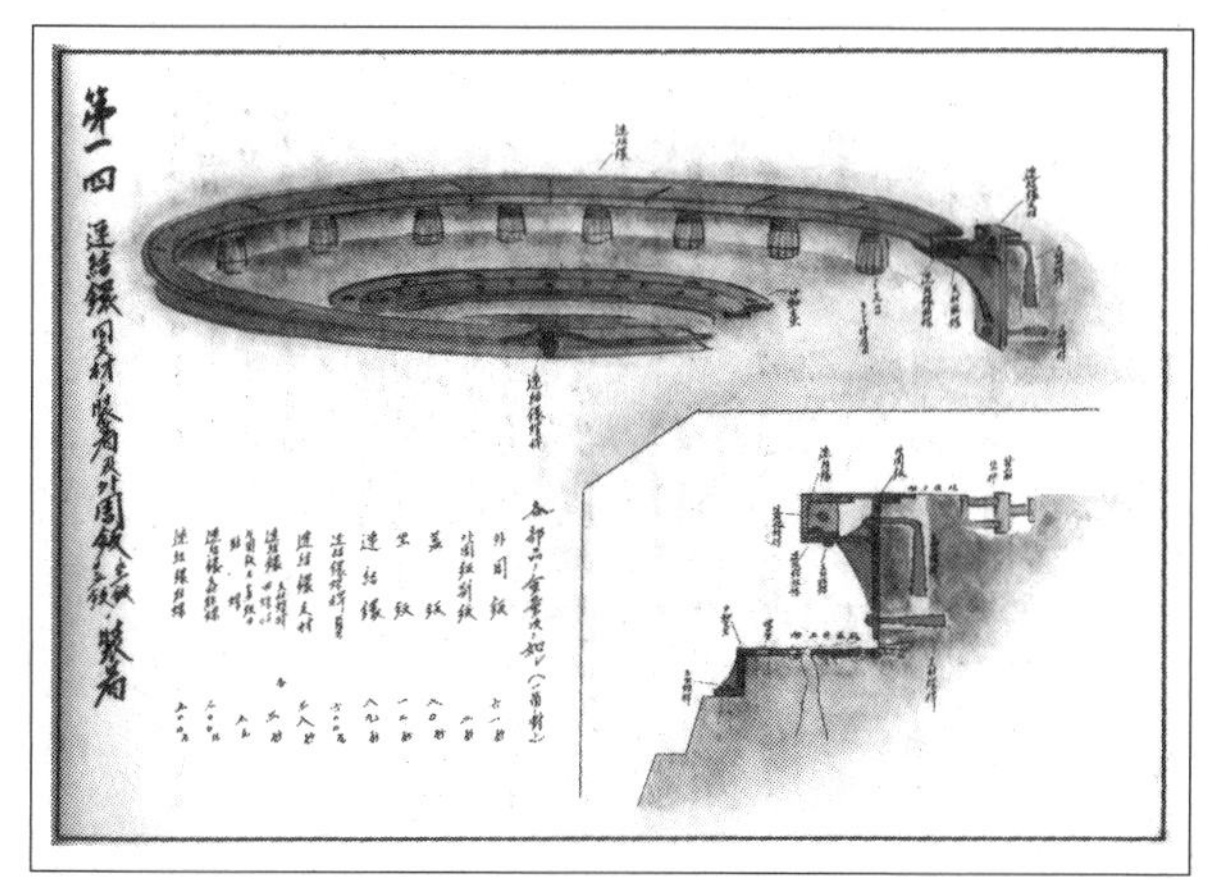

その11、連結管、同支材の装着。外周鈑、坐鈑、蓋鈑の装着

使用器具の主なものは四脚一〇トン起重機、水圧扛起機、求心定規、象限儀、水準器、垂球、砲床検査器、屯営用鍛工具、同木工具のほか円匙、十字鍬、木槌などである。

あとがき

いろいろな資料を見ていると、目的とは異なるが興味を引かれる記事を見つけることがある。アジア歴史資料センターが整備されてから度々実感している。思わず引き込まれて時間を費やすことがあるが、新たな研究の糸口となることもある。

海岸要塞は昔から研究していたわけではなく、火砲と関係する部分が多いため、関連資料を収集してきた。陸軍省大日記類（アジア歴史資料センターでネット閲覧できる）と国会図書館にある現代本邦築城史二九巻（これも最近ネット閲覧できるようになった）、それに靖国偕行文庫所蔵の北島資料を併せれば、現存する海岸要塞に関する資料は大体見ることができる。ただし築城部が作成した膨大な施工記録はほとんど残っていない。

このようにして数十年が経過し火砲史の研究も一段落したが、海岸要塞に関する多くのコピーやデータが手許に残ったので、これを何とか生かす方法はないものかと考え、浅学菲才を省みず海岸要塞史に挑むことにした。海岸要塞に関してはすでに著名な先行研究が複数あるので、たいした作業にはならないのではないかと思って着手したが、結構奥が深く、新しい史実も多数発掘した。

本書はそのようにして編纂した資料集である。年代を追って並べただけであるから説明が足りないかもしれないが、わが国海岸要塞の兵備がどのように変遷したか、要点は漏らさず収載した。一次資料が主体であるから間違いはないはずである。数表は必要なときに確認すればよいのであって、文章を拾い読みすれば概要はつかめると思う。資料によって地名や単位などの表記が異なる場合があり、また古い文体があるが現代文に直せば時代感を損ねるので、そのまま引用した。

前述の現代本邦築城史には昭和一八年以前の主要な一次資料が詰め込まれている。本書でも一部を引用したが、大部には触れなかった。要塞史の細部を知るには至高の史料である。本書には各砲台の位置図、射界図を収載していないが、同書で精密な彩色図を見ることができる。

海岸要塞の兵備は兵器の進歩に追随することができず、年を経るごとに旧式化してしまう。巨額の国費を投入して建設した要塞が何の役にも立たず、廃物となってしまうのが現実であった。しかし役に立たないといってやめてしまうことはできなかった。軍備というものが抱える今も変わらぬ宿命である。

わが国の海岸要塞は西南戦争の終結によりようやく国内情勢が安定したことにより、政府の視野が清国の海上兵力に向けられたことに端を発し、明治二十年以降十数年にわたって整備された。ただし大部分は日清戦争後に建設に着手したものである。当時の要塞砲は半数が外国製品であった。

第一次世界大戦の経験から要塞兵備の増強を図ったが、大正十年ワシントン海軍軍縮会議の結果多数の廃艦を生じることになったので、この廃艦の海軍砲を陸軍に転用して経済的に要塞砲を更新することになった。また各種新式火砲も兵備に加え、要塞砲はほとんど国産品となった。

大正十二年の大震災では要塞営造物に大被害を生じたが、震災復旧費と要塞整理費とをもって砲台を新設し、旧式火砲の砲台は廃止した。

このように明治年代は要塞兵備の充実期であり、大正年代は要塞兵備の安定期間、昭和年代に入ると要塞整理修正計画にもとづきさらに砲台を新設し、昭和七年に兵備を完了、全要塞の整理を終了した。

第一次大戦の時代までは攻防兵器の進歩に大きな隔たりはなく、むしろ防禦築城が攻撃兵器に優先する一時期すらあったので、たとえ兵備は劣っていても、堅固な築城を背景とする要塞に勝ち目があり、艦隊は要塞と無謀な交戦を避けるのが常であった。しかし第一次世界大戦末期には飛行機の発達による戦闘の立体化と、艦砲および潜水艦の進歩により、攻防両者の戦力に著しい懸隔を生じ、海岸要塞は築城に依存する優位を失った。

すなわち海岸要塞は空爆もしくは艦砲射撃に対し自らを守るため、堅固な築城を放棄して地形を利用する広正面の分散配置を行い、かつ潜水艦に対する戦闘上多数の観測所を設置し、特に水中聴測設備の促進に迫られたのである。

砲台を広正面に分散する結果として、射撃諸元の決定および誘導のため、電波兵器の進歩を促すとともに、火砲を一か所に固定する方式を改め、あらかじめ道路および陣地のみを構築しておいて、火砲は必要に応じ所望の地点に配備するという弾力性のある兵備になったのである。

これにより不要の築城と備砲に対する経費を節約する利益もあり、また新式の兵器に交換できる利点もある。ドイツはこのような着想で旧海岸要塞を整理した先覚者であった。

わが国においては東京湾、広島湾および下関の諸要塞に見るように、明治年代において早くも砲台の改廃を行ったところもあるが、要塞全般にわたり本格的な整理を計画したのは第一次世界大戦の教訓を得た後であった。やがて八八式海岸射撃具のような電気観測具も登場した。しかし大口径火砲の砲台では依然として築城に依拠し、永久施設に火砲を拘束していた。対潜水艦戦闘が主眼となっても中、小口径火砲は築城に依存し、水中聴測機関はもとより、遠隔地相互を連絡する無線機すら十分ではなかったのである。

昭和二十年には本土決戦に備えて国土築城実施要綱を定め、敵の砲爆撃対策のため火砲を坑道陣地、すなわち洞窟陣地に秘匿した。永久築城は放棄したのであるが、もし従来の海岸要塞のまま敵の砲爆撃を受けたとしたらどのような結果を招いたであろうか。明治以来営々と受け継がれてきた海岸要塞は跡形もなく消滅したかもしれない。

今日では戦跡の訪問がさかんとなり、東京湾の海堡にも手軽に行けるようになった。海岸要塞の跡地に立てばレンガやベトンの構造物を目にすることができる。ただ外国の海岸要塞と違うところは、外国では必ず往時の火砲がそのまま鎮座しているのに対し、わが国では要塞構造物は残ったが火砲はどこにもない。筆者は函館要塞と大房岬砲台しか行ったことがないが、それでも砲床の跡に立つと火砲の姿を想起して感慨が湧く。

二十八糎榴弾砲は全国要塞の総数二二〇余門に達し、備砲の王座を占めた火砲で、日露戦争では旅順要塞の攻略に参加し、港内の軍艦に対し多大な効果を挙げた。巨弾の雨を降らせたのは内地の要塞に弾丸を備蓄していたからできたことであった。敵の軍艦を生き長らえさせればバルチック艦隊が増強し、戦争の帰趨に影響したかもしれない。二十八糎榴弾砲は本来の海岸砲として活躍することはなかったから、要塞兵備の無駄を象徴するように見なすのは単純過ぎると筆者はひいき目ながら思う。

本書は海岸要塞を取り上げたが、一方で忘れることはできないのは陸の永久要塞「虎頭要塞」である。北満ウスリー江を挟んでソ連と対峙していた。無傷で終戦を迎えた海岸要塞とは違い激戦で全滅してしまった。筆者は平成十七年四月から五月にかけて実施された第五回虎頭要塞日中共同学術調査に参加した。その内容は虎頭要塞日本側研究センターが詳細な調査研究報告書を出している。手記や戦記も出ているので参考のため付記する。

海岸要塞に使用した火砲の写真と弾薬の図は光人社NF文庫の『日本陸軍の火砲要塞砲』にほぼ全種掲載しているので、本書には一部の掲載に止めた。これらの写真を複写するときに要塞名が書いてあったかもしれないが、当時は要塞に関心がなかっ

澎湖島要塞に今も残る偽砲塔

たため、そのようなデータを何も記録していなかったのは反省している。遡って調べなおすのは難しい。

最後に珍しい写真を掲載する。澎湖島要塞の偽砲である。かつて同要塞に勤務した元重砲兵の方が戦後澎湖島要塞を訪問して撮影したもので、この偽砲だけ当時のまま残っていたという。砲身は六メートル以上とかなりの大きさがありベトン製と思われる。迷彩塗装をしていたので高空から見下ろすと本物の砲塔のように見えただろう。

破壊されていないことから米軍は残置しても問題ないと考えたか、いろいろ想像が広がる。西嶼郷の先端部に今も存在するが塗装は剥がれている。

偽砲設置の経緯については全く不明で、現

代本邦築城史にも手掛かりがない。
本書の編集にあたっては光人社NF文庫の小野塚氏に大変なご苦労をおかけした。深く感謝する次第である。

令和五年十月

佐山二郎

NF文庫書き下ろし作品

NF文庫

要塞史

二〇二三年十二月十九日　第一刷発行

著　者　佐山二郎
発行者　赤堀正卓

発行所　株式会社　潮書房光人新社
〒100-8077　東京都千代田区大手町一-七-二
電話／〇三-六二八一-九八九一(代)
印刷・製本　中央精版印刷株式会社

定価はカバーに表示してあります
乱丁・落丁のものはお取りかえ致します。本文は中性紙を使用

ISBN978-4-7698-3337-6　C0195
http://www.kojinsha.co.jp

NF文庫

刊行のことば

第二次世界大戦の戦火が熄(や)んで五〇年――その間、小社は夥しい数の戦争の記録を渉猟し、発掘し、常に公正なる立場を貫いて書誌とし、大方の絶讃を博して今日に及ぶが、その源は、散華された世代への熱き思い入れであり、同時に、その記録を誌して平和の礎とし、後世に伝えんとするにある。

小社の出版物は、戦記、伝記、文学、エッセイ、写真集、その他、すでに一、〇〇〇点を越え、加えて戦後五〇年になんなんとするを契機として、「光人社NF(ノンフィクション)文庫」を創刊して、読者諸賢の熱烈要望におこたえする次第である。人生のバイブルとして、心弱きときの活性の糧(かて)として、散華の世代からの感動の肉声に、あなたもぜひ、耳を傾けて下さい。